北京12316农业服务热线

北京12316农业服务热线 咨询问答

北京市农业局　编

中国农业大学出版社

·北京·

图书在版编目(CIP)数据

北京 12316 农业服务热线咨询问答/北京市农业局编.
—北京:中国农业大学出版社,2014.7
ISBN 978-7-5655-0972-8

Ⅰ.①北…　Ⅱ.①北…　Ⅲ.①农业技术-问题解答
Ⅳ.①S-44

中国版本图书馆 CIP 数据核字(2014)第 104889 号

书　　名	北京 12316 农业服务热线咨询问答			
作　　者	北京市农业局　编			
策划编辑	张秀环	**责任编辑**	张秀环	
封面设计	郑　川	**责任校对**	陈　莹　王晓凤	
出版发行	中国农业大学出版社			
社　　址	北京市海淀区圆明园西路 2 号	**邮政编码**	100193	
电　　话	发行部 010-62818525,8625	**读者服务部**	010-62732336	
	编辑部 010-62732617,2618	**出 版 部**	010-62733440	
网　　址	http://www.cau.edu.cn/caup	**e-mail**	cbsszs @ cau.edu.cn	
经　　销	新华书店			
印　　刷	北京时代华都印刷有限公司			
版　　次	2014 年 7 月第 1 版　2014 年 7 月第 1 次印刷			
规　　格	850×1 168　32 开本　14.25 印张　358 千字			
定　　价	38.00 元			

图书如有质量问题本社发行部负责调换

北京12316农业服务热线

编 委 会 名 单

主　编　　阎晓军　李全录

副主编　　王大山　刘　刚　　孙伯川

编写成员（按姓氏拼音排序）

　　　　　高晓红　赖科霞　李显友　刘砚杰
　　　　　芦天罡　陆　洪　孙海南　唐　朝
　　　　　王　梁　王晓东　闻　爽　肖金科
　　　　　张　华　张静宇

北京12316农业服务热线

编 写 专 家

（按姓氏拼音排序）

曹 华　曹 平　　陈 博　　郝建强　何 川

聂晓红　欧阳喜辉　王 永　王俊英　魏秀莲

许永新　殷守仁　　郑文明　祝俊杰

前　言

　　"12316"是农业部指定的全国农业系统公益服务统一专用号码。"北京12316农业服务热线"是北京市农业局创建的农业公益服务"窗口"。热线于2008年开通，主要开展农资打假投诉举报、农业技术咨询服务、农业发展建言献策收集整理三项服务工作，为北京农民、市民、企业提供了数以万计的涉农服务。

　　热线开通以来积累了大量实用农业技术信息，为了更好地为社会公众提供涉农信息服务，我们梳理热线服务中咨询普遍、切合生产生活实际的相关问题，进行归纳提炼，在2010年出版了《北京12316农业服务热线农业技术咨询1000例》，2012年出版了《北京12316农业服务热线农业技术咨询1000例》(2)。

　　这次出版的《北京12316农业服务热线咨询问答》共分为四篇，内容包括芽苗菜篇、盆栽观赏蔬菜篇、药食两用植物篇及食用农产品安全消费篇。全部编排采取问答形式，力求信息准确、资料翔实、技术可靠、方便实用、通俗易懂，具有较强的针对性和实用性。本书既是"北京12316农业服务热线"为民服务的延伸，也是一本工具书，旨在普及农业知识，使农民、市民朋友了解到全面、准确的生产生活信息。

　　由于编写时间紧，编写人员水平有限，本书难免存在不妥之处，敬请读者提出宝贵意见。

编　者

2014年3月

芽苗菜篇

一、基础知识 ……………………………………………… 3

　　1.什么是新型芽苗菜? ………………………………… 3

　　2.在家里种植芽苗菜有何好处? …………………………… 3

　　3.哪些芽苗菜适合家庭种植? ………………………… 4

　　4.对家庭种植的芽苗菜的种子有何要求? …………… 4

　　5.家庭种植芽苗菜有何基本要求? …………………… 5

　　6.专用芽苗菜种植盘都有什么规格? ………………… 5

　　7.除了专用芽苗菜种植盘外,还有什么可作种植用具? …… 7

　　8.怎样选择家庭种植芽苗菜的种植架? ……………… 8

　　9.什么是无土种植? …………………………………… 9

　　10.对无土种植的培养基质有何基本要求? …………… 10

　　11.家庭种植芽苗菜都有哪些常用的基质? …………… 10

　　12.怎样选择家庭芽苗菜种植浸种容器? ……………… 12

　　13.家庭种植芽苗菜应注意哪些问题? ………………… 12

　　14.为何说芽苗菜营养丰富? …………………………… 13

二、常见芽苗菜种植技巧 …………………………………… 14

　　(一)荷兰豆苗 …………………………………………… 14

　　1.荷兰豆苗有何营养价值? …………………………… 14

　　2.荷兰豆苗有何生理特性? …………………………… 15

3.怎样种植荷兰豆苗？ ………………………… 15
（二）黑豆苗 ………………………………………… 16
　1.黑豆芽苗菜有何营养价值？ …………………… 16
　2.黑豆苗有何生理特性？ ………………………… 17
　3.怎样种植黑豆苗？ ……………………………… 17
（三）红小豆苗 ……………………………………… 18
　1.红小豆苗有何营养价值？ ……………………… 18
　2.红小豆苗有何生理特性？ ……………………… 19
　3.怎样种植红小豆苗？ …………………………… 19
（四）黄豆苗 ………………………………………… 20
　1.黄豆苗有何营养价值？ ………………………… 20
　2.黄豆苗有何生理特性？ ………………………… 21
　3.怎样种植黄豆苗？ ……………………………… 21
（五）葵花苗 ………………………………………… 22
　1.葵花苗有何营养价值？ ………………………… 22
　2.葵花苗有何生理特性？ ………………………… 23
　3.怎样种植葵花苗？ ……………………………… 23
（六）绿豆苗 ………………………………………… 24
　1.绿豆苗有何营养价值？ ………………………… 24
　2.绿豆苗有何生理特性？ ………………………… 25
　3.怎样种植绿豆苗？ ……………………………… 25
（七）萝卜苗 ………………………………………… 26
　1.萝卜苗有什么营养价值？ ……………………… 26
　2.萝卜苗有何生理特性？ ………………………… 27
　3.怎样种植萝卜苗？ ……………………………… 28
（八）荞麦苗 ………………………………………… 28
　1.荞麦苗有何营养价值？ ………………………… 28

2.荞麦苗有何生理特性？ ……………………………… 29

　　3.怎样种植荞麦苗？ …………………………………… 30

　（九）豌豆苗 ……………………………………………… 31

　　1.豌豆苗有何营养价值？ ……………………………… 31

　　2.豌豆苗有何生理特性？ ……………………………… 32

　　3.怎样种植豌豆苗？ …………………………………… 32

　（十）香椿苗 ……………………………………………… 33

　　1.香椿苗有何营养价值？ ……………………………… 33

　　2.香椿苗有何生理特性？ ……………………………… 34

　　3.怎样种植香椿苗？ …………………………………… 34

　（十一）小麦苗 …………………………………………… 36

　　1.小麦苗有何营养价值？ ……………………………… 36

　　2.小麦苗有何生理特性？ ……………………………… 36

　　3.怎样种植小麦苗？ …………………………………… 37

　（十二）芸松苗 …………………………………………… 38

　　1.芸松苗有何营养价值？ ……………………………… 38

　　2.芸松苗有何生理特性？ ……………………………… 39

　　3.怎样种植芸松苗？ …………………………………… 39

盆栽观赏蔬菜篇

一、基础知识 ……………………………………………… 43

　　1.盆栽观赏蔬菜有什么特点？ ………………………… 43

　　2.什么容器适用于种植盆栽观赏蔬菜？ ……………… 44

　　3.光照对盆栽观赏蔬菜有何影响？ …………………… 45

　　4.盆栽观赏蔬菜对温度有何要求？ …………………… 46

　　5.盆栽观赏蔬菜对水分有何要求？ …………………… 46

　　6.盆栽观赏蔬菜对土壤有何要求？ …………………… 47

7.盆栽观赏蔬菜对矿物质营养有何要求？ ·············· 47

8.家庭种植盆栽观赏蔬菜需要注意什么？ ·············· 47

二、绿叶菜 ··· 49

（一）番杏 ··· 49

1.番杏有何营养价值？ ····························· 49

2.番杏有何生理特性？ ····························· 50

3.怎样栽培番杏？ ································· 50

（二）花叶生菜 ··· 51

1.花叶生菜有何营养价值？ ························· 51

2.花叶生菜有何生理特性？ ························· 52

3.怎样栽培花叶生菜？ ····························· 52

（三）罗勒 ··· 53

1.罗勒有何营养价值？ ····························· 53

2.罗勒有何生理特性？ ····························· 53

3.怎样栽培罗勒？ ································· 54

（四）散叶生菜 ··· 54

1.散叶生菜有何营养价值？ ························· 54

2.散叶生菜有何生理特性？ ························· 55

3.怎样栽植散叶生菜？ ····························· 55

（五）香芹 ··· 56

1.香芹有何营养价值？ ····························· 56

2.香芹有何生理特性？ ····························· 57

3.怎样栽培香芹？ ································· 57

（六）珍珠菜 ··· 58

1.珍珠菜有何营养价值？ ··························· 58

2.珍珠菜有何生理特性？ ··························· 59

3.怎样栽培珍珠菜？ ······························· 59

三、彩色蔬菜 ·········· 61

（一）红梗叶甜菜 ········· 61

   1. 红梗叶甜菜有何营养价值？ ········· 61

   2. 红梗叶甜菜有何生理特性？ ········· 61

   3. 怎样栽培红梗叶甜菜？ ········· 62

（二）花叶羽衣甘蓝 ········· 63

   1. 花叶羽衣甘蓝有何形态特征？有何营养价值？ ········· 63

   2. 花叶羽衣甘蓝有何生理特性？ ········· 64

   3. 怎样栽培花叶羽衣甘蓝？ ········· 64

（三）紫背天葵 ········· 65

   1. 紫背天葵有何营养价值？ ········· 65

   2. 紫背天葵有何生理特性？ ········· 65

   3. 怎样栽培紫背天葵？ ········· 66

（四）紫叶生菜 ········· 66

   1. 紫叶生菜有何营养价值？ ········· 66

   2. 紫叶生菜有何生理特性？ ········· 67

   3. 怎样栽培紫叶生菜？ ········· 68

四、瓜类蔬菜 ·········· 69

（一）飞碟瓜 ········· 69

   1. 飞碟瓜有何营养价值？ ········· 69

   2. 飞碟瓜有何生理特性？ ········· 69

   3. 怎样栽培飞碟瓜？ ········· 70

（二）水果型黄瓜 ········· 71

   1. 水果型黄瓜有何营养价值？ ········· 71

   2. 水果型黄瓜有何生理特性？ ········· 71

   3. 怎样栽培水果型黄瓜？ ········· 72

（三）袖珍西葫芦 ……………………………………… 73

　　1.袖珍西葫芦有何营养价值？ ………………………… 73

　　2.袖珍西葫芦有何生理特性？ ………………………… 74

　　3.怎样栽培袖珍西葫芦？ ……………………………… 74

五、果类蔬菜 ……………………………………………… 76

　（一）矮生番茄 ………………………………………… 76

　　1.矮生番茄有何营养价值？ …………………………… 76

　　2.矮生番茄有何生理特性？ …………………………… 77

　　3.怎样栽培矮生番茄？ ………………………………… 77

　（二）彩色甜椒 ………………………………………… 78

　　1.彩色甜椒有何营养价值？ …………………………… 78

　　2.彩色甜椒有何生理特性？ …………………………… 79

　　3.怎样栽培彩色甜椒？ ………………………………… 79

　（三）黄秋葵 …………………………………………… 80

　　1.黄秋葵有何营养价值？ ……………………………… 80

　　2.黄秋葵有何生理特性？ ……………………………… 81

　　3.怎样栽培黄秋葵？ …………………………………… 81

　（四）香艳茄 …………………………………………… 82

　　1.香艳茄有何营养价值？ ……………………………… 82

　　2.香艳茄有何生理特性？ ……………………………… 83

　　3.怎样栽培香艳茄？ …………………………………… 83

　（五）樱桃番茄 ………………………………………… 84

　　1.樱桃番茄有何营养价值？ …………………………… 84

　　2.樱桃番茄有何生理特性？ …………………………… 85

　　3.怎样栽培樱桃番茄？ ………………………………… 86

　（六）指天椒 …………………………………………… 87

　　1.指天椒有何营养价值？ ……………………………… 87

2.指天椒有何生理特性? ·················· 87

3.怎样栽培指天椒? ·················· 88

六、根茎类蔬菜 ······························ 90

（一）球茎茴香 ···························· 90

1.球茎茴香有何营养价值? ·············· 90

2.球茎茴香有何生理特性? ·············· 91

3.怎样栽培球茎茴香? ·················· 91

（二）袖珍胡萝卜 ·························· 91

1.袖珍胡萝卜有何营养价值? ············ 91

2.袖珍胡萝卜有何生理特性? ············ 92

3.怎样栽培袖珍胡萝卜? ················ 92

（三）樱桃萝卜 ···························· 93

1.樱桃萝卜有何营养价值? ·············· 93

2.樱桃萝卜有何生理特性? ·············· 93

3.怎样栽培樱桃萝卜? ·················· 94

药、食两用植物篇

一、概述 ·································· 97

1.药食同源的含义是什么? ·············· 97

2.合理饮食需注意什么? ················ 97

3.“药补”真的不如“食补”吗? ·········· 98

4.食补时需注意什么? ·················· 99

二、药、食两用植物——花类 ·············· 101

（一）白扁豆花 ···························· 101

1.白扁豆花有何药用价值? ·············· 101

2.食用白扁豆花粥可以治疗白带过多吗? 怎样自制

白扁豆花粥? ·························· 101

3. 什么原因会引起痢疾？…………………………… 102

4. 食用白扁豆花小馄饨可以治疗痢疾吗？怎样自制
白扁豆花小馄饨？………………………………… 102

5. 荷叶扁豆花粥有何食疗功效？怎样自制荷叶扁豆
花粥？……………………………………………… 103

6. 扁豆花煎鸡蛋有何食疗功效？怎样自制扁豆花煎
鸡蛋？……………………………………………… 103

（二）百合花 ……………………………………………… 104

1. 百合花有何药用价值？…………………………… 104

2. 百合花可否美容养颜？…………………………… 104

3. 怎样利用百合花来美容养颜？…………………… 105

4. 饮用百合菊花茶可以"喝出好情绪"吗？怎样自制百合
菊花茶？…………………………………………… 105

5. 失眠有何危害？…………………………………… 105

6. 食用百合红枣粥可以治疗失眠吗？怎样自制百合红
枣粥？……………………………………………… 106

（三）代代花 ……………………………………………… 107

1. 代代花有何药用价值？…………………………… 107

2. 枳实与枳壳有何区别？…………………………… 107

3. 枳壳粥有何食疗价值？怎样自制枳壳粥？……… 107

4. 油焖枳实萝卜有何食疗价值？怎样自制油焖枳实
萝卜？……………………………………………… 108

5. 什么原因会引起"呕吐"？………………………… 108

6. 饮用代代花生姜茶可以开胃止呕吗？怎样自制代代
花生姜茶？………………………………………… 109

7. 睡前饮用代代花茶有何益处？怎样自制代代花茶？
……………………………………………………… 109

8.代代花冰糖茶有何食疗价值？怎样自制代代花冰

糖茶？ ······ 109

9.代代花萝卜汤有何食疗价值？怎样自制代代花萝

卜汤？ ······ 110

（四）丁香花 ······ 110

1.丁香花有何药用价值？ ······ 110

2.药用的丁香花有何特征？ ······ 111

3.为何许多人都有"口臭"？ ······ 111

4.饮用丁香茶可以治疗口臭吗？怎样自制丁香茶？ ······ 112

5.怎样区分胃病的寒热？ ······ 112

6.丁香橘皮饮可以治疗胃寒吗？怎样自制丁香橘皮饮？

······ 112

7.饮用姜汁牛奶可以治疗胃寒吗？怎样自制姜汁牛奶？

······ 113

8.丁香姜糖有何食疗功效？怎样自制丁香姜糖？ ······ 113

9.丁香鸭煲有何食疗功效？怎样自制丁香鸭煲？ ······ 114

10.丁香粥有何食疗功效？怎样自制丁香粥？ ······ 114

11.丁香雪梨汤有何食疗功效？怎样自制丁香雪梨汤？

······ 115

12.丁香火锅有何食疗功效？怎样自制丁香火锅？ ······ 115

（五）桂花 ······ 116

1.桂花有何药用价值？ ······ 116

2.饮用桂花茶可以缓解胃寒引起的不适吗？ ······ 116

3.食用桂花糯米藕可以健脾开胃吗？ ······ 116

4.怎样自制桂花糯米藕？ ······ 117

5.饮用桂花酒可以化痰吗？ ······ 117

6.怎样自酿桂花酒？ ······ 118

7. 怎样利用桂花清除"口臭"？ ……………………………… 119

(六)荷花 ……………………………………………………… 120

1. 荷花有何药用价值？ …………………………………… 120

2. 为何夏季易失眠？ ……………………………………… 120

3. 怎样治疗失眠？ ………………………………………… 121

4. 荷花可否养颜？ ………………………………………… 121

5. "酒糟鼻"是怎么形成的？荷花可否治疗"酒糟
鼻"？ …………………………………………………… 122

6. 莲藕能否解酒？ ………………………………………… 122

(七)合欢花 …………………………………………………… 123

1. 合欢花有何药用价值？ ………………………………… 123

2. 合欢花粥有何食疗功效？怎样自制合欢花粥？ ……… 123

3. 合欢黑豆饮有何食疗功效？怎样自制合欢黑豆饮？
………………………………………………………… 123

4. 合欢花茶有何食疗功效？怎样自制合欢花茶？ ……… 124

5. 食用合欢萱草汤可以宁心安神吗？怎样自制合欢
萱草汤？ ……………………………………………… 124

6. 急性结膜炎有何症状？什么原因会导致急性结
膜炎？ ………………………………………………… 125

7. 为何说合欢花可以治疗急性结膜炎？ ………………… 125

8. 食用合欢花蒸猪肝可以治疗急性结膜炎吗？怎样
自制合欢花蒸猪肝？ ………………………………… 126

(八)槐花 ……………………………………………………… 126

1. 槐花有何药用价值？ …………………………………… 126

2. 怎样区分国槐与洋槐？ ………………………………… 127

3. 何为槐米？槐米有何药用价值？ ……………………… 127

4. 槐花都有哪些泡制方法？药效有何差异？ …………… 128

5. 何为月经过多？什么原因会导致月经过多？怎样
判断是否有月经过多的症状？ …………………… 129

6. 食用两地槐花粥可以治疗月经过多吗？怎样自制
两地槐花粥？ ……………………………………… 129

7. 槐花藕节粥有何食疗功效？怎样自制槐花藕节粥？
……………………………………………………… 130

8. 槐花清蒸鱼有何食疗功效？怎样自制槐花清蒸鱼？
……………………………………………………… 130

9. 马齿苋槐花粥有何食疗功效？怎样自制马齿苋槐
花粥？ ……………………………………………… 131

10. 粉蒸槐花有何食疗功效？怎样自制粉蒸槐花？ …… 131

（九）鸡冠花 ……………………………………………… 132

1. 鸡冠花有何药用价值？ ………………………………… 132

2. 鸡冠花的哪些部位可以入药？功效有何不同？ ……… 132

3. 饮用鸡冠花泡酒有何食疗功效？怎样操作？ ……… 132

4. 鸡冠花鸡蛋汤有何食疗功效？怎样自制鸡冠花鸡
蛋汤？ ……………………………………………… 133

5. 滴虫性阴道炎有何症状？什么原因会引起滴虫性
阴道炎？ …………………………………………… 133

6. 怎样利用鸡冠花治疗滴虫性阴道炎？ ……………… 133

7. 怎样利用鸡冠花治疗月经过多,经血不止？ ………… 134

8. 什么原因会引起肝硬化腹水？ ……………………… 134

9. 鸡冠花炖猪肝有何食疗功效？怎样自制鸡冠花炖
猪肝？ ……………………………………………… 135

（十）金银花 ……………………………………………… 135

1. 金银花有何药用价值？ …………………………… 135

2.饮用金银花露可以清热解暑吗？怎样自制金银花露？
.... 136

3.金银花甘草茶有何功效？怎样自制金银花甘草茶？
.... 136

4.饮用金银花连翘茶可以治疗痤疮吗？怎样自制金银
花连翘茶？.................................... 137

5.饮用忍冬藤酒可以通经活络吗？怎样自酿忍冬藤酒？
.... 138

6.金银花粥有何食疗功效？怎样自制金银花粥？......... 138

7.金银花梨花藕汤有何食疗功效？怎样自制金银花
梨花藕汤？.................................... 139

8.金银花肉片汤有何食疗功效？怎样自制金银花肉
片汤？.. 139

9.金银花萝卜蜜有何食疗功效？怎样自制金银花萝
卜蜜？.. 140

(十一)菊花 140

1.菊花有何药用价值？................................ 140

2.各种不同的菊花在功效上有何区别？ 140

3.冲泡菊花茶时需注意什么？常饮菊花茶有何益处？
.... 141

4.野菊花有何形态特征？与菊花有何区别？使用野菊花
有何禁忌？.................................... 141

5.菊花与决明子配伍,可以起到明目的效果吗？ 142

6.饮用桑菊茶可以缓解眼睛干涩的症状吗？ 142

7.怎样自制桑菊茶？ 143

8.敷用珍珠菊花面膜可以治疗痤疮吗？ 143

9.怎样自制珍珠菊花面膜？ 144

10. 菊花与代代花一同泡茶饮用可以缓解女性乳头痛吗？
⋯⋯⋯⋯⋯⋯⋯⋯⋯⋯⋯⋯⋯⋯⋯⋯⋯⋯⋯ 144

11. 怎样自酿菊花酒？菊花酒有何功效？⋯⋯⋯⋯ 144

12. 菊花膏有何功效？怎样自制菊花膏？⋯⋯⋯⋯ 145

13. 用菊花枕可以治疗慢性头痛吗？怎样自制菊花枕？⋯ 145

14. 菊花豆腐有何食疗功效？怎样自制菊花豆腐？⋯⋯ 146

15. 菊花肉卷有何食疗功效？怎样自制菊花肉卷？⋯⋯ 146

16. 菊花猪肘有何食疗功效？怎样自制菊花猪肘？⋯⋯ 147

17. 泌尿系统感染有何症状？怎样利用野菊花治疗泌尿
系统感染？⋯⋯⋯⋯⋯⋯⋯⋯⋯⋯⋯⋯⋯⋯ 147

（十二）款冬花⋯⋯⋯⋯⋯⋯⋯⋯⋯⋯⋯⋯⋯⋯⋯ 148

1. 款冬花有何药用价值？⋯⋯⋯⋯⋯⋯⋯⋯⋯⋯ 148

2. 饮用款冬花茶可以治疗咳嗽吗？怎样自制款冬花茶？
⋯⋯⋯⋯⋯⋯⋯⋯⋯⋯⋯⋯⋯⋯⋯⋯⋯⋯⋯ 148

3. 食用款冬花银耳汤可以治疗气管炎吗？⋯⋯⋯⋯ 148

4. 怎样自制款冬花银耳汤？⋯⋯⋯⋯⋯⋯⋯⋯⋯ 149

5. 支气管哮喘有何症状？什么原因会引起支气管哮喘？
⋯⋯⋯⋯⋯⋯⋯⋯⋯⋯⋯⋯⋯⋯⋯⋯⋯⋯⋯ 149

6. 为何说百合花款冬饮可以缓解支气管哮喘？⋯⋯ 150

7. 怎样自制百合花款冬饮？⋯⋯⋯⋯⋯⋯⋯⋯⋯ 150

8. 为何秋、冬季容易干咳？⋯⋯⋯⋯⋯⋯⋯⋯⋯ 151

9. 川麦冬花雪梨膏有何食疗功效？怎样自制川麦冬花
雪梨膏？⋯⋯⋯⋯⋯⋯⋯⋯⋯⋯⋯⋯⋯⋯⋯ 151

（十三）凌霄花⋯⋯⋯⋯⋯⋯⋯⋯⋯⋯⋯⋯⋯⋯⋯ 152

1. 凌霄花有何药用价值？⋯⋯⋯⋯⋯⋯⋯⋯⋯⋯ 152

2. 酒糟鼻有何特征？什么原因会导致酒糟鼻？⋯⋯ 152

3. 凌栀茶可以治疗酒糟鼻吗？怎样自制凌栀茶？⋯⋯ 152

4. 凌栀面膜可以治疗酒糟鼻吗？怎样自制凌栀面膜？
.... 153

5. 何为风疹？风疹有哪些特点？什么原因会导致风疹？
.... 153

6. 怎样利用凌霄花和凌霄根治疗风疹？ 154

7. 怎样利用凌霄花治疗不来月经、闭经的情况？ ... 154

(十四)玫瑰花 155

1. 玫瑰花有何药用价值？ 155

2. 为何玫瑰花能养颜？ 155

3. 使用玫瑰花面膜可以改善肤色、滋润肌肤吗？ ... 155

4. 怎样自制玫瑰面膜？ 156

5. 饮用玫瑰水和玫瑰露可以美容吗？怎样自制玫瑰水
和玫瑰露？ 157

6. 玫瑰酱有何食疗功效？ 158

7. 怎样自制玫瑰酱？ 158

8. 何为肝气郁结？肝气郁结有什么主要症状？ 159

9. 玫瑰露酒可以治疗乳腺疾病吗？怎样自酿玫瑰露酒？
.... 160

10. 何为气滞血瘀型月经不调？ 160

11. 怎样利用玫瑰花治疗月经不调？ 161

12. 何为经前期紧张综合征呢？怎样利用玫瑰花缓解经
前期紧张综合征？ 161

13. 何为郁证？为何女性朋友容易出现郁证呢？ 162

14. 为何说玫瑰花烤羊心可以疏肝解郁呢？ 162

15. 怎样自制玫瑰花烤羊心？ 163

(十五)茉莉花 163

1. 茉莉花有何药用价值？ 163

目　录

2.常用茉莉花可以"香肌"吗？怎样利用茉莉花使肌肤
　散发香气？···································· 163

3.饮用茉莉花茶可以祛除口臭吗？怎样利用茉莉花茶
　祛除口臭？···································· 164

4.饮用茉莉石菖蒲茶可以治疗胃病吗？怎样自制茉莉
　石菖蒲茶？···································· 165

5.食用茉莉花乌鸡汤可以治疗贫血吗？怎样自制茉莉花
　乌鸡汤？······································ 165

（十六）木芙蓉花································ 166

1.木芙蓉花有何药用价值？···················· 166

2.何为"崩漏"？什么原因会引起"崩漏"？········ 166

3.何为功能性子宫出血？什么原因会导致功能性子宫
　出血？·· 167

4.食用木芙蓉花粥可以治疗崩漏吗？怎样自制木芙蓉
　花粥？·· 167

5.木芙蓉花煎水饮用可以治疗崩漏吗？·········· 168

6.食用木芙蓉莲蓬汤可以治疗经血不止吗？怎样自制
　木芙蓉莲蓬汤？································ 168

（十七）木槿花································· 168

1.木槿花有何药用价值？······················ 168

2.为何中医上认为治疗反胃、吐食需要健脾？······ 169

3.食用木槿砂仁豆腐汤可以治疗反胃吗？怎样自制木槿
　砂仁豆腐汤？·································· 169

4.木槿糯米粥有何食疗功效？怎样自制木槿糯米粥？
　··· 170

5.什么原因会造成咯血？······················ 170

6.什么原因会造成吐血？······················ 171

7.饮用冰糖炖木槿花可以治疗咯血或吐血吗？怎样自
制冰糖炖木槿花？ ·········· 171

8.木槿花炖肉有何食疗功效？怎样自制木槿花炖肉？
·········· 171

（十八）三七花 ·········· 172

1.三七花有何药用价值？ ·········· 172

2.三七花可以清热解毒吗？ ·········· 172

3.三七花可以降血压吗？ ·········· 173

4.三七花水可以治疗失眠吗？ ·········· 173

5.除了可以治疗失眠之外,三七花水还有什么功效？ ··· 174

6.食用三七花茄汁香蕉可以清热止咳吗？ ·········· 174

7.怎样自制三七花茄汁香蕉？ ·········· 175

8.食用三七炖鸡可以治疗崩漏吗？怎样自制三七炖鸡？
·········· 175

9.饮用三七花冰牛奶可以治疗吐血吗？怎样自制三七
花冰牛奶？ ·········· 176

（十九）桃花 ·········· 176

1.桃花有何药用价值？ ·········· 176

2.饮用桃花茶可以减肥瘦身吗？怎样自制桃花茶？ ··· 176

3.食用桃花粥也能养颜吗？怎样自制桃花粥？ ·········· 177

4.桃花白芷面膜有何功效？怎样自制桃花白芷面膜？
·········· 178

5.桃子有何功效？什么人适合吃桃子？ ·········· 178

（二十）西红花 ·········· 179

1.西红花有何药用价值？ ·········· 179

2.红花有何药用价值？ ·········· 179

3.西红花与红花有何区别？ ·········· 179

4.怎样辨别真伪西红花？ ················· 180

5.疲劳、精神压力会对女性朋友造成怎样的影响？ ····· 180

6.西红花对女性有何益处？ ················ 181

7.西红花茶有何功效？怎样自制西红花茶？ ······ 181

8.西红花银耳羹有何食疗功效？ ············· 182

9.怎样自制西红花银耳羹？ ················ 182

10.怎样判断自己是否气血不足？ ············· 183

11.清汤鸡豆花有何食疗功效？怎样自制清汤鸡豆花？

　　 ······························· 183

12.西红花白芷水有何功效？怎样自制西红花白芷水？

　　 ······························· 184

13.用红花艾叶泡脚可以暖身吗？怎样操作？需要注

　　意什么？ ······················· 184

14.泡脚有何注意事项？ ·················· 185

15.什么原因会导致月经过少？ ·············· 185

16.红花山楂酒可以治疗月经过少吗？怎样自制红花

　　山楂酒？ ······················· 186

17.怀孕需要什么条件？ ·················· 187

18.什么原因会导致不孕？为何血瘀就会导致不孕呢？

　　 ······························· 187

19.怎样判断是否有血瘀型不孕？ ············· 188

20.食用西红花煮蛋可以治疗血瘀型不孕吗？怎样自制

　　西红花煮蛋？ ····················· 188

(二十一)杏花 ······················· 189

1.杏花有何药用价值？ ·················· 189

2.饮用杏花白芷酒可以祛斑、祛痘吗？怎样自制杏花

　　白芷酒？ ······················· 189

3. 用杏花做面膜敷脸可以美容吗？怎样自制杏花面膜？

　　………………………………………………………… 190

4. 饮用杏花茶可以美白皮肤吗？怎样自制杏花茶？ …… 190

(二十二) 旋覆花 ……………………………………………… 190

1. 旋覆花有何药用价值？ ………………………………… 190

2. 什么是药物的升降沉浮？ ……………………………… 191

3. 旋覆花有何特性？ ……………………………………… 191

4. 旋覆花可否泡水饮用？ ………………………………… 191

5. 用旋覆花治疗咳嗽需要注意什么？ …………………… 192

6. 食用款冬旋覆膏可以治疗咳嗽吗？ …………………… 192

7. 怎样自制款冬旋覆膏？ ………………………………… 192

8. 何为胁痛？为何生气会引发胁痛？ …………………… 193

9. 食用旋覆花粥可以治疗肝郁胁痛吗？ ………………… 193

10. 怎样自制旋覆花粥？ …………………………………… 194

(二十三) 月季花 ……………………………………………… 194

1. 月季花有何药用价值？ ………………………………… 194

2. 肝脏的疏泄功能发生问题会出现什么症状？食用月
　季花可以疏肝吗？ ……………………………………… 195

3. 为何说月季花是调理月经的良药？ …………………… 195

4. 食用月季花炒猪肝可以疏肝养肝吗？怎样自制月季
　花炒猪肝？ ……………………………………………… 195

5. 饮用月季蒲黄酒可以调理月经吗？ …………………… 196

6. 怎样自酿月季花蒲黄酒？ ……………………………… 197

7. 月季花竹荪汤有何功效？ ……………………………… 197

8. 怎样自制月季花竹荪汤？ ……………………………… 198

9. 食用冰糖炖月季花可以清咳止血吗？怎样自制冰糖
　炖月季花？ ……………………………………………… 198

10. 食用月季花西米粥可以治疗跌打损伤吗？怎样自制

月季花西米粥？ •••••••••••••••••••••••••••••••• 199

三、药、食两用植物——果实类 •••••••••••••••• 200

(一)佛手 •• 200

1. 佛手有何药用价值？ •••••••••••••••••••••• 200

2. 佛手与佛手瓜有何区别？ •••••••••••••••• 201

3. 玫瑰佛手茶有何食疗功效？怎样自制玫瑰佛手茶？

•• 201

4. 佛手粥有何食疗功效？怎样自制佛手粥？ ••• 201

5. 当归佛手炖黄鳝有何食疗功效？怎样自制当归佛手

炖黄鳝？ •••••••••••••••••••••••••••••••• 202

6. 佛手炖猪肠有何食疗功效？怎样自制佛手炖猪肠？

•• 202

(二)枸杞子 •••••••••••••••••••••••••••••••••••••• 203

1. 枸杞子有何药用价值？ •••••••••••••••••• 203

2. 枸杞子炖银耳有何食疗功效？怎样自制枸杞子炖

银耳？ •••••••••••••••••••••••••••••••••• 203

3. 枸杞子红枣煲鸡蛋有何食疗功效？怎样自制枸杞子

红枣煲鸡蛋？ •••••••••••••••••••••••••••• 204

4. 枸杞子油爆河虾有何食疗功效？怎样自制枸杞子油

爆河虾？ •••••••••••••••••••••••••••••••• 204

(三)罗汉果 •••••••••••••••••••••••••••••••••••••• 205

1. 罗汉果有何药用价值？ •••••••••••••••••• 205

2. 罗汉果烧兔肉有何食疗功效？怎样自制罗汉果烧

兔肉？ •••••••••••••••••••••••••••••••••• 205

3. 罗汉果猪蹄汤有何食疗功效？怎样自制罗汉果猪

蹄汤？ •••••••••••••••••••••••••••••••••• 206

4.罗汉果煲猪肺汤有何食疗功效？怎样自制罗汉果煲
  猪肺汤？ ·· 207

5.罗汉果麦冬粥有何食疗功效？怎样自制罗汉果麦冬粥？
  ·· 207

（四）桑葚 ··· 208

1.桑葚有何药用价值？ ··························· 208

2.桑葚柠檬茶有何食疗功效？怎样自制桑葚柠檬茶？
  ·· 208

3.桑葚牛骨汤有何食疗功效？怎样自制桑葚牛骨汤？
  ·· 209

4.桑葚瘦肉汤有何食疗功效？怎样自制桑葚瘦肉汤？
  ·· 209

5.桑葚补肾膏有何食疗功效？怎样自制桑葚补肾膏？
  ·· 210

（五）沙棘 ··· 210

1.沙棘有何药用价值？ ··························· 210

2.沙棘汁有何食疗功效？怎样自制沙棘汁？ ··· 211

3.沙棘末有何食疗功效？怎样自制沙棘末？ ··· 211

4.沙棘粥有何食疗功效？怎样自制沙棘粥？ ··· 211

5.沙棘膏有何食疗功效？怎样自制沙棘膏？ ··· 212

（六）山楂 ··· 212

1.山楂有何药用价值？ ··························· 212

2.何为"北山楂"？何为"南山楂"？ ············ 213

3.食用山楂有何注意事项？ ····················· 213

4.山楂糕有何食疗功效？怎样自制山楂糕？ ··· 214

5.山楂肉干有何食疗功效？怎样自制山楂肉干？ ··· 214

6.山楂梨丝有何食疗功效？怎样自制山楂梨丝？ ··· 215

7.山楂粥有何食疗功效？怎样自制山楂粥？……………… 215

（七）小茴香……………………………………………… 216

1.小茴香有何药用价值？…………………………………… 216

2.茴香鲫鱼有何食疗功效？怎样自制茴香鲫鱼？……… 216

3.茴香米粥有何食疗功效？怎样自制茴香米粥？……… 217

4.茴香酒有何食疗功效？怎样自制茴香酒？…………… 217

（八）益智仁……………………………………………… 218

1.益智仁有何药用价值？…………………………………… 218

2.茯苓益智仁粥有何食疗功效？怎样自制茯苓益智
仁粥？…………………………………………………… 218

3.益智仁炖牛肉有何食疗功效？怎样自制益智仁炖
牛肉？…………………………………………………… 219

4.益智仁猪肚汤有何食疗功效？怎样自制益智仁猪
肚汤？…………………………………………………… 219

5.益智仁粥有何食疗功效？怎样自制益智仁粥？……… 220

（九）紫苏籽……………………………………………… 220

1.紫苏籽有何药用价值？…………………………………… 220

2.紫苏籽酒有何食疗功效？怎样自酿紫苏籽酒？……… 221

3.紫苏籽粥有何食疗功效？怎样自制紫苏籽粥？……… 221

4.紫苏麻仁粥有何食疗功效？怎样自制紫苏麻仁粥？
………………………………………………………… 221

5.紫苏籽汤圆有何食疗功效？怎样自制紫苏籽汤圆？
………………………………………………………… 222

四、药、食两用植物——叶子类…………………………… 223

（一）荷叶………………………………………………… 223

1.荷叶有何药用价值？……………………………………… 223

2.饮用山楂荷叶茶可以减肥瘦身吗？…………………… 223

3.怎样自制山楂荷叶茶？ ……………………………… 224

4.食用荷叶汤可以瘦身吗？怎样自制荷叶汤？ ……… 224

5.荷叶冬瓜粥有何食疗功效？怎样自制荷叶冬瓜粥？
　　……………………………………………………… 225

6.香芋荷叶饭有何食疗功效？怎样自制香芋荷叶饭？
　　……………………………………………………… 225

7.荷叶米粉肉有何食疗功效？怎样自制荷叶米粉肉？
　　……………………………………………………… 226

8.荔荷炖大鸭有何食疗功效？怎样自制荔荷炖大鸭？
　　……………………………………………………… 226

(二)桑叶 ……………………………………………………… 227

1.桑叶有何药用价值？ ………………………………… 227

2.炸桑叶有何食疗功效？怎样自制炸桑叶？ ………… 227

3.桑叶薄菊枇杷茶有何食疗功效？怎样自制桑叶薄
　菊枇杷茶？ …………………………………………… 228

4.桑叶粥有何食疗功效？怎样自制桑叶粥？ ………… 228

5.桑叶猪肝汤有何食疗功效？怎样自制桑叶猪肝汤？
　　……………………………………………………… 228

(三)紫苏 ……………………………………………………… 229

1.紫苏有何药用价值？ ………………………………… 229

2.紫苏炖老鸭有何食疗功效？怎样自制紫苏炖老鸭？
　　……………………………………………………… 229

3.紫苏生姜红糖饮有何食疗功效？怎样自制紫苏生姜
　红糖饮？ ……………………………………………… 230

五、药、食两用植物——种子类 …………………………… 231

(一)白扁豆 …………………………………………………… 231

1.白扁豆有何药用价值？ ……………………………… 231

2.白扁豆粥有何食疗功效？怎样自制白扁豆粥？ ……… 232

3.白扁豆桂花糕有何食疗功效？怎样自制白扁豆桂
花糕？ ……………………………………………… 232

4.山药扁豆红枣糕有何食疗功效？怎样自制山药扁
豆红枣糕？ ………………………………………… 232

5.白扁豆炖猪脚有何食疗功效？怎样自制白扁豆炖
猪脚？ ……………………………………………… 233

（二）莱菔子 ………………………………………………… 233

1.莱菔子有何药用价值？ …………………………… 233

2.鸡内金莱菔粥有何食疗功效？怎样自制鸡内金莱
菔粥？ ……………………………………………… 234

3.莱菔子粥有何食疗功效？怎样自制莱菔子粥？ … 234

（三）莲子 …………………………………………………… 235

1.莲子有何药用价值？ ……………………………… 235

2.何为莲子心？莲子心有何药用价值？ …………… 235

3.何为莲房？莲房有何药用价值？ ………………… 236

4.何为白带异常？何为脾虚型白带异常？ ………… 236

5.食用三味莲子羹可以治疗脾虚型白带异常吗？ … 236

6.怎样自制三味莲子羹？ …………………………… 237

7.老年人脾胃虚弱,可否饮用莲子薏米粥缓解症状？
怎样自制莲子薏米粥？ …………………………… 237

8.牛奶窝蛋莲子汤有何食疗功效？怎样自制牛奶窝
蛋莲子汤？ ………………………………………… 238

9.莲子猪心汤有何食疗功效？怎样自制莲子猪心汤？
……………………………………………………… 238

10.莲子粥有何食疗功效？怎样自制莲子粥？ ……… 239

11.九仙王道糕有何食疗功效？怎样自制九仙王道糕？
　　………………………………………………… 239

12.心火旺盛,可否饮用莲子心西瓜汁缓解症状？
　怎样自制莲子心西瓜汁？ ……………………… 240

（四）薏苡仁 ………………………………………………… 240

1.薏苡仁有何药用价值？ ………………………… 240

2.珠玉二宝粥有何食疗功效？怎样自制珠玉二宝粥？
　………………………………………………… 240

3.薏苡仁酿藕有何食疗功效？怎样自制薏苡仁酿藕？
　………………………………………………… 241

4.冬瓜薏苡仁兔肉汤有何食疗功效？怎样自制冬瓜薏苡
　仁兔肉汤？ …………………………………… 241

5.党参薏苡仁猪爪汤有何食疗功效？怎样自制党参薏苡
　仁猪爪汤？ …………………………………… 242

六、药、食两用植物——根茎类 …………………………… 243

（一）高良姜 ………………………………………………… 243

1.高良姜有何药用价值？ ………………………… 243

2.高良姜与干姜的功效有何区别？ ……………… 243

3.苹果萝卜姜汁羊肉粥有何食疗功效？怎样自制苹果
　萝卜姜汁羊肉粥？ …………………………… 244

4.高良姜茶有何食疗功效？怎样自制高良姜茶？ … 244

5.高良姜粥有何食疗功效？怎样自制高良姜粥？ … 245

6.高良姜鸡块有何食疗功效？怎样自制高良姜鸡块？ … 245

（二）葛根 …………………………………………………… 246

1.葛根有何药用价值？ …………………………… 246

2.葛根炖金鸡有何食疗功效？怎样自制葛根炖金鸡？
　………………………………………………… 246

3.葛根银菜田鸡汤有何食疗功效？怎样自制葛根银菜
田鸡汤？ ·· 247

4.葛根粉粥有何食疗功效？怎样自制葛根粉粥？ ········· 247

5.葛根黑木耳煲猪肉有何食疗功效？怎样自制葛根黑
木耳煲猪肉？ ··· 248

（三）黄精·· 248

1.黄精有何药用效果？ ································· 248

2.黄精生地鸡蛋汤有何食疗功效？怎样自制黄精生地
鸡蛋汤？ ·· 249

3.黄精蒸鸡有何食疗功效？怎样自制黄精蒸鸡？ ········· 249

4.黄精炖肘有何食疗功效？怎样自制黄精炖肘？ ········· 250

5.蜜饯黄精有何食疗功效？怎样自制蜜饯黄精？ ········· 250

（四）生姜·· 251

1.生姜有何药用价值？ ································· 251

2.食用生姜有何注意事项？ ··························· 251

3.糖醋嫩姜有何食疗功效？怎样自制糖醋嫩姜？ ········· 252

4.生姜拌莴苣有何食疗功效？怎样自制生姜拌莴苣？

·· 252

5.红枣生姜炖鱼头有何食疗功效？怎样自制红枣生姜
炖鱼头？ ·· 253

（五）山药·· 253

1.山药有何药用价值？ ································· 253

2.食用山药有何注意事项？ ··························· 254

3.京糕蜜山药有何食疗功效？怎样自制京糕蜜山药？

·· 254

4.山药汤圆有何食疗功效？怎样自制山药汤圆？ ········· 255

5.香酥山药有何食疗功效？怎样自制香酥山药？ ········· 255

6.山药薏米扁豆粥有何食疗功效？怎样自制山药薏米

　扁豆粥？……………………………………………………… 256

（六）鲜芦根…………………………………………………… 256

　1.鲜芦根有何药用价值？…………………………………… 256

　2.薄荷芦根茶有何食疗功效？怎样自制薄荷芦根茶？

　…………………………………………………………………… 257

　3.麦冬芦根汤有何食疗功效？怎样自制麦冬芦根汤？

　…………………………………………………………………… 257

　4.鲜芦根薏苡仁粥有何食疗功效？怎样自制鲜芦根薏

　　苡仁粥？……………………………………………………… 257

　5.鲜芦根粥有何食疗功效？怎样自制鲜芦根粥？……… 258

（七）玉竹………………………………………………………… 258

　1.玉竹有何药用价值？……………………………………… 258

　2.玉竹煲鸡脚有何食疗功效？怎样自制玉竹煲鸡脚？

　…………………………………………………………………… 259

　3.玉竹粥有何食疗功效？怎样自制玉竹粥？…………… 259

　4.银耳玉竹汤有何食疗功效？怎样自制银耳玉竹汤？

　…………………………………………………………………… 260

　5.玉竹猪肉汤有何食疗功效？怎样自制玉竹猪肉汤？

　…………………………………………………………………… 260

七、药、食两用植物——全草类………………………………… 261

（一）薄荷………………………………………………………… 261

　1.薄荷有何药用价值？……………………………………… 261

　2.薄荷香菜酱有何作用？怎样自制薄荷香菜酱？……… 261

　3.薄荷芦根花茶有何食疗功效？怎样自制薄荷芦根

　　花茶？………………………………………………………… 262

　4.薄荷粥有何食疗功效？怎样自制薄荷粥？…………… 262

5.薄荷蛋花汤有何食疗功效？怎样自制薄荷蛋花汤？

　　…………………………………………………… 263

（二）淡竹叶…………………………………………… 263

　　1.淡竹叶有何药用价值？…………………………… 263

　　2.鲜竹叶与淡竹叶的功效有何区别？………………… 264

　　3.竹叶豆腐汤有何食疗功效？怎样自制竹叶豆腐汤？

　　…………………………………………………… 264

　　4.淡竹叶酒有何食疗功效？怎样自制淡竹叶酒？……… 264

　　5.淡竹叶粥有何食疗功效？怎样自制淡竹叶粥？ 265

　　6.豆叶茅根粥有何食疗功效？怎样自制豆叶茅根粥？

　　…………………………………………………… 265

（三）藿香……………………………………………… 266

　　1.藿香有何药用价值？……………………………… 266

　　2.散暑粥有何食疗功效？怎样自制散暑粥？………… 266

　　3.凉拌藿香有何食疗功效？怎样自制凉拌藿香？…… 266

　　4.藿香姜枣饮有何食疗功效？怎样自制藿香姜枣饮？

　　…………………………………………………… 267

　　5.藿香白术粥有何食疗功效？怎样自制藿香白术粥？

　　…………………………………………………… 267

（四）菊苣……………………………………………… 268

　　1.菊苣有何药用价值？……………………………… 268

　　2.怎样自制茄汁菊苣？……………………………… 268

　　3.怎样自制双味菊苣？……………………………… 269

　　4.剁椒菊苣有何食疗功效？怎样自制剁椒菊苣？…… 269

　　5.菊苣粥有何食疗功效？怎样自制菊苣粥？………… 269

（五）马齿苋…………………………………………… 270

　　1.马齿苋有何药用价值？…………………………… 270

2.马齿苋包子有何食疗功效？怎样自制马齿苋包子？

·· 271

3.绿豆马齿苋汤有何食疗功效？怎样自制绿豆马齿

苋汤？ ·· 271

4.蛋花马齿苋汤有何食疗功效？怎样自制蛋花马齿

苋汤？ ·· 272

5.马齿苋薏苡仁瘦肉粥有何食疗功效？怎样自制马齿

苋薏苡仁瘦肉粥？ ······························ 272

（六）小蓟 ··· 273

1.小蓟有何药用价值？ ···························· 273

2.大小蓟茶有何食疗功效？怎样自制大小蓟茶？ ····· 273

3.凉拌小蓟有何食疗功效？怎样自制凉拌小蓟？ ····· 273

4.加味小蓟饮有何食疗功效？怎样自制加味小蓟饮？

·· 274

5.小蓟粥有何食疗功效？怎样自制小蓟粥？ ········· 274

（七）鱼腥草 ··· 275

1.鱼腥草有何药用价值？ ·························· 275

2.凉拌鱼腥草有何食疗功效？怎样自制凉拌鱼腥草？

·· 275

3.鱼腥草煲猪肺有何食疗功效？怎样自制鱼腥草煲

猪肺？ ·· 276

4.鱼腥草绿豆猪肚汤有何食疗功效？怎样自制鱼腥

草绿豆猪肚汤？ ································· 276

八、药、食两用植物——皮类 ··························· 277

（一）橘皮（陈皮）··································· 277

1.橘皮（陈皮）有何药用价值？ ····················· 277

2.陈皮鸭煲有何食疗功效？怎样自制陈皮鸭煲？ ······· 278

3. 陈皮冬瓜汤有何食疗功效？怎样自制陈皮冬瓜汤？
.... 278

4. 陈皮海带粥有何食疗功效？怎样自制陈皮海带粥？
.... 279

5. 陈皮牛肉丝有何食疗功效？怎样自制陈皮牛肉丝？
.... 279

（二）肉桂 280

1. 肉桂有何药用价值？ 280

2. 肉桂山楂饮有何食疗功效？怎样自制肉桂山楂饮？
.... 281

3. 丁香肉桂红酒有何食疗功效？怎样自酿丁香肉桂
红酒？ 281

4. 桂浆粥有何食疗功效？怎样自制桂浆粥？ 281

食用农产品安全消费篇

一、基础知识 285

1. 什么是农产品？ 285

2. 什么是农业投入品？ 285

3. 安全的食用农产品的含义是什么？ 286

4. 农产品质量安全的含义是什么？ 286

5. 影响农产品质量安全的因素都有哪些？ 286

6. 农业投入品对农产品质量安全有哪些影响？ 287

7. 怎样看待农产品质量安全？我国农产品的质量安全
现状如何？ 287

8. 怎样安全消费食用农产品？ 288

9. 《中华人民共和国农产品质量安全法》明确了哪几个
方面的制度？ 289

10.《中华人民共和国农产品质量安全法》对产地环境有
哪些要求? ·············· 290

11. 什么是农产品禁止生产区域? ·············· 290

12. 怎样选择农产品产地 ·············· 291

13. 水产养殖对环境有哪些要求? ·············· 291

14. 什么是农产品质量认证? ·············· 292

15. 什么是无公害农产品? ·············· 292

16. 无公害农产品生产应符合哪些要求? ·············· 292

17. 无公害农产品的标志是什么? ·············· 293

18. 不使用任何农药生产出来的农产品就是无公害农
产品吗? ·············· 293

19. 怎样辨别无公害农产品的真假? ·············· 294

20. 什么是绿色食品? ·············· 294

21. 绿色食品生产应符合哪些要求? ·············· 295

22. 绿色食品的标志是什么? ·············· 295

23. 怎样辨别绿色食品的真假? ·············· 296

24. 什么是有机农业? ·············· 296

25. 什么是有机产品? ·············· 296

26. 有机农产品生产应符合哪些要求? ·············· 297

27. 有机产品的标志是什么? ·············· 297

28. 北京中绿华夏有机食品认证中心的有机食品的标志
是什么? ·············· 298

29. 有机食品是绝对无污染的食品吗? ·············· 298

30. 怎样辨别有机农产品的真假? ·············· 299

31. 无公害农产品、绿色食品和有机食品的联系和特点
是什么? ·············· 299

32. 什么是农产品地理标志?农产品地理标志的标志及
其含义是什么? ·············· 300

33. 食用农产品标准包括哪些？是怎样分类的？ ········· 301

34. 食品标签中出现了 HACCP、GAP、GMP、SSOP、ISO 这样的标识,这些标识各自代表了什么含义？ ········· 301

35. 常见的食用农产品标准代号有哪些？ ··········· 302

36. 农产品包装的含义是什么？农产品包装应符合哪些 要求？ ···································· 303

37. 哪些农产品上市前必须进行包装？ ··········· 303

38. 农产品标识有哪些规定？ ················· 304

39. 不按照规定包装、标识应负哪些责任？ ········· 305

40. 什么是农产品市场质量安全准入？ ··········· 305

41.《农产品质量安全法》中规定了哪些农产品不得在 市场上销售？ ························· 305

42. 买到假冒、劣质农产品后该怎么办？ ········· 306

43. 禁止使用和限制使用的农药都有哪些？ ········· 306

44. 为何对禁用农药还要规定限量标准？ ········· 308

45. 什么是农药残留和农药残留量？什么是农药安全 间隔期？ ···························· 309

46. 怎样看待农产品中的农药残留？ ··········· 310

47. 怎样看待农产品中药物残留检出与超标问题？ ····· 310

48. 饲料中禁用的非法添加物都有哪些？ ········· 311

49. 禁用的兽药都有哪些？ ················· 313

50. 限用的鱼药都有哪些？ ················· 315

51. 禁用的兽药有什么危害？ ················· 315

52. 什么是兽药残留？什么是兽药休药期？ ········· 315

53. 什么鱼药是休药期？鱼药的休药期一般需要多长 时间？ ···························· 316

54. 怎样看待兽用抗生素？ ················· 316

55. 含有农药、兽药残留的农产品能不能吃？ …… 317

56. 果蔬贮藏保鲜的意义是什么？有哪些保鲜技术？ … 318

57. 常用的果蔬保鲜剂都有哪些？ …… 318

58. 水果包装材料是否存在安全风险？ …… 319

59. 怎样看待农产品中植物生长调节剂？ …… 319

60. 怎样看待农产品的防腐保鲜问题？ …… 320

61. 怎样看待农产品中的非法添加物？ …… 321

62. 怎样看待农产品中的重金属？ …… 321

63. 怎样看待农产品中的生物毒素？ …… 322

64. 怎样看待农产品中的有害病原微生物？ …… 323

65. 怎样在购买、贮存和烹饪食用农产品的过程中，尽量
避免食物和人受到病原微生物的感染？ …… 324

二、安全消费 …… 325

（一）粮油类 …… 325

1. 大米是怎样分类和定等级的？ …… 325

2. 怎样判断大米质量的好坏？ …… 325

3. 怎样选购大米？ …… 326

4. 怎样贮存大米才安全，且营养流失少？ …… 327

5. 什么是粮食陈化现象？粮食贮存时间长就会产生黄曲
霉毒素吗？ …… 327

6. 什么是陈化粮？陈化粮能否食用？ …… 328

7. 怎样分辨新陈大米？ …… 328

8. 怎样辨别和处理发霉大米？ …… 329

9. 怎样鉴别染色小米？ …… 329

10. 怎样鉴别染色黑米？ …… 330

11. 紫米与黑米的区别是什么？ …… 331

12. 面粉的种类是如何划分的？ …… 331

13.怎样辨别添加了面粉增白剂的面粉？ ……………… 331

14.怎样选购面粉？ ………………………………………… 332

15.怎样正确保存面粉？ ………………………………… 333

16.米、面怎样除虫？ …………………………………… 334

17.压榨油比浸出油更安全吗？ ………………………… 334

18.各种植物油的营养成分如何？怎样吃出健康？ ……… 335

19.重植物油、轻动物油的消费观是否科学？ ………… 336

20.挑选食用油需注意什么？ …………………………… 337

21.粮油污染包括哪些方面？ …………………………… 338

22.重金属污染粮食的危害有哪些？ …………………… 338

23.粮食中常见的真菌毒素有哪些？有何危害？ ……… 339

24.发霉的粮油食品还能吃吗？ ………………………… 340

（二）蔬菜类 ……………………………………………… 341

1.常见蔬菜产品的质量安全等级是怎样划分的？ …… 341

2.蔬菜中的主要污染物有哪些？有何危害？ ………… 342

3.有虫眼的蔬菜就是没有使用农药的吗？ …………… 343

4.野菜真的一点儿污染也没有吗？ …………………… 343

5.什么样的蔬菜不宜选购？ …………………………… 344

6.消费者怎样辨别蔬菜的质量安全？在哪里购买蔬菜
　是安全的？ …………………………………………… 345

7.蔬菜为何不宜久存？蔬菜食用前的贮藏需注意什么？
　……………………………………………………… 347

8.蔬菜在食用前应先浸泡几小时,这种观点正确吗？ … 348

9.怎样清洗蔬菜？ ……………………………………… 349

10.日常生活中,清除蔬菜上残留农药的简易方法有
　哪些？ ………………………………………………… 349

11.怎样辨别豆芽是否用化肥浸泡过？ ………………… 350

12.怎样正确食用绿叶菜? ………………………… 350

13.怎样正确选购莲藕? 怎样区分各种莲藕? ……… 351

14.萝卜和水果为何不宜一同食用? ……………… 351

15.土豆发芽还能吃吗? …………………………… 352

16."蚕豆病"是怎么回事? ………………………… 352

17.怎样预防四季豆中毒? ………………………… 353

(三)水果类 …………………………………………… 354

1.乙烯催熟的水果还能食用吗? ………………… 354

2.可以将二氧化硫用在荔枝、龙眼的防腐保鲜处理

上吗? …………………………………………… 354

3.怎样看待水果打蜡? …………………………… 355

4.怎样看待反季节水果? ………………………… 355

5.怎样选购水果? ………………………………… 356

6.贮藏水果需注意什么? ………………………… 357

7.热带水果为何不宜放入冰箱贮藏? …………… 357

8.水果带皮吃好? 还是削皮吃好? ……………… 358

9.局部腐烂、变质的水果,削去坏的部分后还能食

用吗? …………………………………………… 358

10.食用前应对水果进行怎样的处理? …………… 359

11.食用水果需注意什么? ………………………… 359

12.食用菠萝时需注意什么? ……………………… 360

13.食用菠萝蜜时需注意什么? …………………… 360

14.食用橙子时需注意什么? ……………………… 361

15.食用芒果时需注意什么? ……………………… 361

16.食用山竹时需注意什么? ……………………… 362

17.食用杨梅时需注意什么? ……………………… 362

18.食用樱桃时需注意什么? ……………………… 363

19. 怎样选购榴莲？榴莲买回家后怎样贮藏？ ………… 363

20. 食用榴莲时需注意什么？ …………………………… 364

21. 怎样选购葡萄？ …………………………………………… 364

22. 什么样的香蕉是可以安全食用的？ …………………… 365

23. 香蕉为何需要悬挂起来存放？ ………………………… 365

24. 长期嚼食槟榔是否会对人体产生危害？ ……………… 366

（四）肉蛋奶类 ……………………………………………………… 367

1. 氯霉素有何危害？ ……………………………………… 367

2. 什么是"瘦肉精"？"瘦肉精"有何危害？ …………… 367

3. 怎样辨别猪肉是否含有"瘦肉精"？ ………………… 368

4. 什么是注水肉？怎样辨别注水肉？ …………………… 368

5. 怎样辨别病死猪肉？ …………………………………… 369

6. 怎样辨别母猪肉？ ……………………………………… 370

7. 什么是冷却排酸肉？ …………………………………… 370

8. 动物的哪些部位不能吃？ ……………………………… 371

9. 怎样辨别新鲜猪肉？ …………………………………… 372

10. 选购新鲜猪肉时需注意什么？ ………………………… 372

11. 怎样选购猪肝？ ………………………………………… 373

12. 怎样选购猪肚？ ………………………………………… 373

13. 怎样选购猪腰？ ………………………………………… 373

14. 选购鸡肉时需注意什么？ ……………………………… 374

15. 怎样通过感官检验畜禽肉的新鲜度？ ………………… 374

16. 选购牛、羊肉时需注意什么？ ………………………… 375

17. 选购肉类制品时需注意什么？ ………………………… 375

18. 选购肉松和火腿等肉制品时需注意什么？ …………… 376

19. 白肉为何不宜高温油炸？ ……………………………… 377

20. 怎样选购鸡蛋？ ………………………………………… 377

21. 怎样辨别优质蛋制品？ …………………………………… 378

22. 鸡蛋买来后怎样贮藏？ …………………………………… 378

23. 生鸡蛋能直接吃吗？ ……………………………………… 379

24. 烹调鸡蛋时需注意什么？ ………………………………… 380

25. 食用鸡蛋时需注意什么？ ………………………………… 380

26. 怎样选购咸鸭蛋？ ………………………………………… 381

27. 食用咸鸭蛋时需注意什么？ ……………………………… 382

28. 在我国食品及饲料中为何禁止添加苏丹红？ ………… 382

29. 红心鸭蛋不能吃了吗？ …………………………………… 382

30. 三聚氰胺是什么？ ………………………………………… 383

31. 三聚氰胺对人体健康有何影响？ ………………………… 383

32. 为何牛奶不能冷冻保存？ ………………………………… 384

33. 什么是巴氏消毒法？巴氏杀菌乳为何必须冷藏保存？
经过巴氏消毒后牛奶的营养价值会降低吗？ ………… 384

34. 超高温灭菌乳与巴氏杀菌乳有何区别？ ……………… 385

35. 复原乳与普通液态奶有何区别？ ………………………… 386

36. 生鲜牛奶能直接饮用吗？ ………………………………… 386

37. 牛奶口味的浓与淡和质量有关吗？ ……………………… 386

38. 为何有的人喝牛奶后会腹泻？怎样缓解这种情况？

……………………………………………………………… 387

39. 牛奶不能和哪些食物一同食用？ ………………………… 388

40. 怎样科学饮用牛奶？ ……………………………………… 388

41. 乳酸菌饮料与乳酸饮料有何区别？ ……………………… 389

42. 酸奶是如何制成的？怎样选购、保存酸奶产品？ …… 389

(五)水产品类 ………………………………………………… 390

1. 什么是水产品的"三品"？ ……………………………… 390

2. 什么样的水产品不得销售？ ……………………………… 391

3. 影响水产品安全的主要因素有哪些？ ………… 391

4. 怎么辨别甲醛溶液泡发的水产品？ ………… 392

5. 哪些水产品不可食用？ ………… 392

6. 怎样选购常见的冰鲜海鲜？ ………… 393

7. 怎样保存水产品？ ………… 393

8. 食用海鲜时需注意什么？ ………… 394

9. 怎样预防麻痹性贝类中毒？ ………… 394

10. 野生海刺参与圈养海参有何区别？ ………… 395

11. 怎样选购干海参？ ………… 395

12. 食用海参时需注意什么？ ………… 396

13. 怎样选购新鲜的虾？ ………… 396

14. 食用虾时需注意什么？ ………… 397

15. 虾皮为何不能久贮？ ………… 398

16. 怎样判断蟹类的新鲜程度？ ………… 398

17. 市场上哪些是淡水鱼？哪些是海水鱼？ ………… 399

18. 怎样判断鱼是否新鲜？ ………… 400

19. 怎样选购淡水鱼与海水鱼？ ………… 400

20. "多宝鱼"还能食用吗？ ………… 401

21. 怎样预防河豚中毒？ ………… 402

22. 怎样选购甲鱼？ ………… 402

23. 食用甲鱼时需注意什么？ ………… 403

24. 冻鱼解冻是用热水快还是冷水快？ ………… 403

25. 为何活鱼不宜马上烹调？ ………… 404

26. 怎样去掉鱼的土腥味？ ………… 404

27. 吃鱼头、鱼子很危险，是真的吗？ ………… 405

28. 怎样鉴别水产干货的好坏？ ………… 405

（六）其他类 ··· 405

  1. 怎样辨别无毒蘑菇与有毒蘑菇？ ······················· 405

  2. 选购食用菌时需注意什么？ ····························· 407

  3. 选购和食用野生食用菌时需注意什么？ ··············· 407

  4. 选购和食用白色食用菌时需注意什么？ ··············· 408

  5. 怎样辨别真假黑木耳？选购黑木耳时需注意什么？

      ··· 409

  6. 选购和贮存新鲜草菇时需注意什么？ ················· 409

  7. 贮藏食用菌时需注意什么？ ····························· 410

  8. 怎样选购破壁灵芝孢子粉？ ····························· 411

参考文献 ··· 412

芽苗菜篇

一、基 础 知 识

1. 什么是新型芽苗菜?

答:新型芽苗菜指绿色的芽苗菜。这些绿色的芽苗菜有的是依靠植物种子中营养萌发形成的芽或者是芽苗,有的是由植物的根或茎中的营养发育长成的嫩梢、嫩尖、嫩芽,前者称为种芽苗菜,后者称为体芽苗菜。

2. 在家里种植芽苗菜有何好处?

答:①投入有限、操作简单。种植芽苗菜,除了种子需到指定商店选购外,其余种植基质、容器(如盘、盒、盆)等均可采用家中废弃材料。资金投入有限,且对种植技术要求不高,容易操作。

②绿色食品、卫生安全。买来的一些蔬菜难免会有农药的残留,会对人的身体产生一定的危害。芽苗菜产品形成所需营养,主要依靠种子中积累的养分转化而来,生长周期短,只需满足其对水分、温度的条件要求,即可生长。由于芽苗菜很少发生病虫害,因此种植过程中不需使用农药,种植出来的芽苗菜产品是一种无污染的绿色食品,食用非常安全。

③营养丰富、随吃随采。在市场购买的蔬菜,由于周转时间

长,使得蔬菜新鲜度降低,营养逐渐流失,质量下降。家庭种植的芽苗菜可随时采摘,随时食用。新鲜,并且营养丰富。

④科普教育、从小抓起。家庭种植芽苗菜,可以使孩子亲近自然,了解自然。此外,还可以培养孩子的动手、动脑能力,使其产生好奇心,增加责任感,有利于孩子们科普教育和身心健康。

⑤家中种菜、老有所乐。家庭种植芽苗菜,劳动量不大,让老人每日有事可干,有事能干,既可锻炼身体,也能愉悦心情。

⑥田园生活、家中乐趣。家庭种植芽苗菜,在管理和欣赏芽苗菜的同时,可以让上班族缓解工作压力,放松心情。采收芽苗菜后,将其烹饪成各种美味佳肴,可以与家人一起享受田园生活带来的乐趣。

3. 哪些芽苗菜适合家庭种植?

答:适合家庭种植的芽苗菜的品种主要有空心菜、萝卜、荞麦、豌豆、香椿以及芸松等近 40 种。

4. 对家庭种植的芽苗菜的种子有何要求?

答:芽苗菜生产对种子质量要求较高:

①种子净度须达到 96% 以上。

②种子饱满度要好,须是充分成熟的新种子。

③种子的发芽率须达到 98% 以上。

④种子的发芽势要强,须在适宜温度下 2~4 d 内发齐芽,并具有旺盛的生长势。

⑤家庭种植芽苗菜的种子不得使用经过农药等处理的种子(如包衣种子等),保障芽苗菜质量安全。

5. 家庭种植芽苗菜有何基本要求？

答：家庭种植芽苗菜对光照、温度、湿度的要求相对较为严格，对种植场所的要求相对不太严格。可利用的地方有空闲的房屋、阳台、窗台、客厅等。种植芽苗菜的用具有种植容器、水盆、塑料薄膜、喷壶、温度计等。种植容器可用专用苗盘，也可用塑料筐、花盆，还可用一次性环保饭盒。将大可口可乐瓶剪去上部、保留底部10 cm高后也可用作种植容器。但是无论使用任何容器，底部都要有漏水的孔眼，以免盘内积水泡烂种芽。

6. 专用芽苗菜种植盘都有什么规格？

答：①规格：60 cm×25 cm×7 cm，质轻，种植面积大，易清洗。如图1所示。

图1

②规格：33 cm×26 cm×4 cm，上层为种植盘，下层为接水盘。如图2左所示。

③规格:32 cm×22 cm×4 cm,有黑、蓝、橘红、白、黄、浅绿等色。如图 2 右所示。

图 2

④规格:30 cm×24 cm×4 cm,体积相对较小,质量轻,便于携带和使用。如图 3 所示。

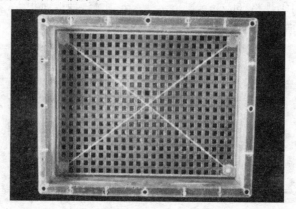

图 3

⑤规格:内径 19 cm、外径 21.5 cm ,用于圆形种植架,比较美观。如图 4 所示。

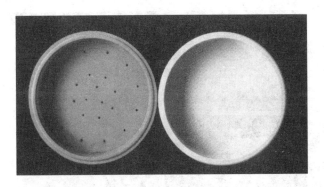

图 4

7. 除了专用芽苗菜种植盘外,还有什么可作种植用具?

答:①漏水筐:家庭使用的各种洗菜漏水筐都可用于种植芽苗菜。如图 5 所示。

图 5

②环保盒:包括各种餐盒都可用于种植芽苗菜。使用前将盒的底部均匀地扎上小孔。如图 6 所示。

③保鲜箱:用于水果等保鲜用的贮藏箱也可用于种植芽苗菜。但要注意,使用时在底部用直径 2.5 mm 的铁钉,按 5 cm 的距离见方打孔。这类泡沫包装箱,一般用作蚕豆、黑豆、黄豆、绿豆、豌

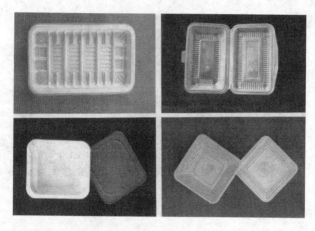

图 6

豆、芸松等芽苗菜种植。如图 7 所示。

图 7

8. 怎样选择家庭种植芽苗菜的种植架?

答:许多市民家庭阳台、房间等面积有限,要想利用有限的空间种植出更多芽苗菜,必须进行立体种植,就是将播种好的芽苗盘摆放在种植架上。家庭用种植架可专门购买或自己制作,也可用自有的鞋架或货架来代替。如图 8、图 9 所示。

图 8   图 9

选择种植架要注意以下 3 条标准：

①防水不生锈。

②质量较轻能够搬动，方便在消毒或打扫卫生时挪动。

③美观漂亮，通过种植芽苗菜给家庭增加景观。

注意：在使用前在架子的底部放上接收水盘以防止弄脏地面。

$9.$ 什么是无土种植？

答：无土种植是不用土壤，采用基质（如水、草炭、蛭石、珍珠岩、河沙、锯末、树皮、吸水纸、岩棉等）和营养液种植植物的技术。无土种植只需浇灌营养液、自来水或纯净水即可，生长快、产量高、质量好，并且病虫害少、卫生整洁，管理十分方便。

$10.$ 对无土种植的培养基质有何基本要求？

答：各种植物对养分的需要量，耐酸、碱程度，排水、通气等要求不同，配制培养基质的比例也会有所不同。

配制培养基质的基本要求有以下几个原则：

①具有适当比例的养分，包含氮、磷、钾等微量元素。

②要求疏松、通气及排水良好。

③无危害植物生长的病虫害和其他有害物质（如虫蛹等）。

④除去草根、石砾等杂物，过筛，进行一般性消毒（如日光下曝晒、加热蒸焙等）。

$11.$ 家庭种植芽苗菜都有哪些常用的基质？

答：芽苗菜的种植基质，是指将所选择芽苗菜种子，种植于一种能固定根系、提供营养和水分的物质。通常将该物质称为种植基质。

①布类。如豆包布、口罩布、棉白布、毛巾布、屉布、无纺布等。一般情况下，在居民家庭中都可以找到。播种前，将所选基质布用无菌纯净水浸泡，使基质布吸水达到饱和状态，待放入种植容器后即可播种。布类基质可重复使用，每次使用后需清洗干净，然后用高锰酸钾或者开水高温消毒 3～5 min 即可。另外，在种子发芽过程中也需要使用棉白布包扎，进行催芽。催芽用棉布也可重复使用。每次使用后要及时清洗干净并晾干，使用前用开水煮或者曝晒一下。

②海绵。厚度 0.5 cm。按种植容器尺寸大小，剪接成长方形、四方形、圆形等。平铺在种植容器中，用家庭小喷壶，喷水使

其海绵充分吸足水不外流,然后即可播种。用海绵做芽苗菜种植基质有以下优点:原料易得、价格低廉、操作方便、清洁卫生、持水量高,海绵可重复利用。采收后,人工清理海绵上残根及杂物,然后用清水冲洗两次,用高锰酸钾消毒,消毒后再用清水冲洗两次。

③纸类。如草纸、厨房纸、高粱纸、宣纸等吸收性好且持水性好的纸均可作为家庭种植芽苗菜的基质。按种植容器形状、尺寸剪好放入种植容器中。使用前将基质纸用喷壶喷透水,然后即可播种。用纸做芽苗菜种植基质有以下优点:原料易得、使用方便、持水力强。采收后,将基质纸连同根系一同处理,不可再用。

④海沙、河沙。沙子可选用普通的沙子,也可用各种彩沙,选择粒径为 2～3 mm 大小的作为基质。使用前,将基质沙用无菌清水,反复清洗 2～3 次。将底纸放入种植盘中,然后将种植沙平铺(厚度 0.5～0.6 cm)、播种,通过保持种植沙中水分含量来保障芽苗菜生长。种植沙可重复使用。采收后,将基质中残余根系和杂物人工挑出,基质沙用清水洗净,然后用高锰酸钾或开水高温消毒 3～5 min。

⑤沙砾石。河流泛滥冲积形成。原料易得,一般河道周边的沙砾石均可。选择粒径 2～4 mm 大小的作沙砾石为基质。播种前,将沙砾石用无菌清水反复冲洗 2～3 次,洗净沙砾石所带泥土。播种后平铺在种植容器中,厚度 0.8～1.2 cm。沙砾石可重复使用,可采用阳光曝晒法来消毒。

⑥蛭石。芽苗菜种植中,蛭石一般作为瓜类或容易带壳出苗的覆盖物。芽苗菜用蛭石应选择较粗的薄片状蛭石,既是细小种子的播种介质,也可作为播种的覆盖物。一般花卉市场有售。使用前,将底纸放入种植盘中,然后均匀播种。覆盖蛭石,蛭石厚度 0.8～1.2 cm。蛭石可重复使用。将使用过的蛭石颗粒,用水清洗

后,放在种植容器中平铺薄层,放在阳光下曝晒。曝晒时每 2～3 h 翻动 1 次,充分灭菌。曝晒 1～2 d 即可。

12. 怎样选择家庭芽苗菜种植浸种容器?

答:在种植芽苗菜之前,要将种子进行浸泡,浸泡之后更有利于种子发芽,将这个过程称之为浸种。家庭种植芽苗菜所用浸种容器要干净,避免油污,最好选用塑料、磁质器皿,忌用铁质器皿。

13. 家庭种植芽苗菜应注意哪些问题?

答:家庭种植芽苗菜,应注意安全和卫生两个方面的问题。

①安全问题。家庭种植芽苗菜是在居住小区进行的,前后左右上下都是居民,既不能影响自己,也不能影响邻居。因此,家庭居室、阳台种菜要解决好楼体下渗问题,种前对楼面及墙体做防渗处理,认真检查有无渗漏现象;要检查排水系统是否畅通;在栏杆上做好花盆种菜的必须采取安全防范措施,以免刮大风时花盆从楼顶掉下去造成安全事故。

②卫生问题。家庭种植芽苗菜最常见的卫生问题是浇水遗撒和残体腐烂,弄不好会产生异味。因此,家庭种植芽苗菜要选择合适的容器,容器渗水孔大小要均匀,防止渗水影响卫生;选择适宜的淋水器具,淋水器具不要太大,淋水范围要小,避免弄脏居室;喷水以底纸湿透为宜,根据环境条件变化,少量多次,避免水量过大造成横溢;使用的工具、材料要妥善保管,不得随意摆放,不得堆置楼道;及时清除收获后的芽苗菜的残体,清洁容器,保持环境卫生。

14. 为何说芽苗菜营养丰富?

答:种子萌发后营养价值会上升。主要表现在:碳水化合物水解为易于人体吸收的单糖,提高了可吸收性,总的含糖量普遍降低;氨基酸含量大幅度提高(谷氨酸含量最高);脂肪类物质被酶分解成甘油和脂肪酸,最后生成能被人体吸收的糖类;矿物质(钾、镁、钙、铁、磷)含量经浸泡发芽后大幅度提高。

二、常见芽苗菜种植技巧

(一)荷兰豆苗

1.荷兰豆苗有何营养价值？

答：荷兰豆又称荷仁豆、剪豆，属豆科豌豆属植物，原产地中海沿岸及亚洲西部。荷兰豆苗叶片深绿、柳叶形，茎秆绿色，生长整齐一致。如图10所示。

图 10

荷兰豆是营养价值较高的豆类蔬菜之一，含有很丰富的叶绿素，其胡萝卜素含量比菠菜、韭菜、油菜等蔬菜的含量还要高，可与胡萝卜媲美。

中医认为,荷兰豆苗性平、味甘,具有和中下气、解疮毒、利小便等功效,能益脾和胃、除呃逆、止泻痢、生津止渴、解渴通乳。经常食用对脾胃虚弱、小腹胀满、呕吐泻痢、产后乳汁不下、烦热口渴等均有一定的辅助疗效。其种子粉碎研末外敷可除痈肿。

2. 荷兰豆苗有何生理特性?

答:荷兰豆苗属长日照作物,生长过程须增加光照时间。荷兰豆苗属半耐寒性作物,喜冷凉,在 $12\sim25$℃温度条件下均可正常生长。整个生长过程要求较高的空气湿度和水分。夏季气候炎热,种植出来的荷兰豆苗品质较差。

3. 怎样种植荷兰豆苗?

答:①选种。选择有光泽、籽粒饱满、发芽率高的新种子。

②浸种。浸种前,用清水(冬季用温水)清洗 $1\sim2$ 次,除掉种子表面的杂质和病菌。浸种时,水温根据季节的不同而定。冬季浸种水温 $30\sim40$℃,其他季节浸种水温可以低一些。浸种时间为 $12\ h$。

③催芽。用湿布将种子包好置于 $20\sim25$℃阴凉、通风处催芽。每日用清水清洗种子 $1\sim2$ 次。$50\%\sim60\%$ 的种子出芽后($1\sim2\ d$)播种催苗。也可不催芽,直接将种子播在环保盒中进行催苗。

④播种与催苗。将纸平铺在环保盒中,再把长有小芽的荷兰豆种子均匀的撒在浸透的吸水纸上,播种量以种子平铺一层并留有一定间隙为宜(如:10 cm×10 cm 的苗盘用干种 $15\sim20\ g$)。种子播好后上面放一个同样的环保盒进行遮光。注意适当喷水保湿

催苗。荷兰豆宜在较冷凉、湿润的环境条件下进行催苗。

⑤日常管理。荷兰豆苗长出 1 cm 的小芽(约 3 d)后使其见光,使其在弱光条件下生长。每日用喷壶喷水 2~3 次,再过 10 d 左右即可采收。

⑥采收。荷兰豆苗长至 7~8 cm 时即可采收。采收时,用剪刀剪掉根部,整株食用。

(二)黑豆苗

1. 黑豆芽苗菜有何营养价值?

答:黑豆,属豆科植物。发芽后,细而青白的嫩茎上生长出肥圆翠绿的叶苞,逐渐长成 2 片肥厚的、呈黄绿色或淡黄色的子叶,当真叶长出,叶面变得毛绒绒的。黑豆苗气微,味淡,嚼之有豆腥气味。如图 11 所示。

图 11

黑豆苗具有很高的营养价值。每 100 g 黑豆苗的营养素含量:碳水化合物 2.60 g、脂肪 0.80 g、蛋白质 4.40 g、纤维素 2.60 g、热量 104.6 kJ。黑豆发芽过程中会形成大量活性植物蛋白。黑豆苗中还含有丰富的维生素 C。食用黑豆苗可中和体内多余的酸,达到酸碱平衡,有助于消化,易被人体吸收。经常食用黑豆苗能软化血管、滋润皮肤,尤其是对高血压、心脏病等患者有益。黑豆苗还具有清热消肿、补肝明目、活血利尿等食疗功效。

2. 黑豆苗有何生理特性?

答:黑豆苗喜温暖的气候条件。生长适温为白天 18～25℃,夜晚 12℃以上。在适宜的温度环境下,保证充足的水分供应就会生长。全年均可种植。

3. 怎样种植黑豆苗?

答:①选种。选择颜色鲜亮、颗粒饱满、大小均匀、成熟度好的黑豆种子。

②浸种。先将种子用洁净的清水淘洗 2～3 次。再将种子浸泡在 40℃左右的温水里 12～16 h,用水量为种子体积的 2～3 倍。最后将种子捞出、沥干。冬季温度低,浸种时间宜长,夏季则可以短一些。若浸种时间短,会延迟出芽时间。

③催芽。黑豆种子约 3 d 即可出芽。用清洗干净的湿豆包布(透气性好)将种子摊开包好,放在有阳光的地方,要避免阳光直射。催芽温度保持在 25℃(室温在 12℃以上都可催芽,若催芽温度超过 30℃易发生霉变,不利于催芽),5 d 左右芽即可出齐。每日要打开布包、让其通气、上下调换位置 1 次。同时,注意喷水保湿,量不宜过大。催芽过程中,若种子发黏可用清水冲洗。

④播种与催苗。将催好芽的种子,均匀撒播到铺有吸水纸的苗盘内(250 g 干种可播满 60 cm×25 cm 的苗盘一盘)。多个苗盒

可摞在一起,最上面扣 1 个空盒子保湿、遮阳。

⑤日常管理。苗盒应先放置于空气温、湿度相对稳定和弱光条件下适应 1 d,再让芽苗在散射光下生长。长出子叶后保持其生长温度在白天 18～25℃,夜间 12℃以上,适宜的生长温度能缩短产品形成周期。冬季注意保温;夏季注意增加通风量,保持室内空气新鲜,有利降温。冬季每日喷水 1～2 次,夏季可多次喷水,以苗盒内湿润而不积水为宜。遵循阴天、雨雪天气时少喷水,晴天高温、干旱时多喷水的原则。

⑥采收。在适宜的温、湿度下 12～15 d,子叶充分展开。豆苗长至 10～15 cm 时,即可剪切采收。

(三)红小豆苗

1. 红小豆苗有何营养价值?

答:红小豆属豆科植物,又名赤豆、赤小豆。红小豆苗在无光的条件下可长成浅黄色,在强光下是绿色的。红小豆苗品质柔嫩,风味独特,口感佳,营养丰富。如图 12 所示。

图 12

红小豆苗,富含铁、钙、镁、钾、磷等微量元素和多种维生素,其中维生素的含量是绿豆的 5 倍以上。红小豆苗含有较多的纤维和可溶性纤维,经常食用可保持人体的酸碱平稳,增强消化能力,润肠通便、抑制肠道疾病发生,还可以减肥、降血压、降血脂、预防胆结石。

中医认为,红小豆苗性平,味甘,具有健脾宽中、清热利湿、润燥排毒、消肿止痛之功效,并具有一定的抗癌辅助作用。

2. 红小豆苗有何生理特性?

答:红小豆苗喜温暖,生长适温为 20℃ 左右。较耐低温、耐弱光,对适应环境能力较强。只需在适宜的温度、光照条件下,保证适宜的水分就能生长。

3. 怎样种植红小豆苗?

答:①选种。播种前,须进行精选,剔除病斑粒、虫蛀、腐霉、破残、畸形、特小粒种子和杂质。

②浸种。先将选好的红小豆种子用清水清洗 2～3 次(最好用温水)。再将种子浸泡在 40℃ 左右的水中 12～24 h,泡胀后将种子捞出、沥干。

③催芽。用清洗干净的湿豆包布将种子包住催芽,催芽温度保持在 23～26℃,最低温度 12℃ 以上。红小豆苗的催芽时间为 1～2 d。每日将布包打开并将种子上下翻转 1 次使其通气。同时,注意适当喷水保湿。

④播种与催苗。将催好芽的种子,均匀撒播到铺有浸透水的吸水纸的育苗盘内,以不留空白、密实为宜。苗盘上面要进行遮光覆盖,可用空苗盘,也可用湿的豆包布或吸水纸。每日对苗盘浇

水,水量以湿润盘底为宜。

⑤日常管理。当红小豆苗长到 1 cm 时,将上面的覆盖物去掉,让苗盘见弱光或散射光。长出子叶后生长温度控制在 20℃左右。冬季可采取覆盖塑料薄膜等措施提高温度,夏季通过增加通风量以保持室内空气新鲜和降温。苗小时(5 cm 之前)少喷水,苗稍大时(6 cm 以后)多喷水。每日喷水一般 2～3 次。夏季可多次,以盘内不积水为宜。

⑥采收。在适宜的温、湿度条件下 12～13 d,子叶充分展开。豆苗长至 12 cm 左右时即可采收。采收时,从根部 2～3 cm 处剪切即可。

(四)黄豆苗

1. 黄豆苗有何营养价值?

答:黄豆,大豆属蝶形花亚科。如图 13 所示。

黄豆在发芽过程中,所含使人胀气的物质被分解,有些营养素也更容易被吸收了。黄豆芽每 100 g 中含脂肪 2 g,蛋白质 11.5 g、

图 13

糖 7.1 g、粗纤维 1 g、胡萝卜素 0.03 mg、维生素 B_1 0.17 mg、维生素 B_2 0.11 mg、烟酸 0.8 mg、维生素 C 20 mg、铁 1.8 mg、钙 68 mg、磷 102 mg。黄豆苗的铁、钙、镁含量均比绿豆苗高。黄豆在发芽 4～12 d 时,维生素 C 含量最高。

中医认为,黄豆苗性微寒、味甘,具有清热、明目、利湿、消肿除痹、补气养血的功效。还可以防止牙龈出血、降低胆固醇、防止心血管硬化。经常食用黄豆苗有健脑、抗疲劳、抗癌的辅助作用。由于黄豆苗膳食纤维较粗,不易消化,且性质偏寒,因此脾胃虚寒者,不宜多食。

2. 黄豆苗有何生理特性?

答:黄豆苗生长适温为白天 18～25℃,夜晚 12℃ 以上。对环境要求不高,只需在适宜的温度和光照环境条件下,满足适宜的水分就能生长。全年均可种植。

3. 怎样种植黄豆苗?

答:①选种。最好用当年采收的黄豆。选择外观光亮、籽粒饱满的种子。

②浸种。先将黄豆种子用清水洗干净。再将种子浸泡在 55℃ 左右的水中,边浸泡边进行搅拌至常温,然后浸泡 8～12 h,把种子捞出、沥干。

③催芽。种子约 3 d 就可出芽。用清洗干净的湿豆包布将种子摊开包好。催芽温度保持在 25℃,一般 5 d 左右芽即可出齐。每日打开布包上下调换种子位置,保证通风换气,并且喷水保湿,促使发芽均匀。

④播种与催苗。将催好芽的种子,均匀撒播到苗盘内,码放密度以不露白(密实)为好,上面扣 1 个空盒子保湿,把盒置于窗台或桌面催苗。由于催芽阶段是避光进行的,在催苗阶段需要从催芽平稳过渡到种植环境,苗盒应先放置在温、湿度相对稳定和弱光条件下适应 1 d,然后让芽苗在散射光下生长。

⑤日常管理。长出子叶后生长适温为白天 18~25℃,夜晚为 12℃以上。室内空气相对湿度保持在 85% 左右。冬季室内注意保温。夏季可采用遮阳、加大通风的方法降低温度,为黄豆苗创造适宜的温度条件,缩短产品形成周期。冬季每日喷水 2~3 次,夏季喷水量可大些,以苗盒内湿润而不积水为宜。

⑥采收。在适宜的温、湿度条件下,12~15 d 后子叶充分展开,豆苗高 10~15 cm 时,即可采收。

(五)葵花苗

1. 葵花苗有何营养价值?

答:葵花苗,菊科向日葵属,又名油葵苗。葵花苗的子叶微张,浅黄绿色或绿色,下胚轴白色或绿色,个别子叶上带有葵花籽壳,非常漂亮。如图 14 所示。

图 14

葵花苗含有丰富的铁、钙、镁、钾、锌、磷等微量元素,以及多种维生素、叶酸等人体必需的营养成分,其中维生素 B 的含量是绿豆苗的 5 倍。葵花苗还富含不饱和脂肪酸,其中人体必需的亚油酸的含量达到 50%~60%。常食葵花苗对于降低胆固醇、防止动脉硬化、改善心血管疾病、抑制肠道疾病、增强消化能力有一定的功效,非常适合高血压患者及中老年人食用。

2. 葵花苗有何生理特性?

答:葵花苗喜温暖,在 15～28℃ 温度条件下均可正常生长。整个生长过程要求较高的空气湿度和水分。

3. 怎样种植葵花苗?

答:①浸种。用洁净的水将种子淘洗 2～3 次,清除漂浮的种子。葵花种子外壳比较坚硬,浸种须用 60～65℃ 水不断搅拌至 30℃(避免烫伤种子),然后再浸泡 6～8 h。葵花种含油脂较多,浸种不宜时间过长。

②催芽。把浸好的种子用清水淘洗干净,用透气软布包好放在 25～30℃ 的阴暗地方催芽,催芽过程中每日用清水淘洗 2～3 次,1～2 d 后发现种子长出小白芽可进行码盘。

③播种与催苗。苗盘底层铺一层吸水纸,将发好芽的种子均匀的码在纸上,上面再盖一层湿纸,然后再压一同样的苗盘进行催苗。播种密度为 50 g 干种子播满 20 cm×17 cm 的苗盘。催苗时的适宜温度白天 20～25℃,夜晚 15℃ 左右。催苗过程中每日喷水 2～3 次,喷水时先将上面盖的纸掀开再喷,以底纸湿透为宜,然后再将上面的保湿纸及苗盘盖上。约 3 d 可看到芽胚长达 1 cm,这

时上面会长出小芽轴,再约 3 d 芽轴站立起来。当幼芽长至高 3 cm 左右时,将上面的覆盖物去掉,使其见散射的光照。

④日常管理。葵花苗的生长适温为 18～28℃,相对湿度 65%～85%。光照时间为每日 5～8 h,要求散射、弱光照条件,不要阳光直射和完全黑暗的条件。在夏季种植,如果光照过强,要适当遮阳。见光后水分挥发较大,每日喷水 3～4 次。可根据温、湿度调节浇水次数,以底纸湿透为宜。3 d 左右子叶慢慢变绿。

⑤采收。葵花苗的生长周期为 12 d 左右,成苗高达 6～10 cm 时,即可用剪刀剪切采收。

(六)绿豆苗

1. 绿豆苗有何营养价值?

答:绿豆,属豆科植物,又名植豆、文豆。茎为白色。子叶为椭圆形、淡绿色。见光少的叶片为浅绿色,光照强的叶片为深绿色,有光泽。如图 15 所示。

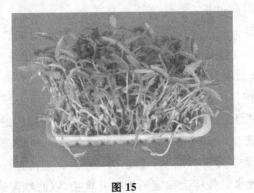

图15

绿豆在发芽的过程中,维生素 C 增多,部分蛋白质会分解成易被人体吸收的游离氨基酸;棉籽糖、毛类花糖等产生气体的糖类完全消失。每 500 g 绿豆芽中含脂肪 0.5 g、蛋白质 16 g、糖类 20 g、粗纤维 3.5 g、胡萝卜素 0.2 mg、硫胺素 0.36 mg、烟酸 3.5 mg、维生素 C 30 mg、铁 4.5 mg、钙 115 mg 和多种营养成分。绿豆苗中维生素 C 和可溶性糖的含量高于黄豆芽。经常食用绿豆苗对清除血管壁中胆固醇和脂肪的堆积,防止心血管病变等,有辅助治疗作用。

中医认为,绿豆苗性凉、味甘,能清暑热、利湿热、解诸毒、美肌肤、通经脉、调五脏,适用于热病烦渴、湿热郁滞、目赤肿痛、口鼻生疮、大便秘结、小便不利、食少体倦等患者。绿豆苗性寒凉,易伤害胃气;绿豆苗的纤维较粗,易滑利肠道导致腹泻,因此慢性胃炎、慢性肠炎及脾胃虚寒者不宜多食。

2. 绿豆苗有何生理特性?

答:绿豆苗喜温热,生长适温为 20℃ 左右。较耐低温,耐弱光,适应环境能力较强。

3. 怎样种植绿豆苗?

答:①选种。选用籽粒饱满的种子,最好当年生产的种子。

②浸种。先用清水(最好用温水)将绿豆种子清洗 2～3 次。再将种子浸泡在 40℃ 左右的水中 12 h 左右,泡胀后将种子捞出、沥干。夏季浸种时间短些,中间可以换一次水;冬季温度低时,浸种时间需长一些。

③催芽。用清洗干净的湿棉布、豆包布将种子摊开包好,催芽

温度保持在 23～26℃。每日要打开布包,翻转通气。同时,注意喷水保湿。绿豆苗催芽时间 2～3 d。

④播种与催苗。将催出芽的种子,均匀撒播在铺有浸透水的吸水纸的苗盘内,播种以不留空白、密实为宜。播上种子的苗盘上面还需盖上空苗盘或是湿的豆包布进行遮光、保湿。每日对苗盘浇水,水量以湿润底纸、不积水为宜。

⑤日常管理。当绿豆苗长到 1 cm 时,将上面的覆盖物去掉,让苗盘见弱光。长出子叶后,保持生长温度在 20℃左右。绿豆苗喜温热,但适宜的生长温度更有利于豆苗的生长。夏季温度较高时,可通过遮阳、喷水、增加通风量等措施来降温,以保持室内空气新鲜。夏季每日喷水 3～4 次,冬季每日喷水 1～2 次,注意依据天气状况喷水,喷水量以盘内不积水为宜。

⑥采收。在适宜的温、湿度条件下生长 12～13 d,子叶充分展开,绿豆苗长至 12 cm 左右时,即可采收。采收时,从根部 2～3 cm 处剪切即可。

(七)萝卜苗

1. 萝卜苗有什么营养价值?

答:萝卜,属十字花科萝卜属植物。萝卜品种多,常见的有红萝卜、白萝卜、青萝卜、水萝卜和樱桃萝卜等。萝卜苗茎秆挺直,叶片碧绿,有光泽,生长整齐一致。如图 16 所示。

萝卜苗营养丰富。每 100 g 萝卜苗含水分 91.7 g、碳水化合物 5.7 g、蛋白质 0.6 g、胡萝卜素 0.02 mg、维生素 C 30 mg、铁 0.5 mg、钙 49 mg、磷 34 mg。还含有多种维生素、矿物质以及葡萄糖、淀粉酶、氧化酶腺素、胆碱、芥子油、木质素等多种成

图 16

分。萝卜苗含丰富的维生素 C 和微量元素锌,有助于增强机体的免疫功能,提高抗病能力,可抑制癌细胞的生长,对防癌、抗癌有辅助作用。萝卜苗中的芥子油和精纤维可促进胃肠蠕动,有助于体内废物的排出。萝卜苗还含有木质素,能提高巨噬细胞的活力,吞噬癌细胞。萝卜苗所含热量较少,纤维素较多,吃后易产生饱胀感,有助于减肥。经常食用萝卜苗可降低血脂、软化血管、稳定血压,可预防动脉硬化、冠心病、胆石症等疾病。此外,萝卜苗所含的多种酶,能分解致癌的亚硝酸胺,具有一定防癌作用。

中医认为,萝卜苗性寒,味甘、辛,归脾、胃、肺经。可消积滞、下气宽中、化痰清热、解毒。

2．萝卜苗有何生理特性?

答:萝卜苗,喜凉爽的气候条件,生长适温为 $12\sim26℃$,最适宜温度为 $20℃$ 左右。只需在适宜的温度、光照环境条件下,保证适宜的水分供应就会生长。全年均可种植。

3. 怎样种植萝卜苗？

答：①选种。选择饱满、无杂质，发芽率高的新种子即可。还可根据个人口味选择不同萝卜种子。樱桃萝卜口感最好，但产量低，"象牙白"等品种种子便宜，产量高，但口感一般。

②浸种。要先用清水（冬季用温水）将萝卜种子清洗 2～3 次再浸种。浸种时，水温根据季节的不同而定，冬季浸种水温要求在 30～40℃，浸种时间 10～12 h，春、秋季浸种水温可以低一些，夏季浸种时用凉水浸泡 6～8 h 即可。

③播种与催苗。将浸透水的纸平铺在苗盘中。把浸种后的萝卜苗种子均匀地撒在纸上，播种量以种子平铺一层并留有一定间隙为宜（10 cm×10 cm 的苗盘可播干种子 15 g）。种子播好后上面放一个同样的苗盘进行遮光催苗。催苗期，每日用喷壶均匀地喷水 2～3 次，每次喷水量以浸湿纸并有少量水流出为宜。

④日常管理。萝卜苗的生长适温为 12～26℃，最适宜温度 20℃左右。约 3 d 后，萝卜苗长出 1 cm 的黄芽后使其见散射光。以后一直在有散射光照射的条件下生长，每日用喷壶喷水 2～3 次。从播种到采收约需要 8 d。

⑤采收。萝卜苗长至 7～10 cm 时即可采收。采收时，用剪刀从根部整齐剪下即可。

(八)荞麦苗

1. 荞麦苗有何营养价值？

答：荞麦，属蓼科荞麦属植物。荞麦苗叶浅绿色，如马蹄形，茎秆花青色直立。如图 17 所示。

图 17

荞麦苗高蛋白、低脂肪,富含糖类、维生素 A、维生素 B_1 和维生素 B_2 等营养物质。荞麦苗所含的必需氨基酸中的赖氨酸比例高,可与主要的谷物互补。荞麦苗中所含有的丰富的维生素 E 和可溶性膳食纤维是一般精制大米的 10 倍。荞麦苗中含有的铁、钙、锌、锰等微量元素也比一般蔬菜丰富。荞麦苗中的某些黄酮成分具有抗菌、消炎、止咳、平喘、祛痰的作用。荞麦苗含有芦丁(芸香甙),具有保护视力的作用。经常食用荞麦苗可健脾益气、开胃宽肠、消食化滞、除湿下气,对肠胃疾病、脂肪肝、脑血管障碍及老年失智症有一定的辅助疗效。荞麦苗还具有一定的减肥和降低血糖的辅助功效。脾胃虚寒、消化功能不佳、经常腹泻的人不宜过多食用荞麦苗。

2．荞麦苗有何生理特性?

答:荞麦苗性喜温和的气候。生长适温为白天 25℃左右,夜晚 15℃左右。若将温度和湿度控制好的话,全年均可种植。

3. 怎样种植荞麦苗？

答：①选种。播种前，先将买来的种子去除杂质，再将种子放在洁净的水盆里，倒入清水，搅拌一下，静置 30 min。干瘪种子会漂浮在水面上，饱满的种子会沉在下面。要将干瘪的种子捞出淘汰。

②浸种。将挑选出来的荞麦种子浸泡在清水里。浸种的水温，根据季节不同而定，冬季水温要求在 55~60℃，其他季节浸种的水温可略低一些。浸泡时可用筷子顺时针搅动至常温下静置。浸种时间冬季 12 h，春、秋两季 6~8 h，夏季 4 h。浸种过程中，要对种子进行淘洗，夏季淘洗 2 次，其他季节 1 次即可。

③催芽。将种子从水盆中捞出，用洁净的豆包布包起来，放在向阳的地方进行催芽，但避免阳光直射。催芽最适温度为 25℃（室温在 12℃以上都可催芽，但温度越低催芽时间越长）。一般 2~3 d 即可出芽。催芽期间，每日需要把籽种冲洗 1 次，再用豆包布包裹起来，冲洗的过程中观察籽种是否有小芽长出，如有 60% 的种子露芽，就可以播种了。需要强调的是，无论任何季节催芽，都要注意通风。

④播种与催苗。先将浸透水的厨房用纸平铺在苗盘上，再把催好芽的荞麦种子均匀地撒在纸上。250 g 干燥荞麦种子可播 30 cm×20 cm 苗盘 5~6 盘。种子播好后上面扣一个同样大小的苗盘以保持湿度。催苗期间须遮光。同时，还要注意苗盘的通风。催苗过程中，每日用喷壶把出芽的种子均匀的喷湿 1~2 次，程度为湿透盘底纸不留积水即可。通常冬季 1~2 次；夏季喷水 3~4 次。荞麦苗催苗时间约 3 d。

⑤日常管理。荞麦苗的生长适温为白天 25℃左右，夜晚 15℃

左右。当荞麦苗长出 1 cm 高的白芽后可见光,遇夏季光线太强时,注意遮光。每日用喷壶对荞麦苗进行喷水,水的多少只要保证底纸有一定湿度即可。

⑥采收。一般从播种到采收需要 8 d 左右。荞麦苗在生长至 8～10 cm 时,即可采收。采收时,用剪刀从根部平整剪下。

(九)豌豆苗

1. 豌豆苗有何营养价值?

答:豌豆苗,属蝶形花科豌豆属植物,又名"龙须菜"、"龙须豆苗"、"蝴蝶菜"等。豌豆苗株茎较高,叶椭圆形,叶色鲜亮碧绿。如图 18 所示。

图 18

豌豆苗营养丰富。每 100 g 豌豆苗中含碳水化合物 1.4 g、蛋白质 4.90 mg、粗纤维 1.4 g、胡萝卜素 1.58 mg、硫胺素 0.03 mg、核黄素 0.19 mg、维生素 C 83 mg、维生素 E 3.06 mg、维生素 K 174 mg、铁 7.50 mg、钙 15.60 mg、磷 82 mg。从营养价值上看,比黄豆苗、

绿豆苗要高。尤其是氨基酸的含量更是比普通蔬菜高,比大白菜、油菜、西红柿、青椒等高出几倍甚至十几倍。豌豆苗还含有胆碱、蛋氨酸等成分,食用豌豆苗有助于防止动脉硬化。经常食用豌豆苗对高血压、心脏病、糖尿病患者也有一定的辅助疗效。

2. 豌豆苗有何生理特性?

答:豌豆苗喜冷凉、湿润气候,生长适温为18~25℃。耐寒,不耐热。在保证温、湿度和光照的条件下,全年均可种植。

3. 怎样种植豌豆苗?

答:①选种。选发芽高,籽粒饱满的种子,最好选用当年收获的新种子。

②浸种。将豌豆籽用清水淘洗 2~3 次后,浸泡在 40℃的温水里面 12 h。浸种后,用手轻轻揉搓,去掉种豆表皮的黏液,以种豆不黏滑、水无白色黏液为止;并沥干净多余的水分。

③播种与催芽。在苗盘内先铺上一层吸水性、持水性较强、洁净、无毒的底纸。要先对铺的纸进行喷水,使之吸足水分,充分湿透。将种子均匀地撒到苗盘中。种子撒播要厚薄一致,紧密布满育苗盘。播种后的苗盘上面盖上同样的苗盘进行遮光。催芽期温度应控制在 18~25℃为宜,空气相对湿度要保持在 80%左右。每日用喷壶喷水 2~3 次,喷水量以豌豆和基质喷湿,育苗盘中不大量往外流水、不存水为宜。若湿度过大,豌豆极易发霉、腐烂。因此,在进行必要的通风、排湿的同时,还要对豌豆勤加冲洗、冲刷,以免种豆发臭、发黏。特别是夏季,要进行遮阳、保湿种植。遮阳物可选择遮阳网或窗纱等,并注意增加喷水次数,以保证豆苗生长

整齐一致。

④催苗。催苗期温度应控制在 18～25℃。温度过高会造成芽苗徒长。芽苗过于纤细,易引起后期倒伏,食用口感也会严重变差。同时,每日用喷壶把苗均匀的淋湿 1～2 次,以保持纸的湿度。豌豆苗催苗时间约 3 d。在催芽、催苗阶段,每次喷淋时,若发现有腐烂的种豆,要及时用镊子取出扔掉,并连周围粘有黏浆的种豆也取出扔掉。

⑤日常管理。3 d 后看见豌豆苗长出 1 cm 高度的黄芽后可见光。每日用喷壶对豌豆苗进行喷水,水的多少只要保证垫纸上有水分渗出即可。

⑥采收。生长 10 d 左右,苗高 10～15 cm 时,即可采收。采收后若根系良好,可让其再长一茬,继续生长采收。

(十)香椿苗

1. 香椿苗有何营养价值?

答:香椿,属楝科香椿属植物,原产中国。香椿苗株茎挺直,叶色鲜绿,有光泽,叶片椭圆形,株高整齐。如图 19 所示。

香椿苗的味道与香椿芽相似,但所含营养成分超过香椿芽。每 100 g 香椿苗中含蛋白质 1.7 g、脂肪 0.2 g、粗纤维 2.3 g、胡萝卜素 780 mg、核黄素 0.13 mg、维生素 C 12 mg、铁 2.0 mg、钙 70 mg、磷 37 mg。香椿苗有抗氧化作用,经常食用可起到一定的预防癌症的效果,并且对治疗头晕、高烧、肠炎、痢疾、泌尿系统感染、糖尿病等病症有一定的辅助疗效。

中医认为,香椿性寒,具有清热解毒、祛风除湿、健胃理气之功效,能保肝利肺、醒脾开胃、补血舒筋。

图 19

2.香椿苗有何生理特性?

答:香椿苗对种植环境要求较高。喜温暖的气候条件,生长的适宜温度 16～28℃。若能控制好温、湿度,全年均可种植。

3.怎样种植香椿苗?

答:①选种。以"红油椿"香椿品种最好,不要选择菜椿品种。一定选用当年发芽率高的优质新种子,还要在冰箱的冷藏室(0～8℃)贮存。现在,市面上出售的香椿种子有两种:毛籽和净籽。若选用的是毛籽,则需要将种子外面的翅翼除去,家庭种植用量少,可直接用手轻搓几下,然后把毛翅吹掉,余下的就是净籽了。使用前,还是要去掉种子中的杂质和发育不好的、发霉的种子。

②浸种。选好的香椿净籽要先用清水(冬天用温水)清洗 2～3 次。浸种时的水温根据季节的不同而定。冬季浸种水温在 40～45℃,其他季节浸种水温可低一些,夏季浸种用凉水即可。注意夏

季浸种时不要早上浸种。浸种时间冬季为 24 h,春、秋两季在 20 h 左右夏季为 12～16 h,即可。浸种过程中,要对种子进行淘洗,夏季淘洗 3 次,其他季节淘洗 2 次。

③催芽。将浸好的种子放在一块湿棉布(最好用豆包布)中摊开包好,放在向阳处,避免阳光直射。催芽时,要每日把种子冲洗 1 次。避免种子发黏不出芽。催芽最适宜温度为 25℃,一般 5 d 左右即可出芽。包种子的布包不要包得太紧,尽量要把种子摊开,注意通风。待有 60% 的种子露出白尖时,即可上盘播种。

④播种与催苗。将浸透水的纸平铺在苗盘上,再把露出白尖的香椿种子均匀地撒在纸上,种子的撒播密度一般为 17 cm× 12 cm 的苗盘播 10 g 干种子。播上种子的苗盘上面要用铺有湿纸的苗盘盖上进行遮光,也可用湿透的厨房纸、棉布(最好用豆包布)盖上遮光。注意苗盘的通风透气,不要包得过严。催苗的过程中,每日用喷壶把出芽的香椿种子均匀地淋湿 1～2 次,淋湿程度为湿透盘底纸不留积水即可。

⑤日常管理。3～5 d 后,种子长出的黄芽达到 1 cm 时,将苗盘上的覆盖物去掉,让芽苗见光,但要避免阳光直射,在夏季种植要注意遮光。香椿苗生长后期的适宜温度为 16～28℃,温度过高会出现芽苗疯长的情况,影响口感,还易出现病害;温度太低香椿苗生长缓慢。香椿苗在整个生长过程中适宜的相对湿度为 80% 左右。每日用喷壶进行喷水,水的多少只要保证纸有一定湿度即可。这个过程一般需要 8 d 左右。

⑥采收。香椿苗在生长 15 d 左右,长到 6～8 cm 高,中间两片子叶充分展开后,即可采收。香椿苗的幼根不扎在底纸上,很容易将其提起(与底纸分离),提起后用剪刀从根部平整剪下即可。

(十一)小麦苗

1. 小麦苗有何营养价值？

答：小麦属禾本科小麦属植物。小麦苗是芽苗菜中榨汁饮用的品种之一。如图 20 所示。

图 20

小麦苗富含碳水化合物、脂肪、蛋白质、矿物质(铁、钙、锌、硒、钠、钾、镁、磷、铜、锰等)、膳食纤维、硫胺素、核黄素、烟酸及维生素 A、维生素 C、维生素 E 等。具有一定的抗溃疡、抗炎症、抗皮肤过敏、降胆固醇、降血糖等辅助保健功效，并且具有抑制癌细胞滋生的辅助作用。

中医认为，小麦苗性寒、味辛，可除烦止渴、养心安神，益脾、利小便，和五脏，调经络。

2. 小麦苗有何生理特性？

答：小麦苗的生长适温为白天 25℃左右，夜晚 15℃左右。在适宜的温度、光照和水分供应的情况下,全年均可种植。

3. 怎样种植小麦苗?

答:①选种。挑选洁净、饱满的小麦种子。

②浸种。将经过挑选的种子浸泡在清水里。浸种的水温可根据季节不同而定。冬季水温要求在 40℃,其他季节浸种水温与室温一致即可。浸种时间冬季为 12 h,春、秋两季在 10 h 左右,夏季为 6~8 h 即可。浸种过程中要对种子进行淘洗,夏季淘洗 2 次,其他季节 1 次即可。

③催芽。将种子从水盆中捞出,用洁净的豆包布包起来,放在向阳的地方进行催芽,避免阳光直射。催芽最适宜温度为 25℃。催芽期间,每日要把籽种冲洗 1 次,再用豆包布包裹起来,冲洗的过程中观察籽种是否有小芽长出,如有 60% 的种子露芽,即可播种。一般 3~5 d 即可出芽。

④播种与催苗。将浸透水的纸平铺在苗盘上,再把催好芽的小麦种子均匀地撒在纸上。250 g 小麦干种可播 30 cm×25 cm 苗盘 2~3 盘。种子播好后上面扣一个同样大小的环保盒以保持湿度。催苗期间除了要注意避光,还要注意苗盘的通风。在种植环境和种植季节不同的情况下,每天喷淋的次数也不同,通常冬季 1~2 次,夏季 3~4 次,保持苗盘底纸湿润即可。小麦苗催苗时间约 5 d。

⑤日常管理。催苗后,当小麦苗长出 1 cm 高的白芽后可见光。小麦苗的生长适温为白天 25℃ 左右,夜晚 15℃ 左右。每日用喷壶对小麦苗进行喷水,水的多少只要保证纸有一定湿度即可。

⑥采收。小麦苗生长至 8～10 cm，一般需要 8 d 左右，此时可采收。采收时，用剪刀从根部平整剪下即可。

（十二）芸松苗

1. 芸松苗有何营养价值？

答：芸松种子学名马牙豆，又名草香豌豆、山棱豆、马牙豌豆等，属豆科香豌豆属，1 年生植物。成株高 33～100 cm，叶细长，平行脉荚似豌豆荚，花似豌豆花，白色或蓝色。芸松种子呈乳白色，或微青灰，有棱角，楔形，大小在豌豆与蚕豆之间，千粒重 165～185 g。如图 21 所示。

图 21

芸松苗又称松柳苗，原产地是北美洲，在国内种植多以内蒙古产马牙豆为种子。芸松苗株茎挺直，外表呈龙须状，叶子细长，叶色鲜绿，有光泽，株高整齐。

芸松苗含有丰富的钙、钾、磷等矿物元素和多种维生素，能滋阴壮阳、延年益寿。

2. 芸松苗有何生理特性？

答：芸松苗生长适温为 20℃左右，超过 30℃生长受阻，低于 4℃时生长十分缓慢。对种植环境要求不高，只需在适宜的温度和光照环境条件下，保证水分供应就会生长出来。全年均可种植。

3. 怎样种植芸松苗？

答：①选种。选当年采收的新种子。

②浸种。用清水将种子淘洗 2 次。冬、春两季用 45℃ 的温水浸 20～24 h，夏、秋两季用冷水浸 4～12 h。种子浸胀后，清洗干净，沥干水。

③播种与催苗。种植芸松苗一般不单独进行催芽，将浸好后的种子直接播于苗盘中，与催苗过程连续进行。

家庭种植的芸松苗的苗盘，可采用专用育苗盘或废弃的环保盒。若使用环保盒，要先在环保盒上用锥子均匀地扎上小孔。然后将一张底纸用清水蘸湿后平铺在环保盒上，底纸略小于底盘，使余水能从四周流出。再把籽种均匀撒在底纸上。60 cm×25 cm 大小的育苗盘每盘播干种 250～300 g，其他容器适量酌减。种子分布均匀，以不留空白、不重叠为宜。

将播了种的苗盘摞叠起来。叠盘催芽期间，上、下各放一个空盘子，保温、保湿、遮光。每天倒盘一次，一边倒盘一边喷水。若用环保盒，籽种放好后上面放一个同样的环保盒或上面盖上一张喷湿的吸水纸进行催芽，每日喷水 2～3 次，打湿吸水纸和种子即可，不可有积水。若发现烂种，要及时除去，防止传染。

④日常管理。芸松苗生长适温 20℃左右，超过 30℃时生长受

阻,低于 14℃时生长十分缓慢。室内空气相对湿度保持在 70%～80%,过湿容易烂种、烂苗、烂根。当苗高 2 cm 时,即可见光。在强光下可长成绿色的大叶苗,在弱光条件下长成嫩绿苗,在无光的条件下长成嫩黄色的龙须苗。根据天气情况,每日浇水 2～3 次,以盘内不积水,且不滴水为宜,后期应该多浇水。整个生长过程中,在保证生长适温的前提下,要注意通风、换气、除湿。

⑤采收。当苗长 10 cm 左右,顶部真叶刚展开时,即可采收。采收时,从根部 1～2 cm 处剪下,装保鲜袋或盆内。芸松苗可收获两茬,但第二茬长势相对较差。

盆栽观赏蔬菜篇

一、基础知识

1. 盆栽观赏蔬菜有什么特点？

答：盆栽观赏蔬菜是指选用观赏性强、株型矮小、具有特点的品种在花盆或其他容器中种植、施工的蔬菜。具有以下特点：

①易于栽培管理。部分盆栽观赏蔬菜由野生稀、特蔬菜培育而成，对环境条件及栽培技术要求较低，稍加管理就能种养好。

②营养丰富。盆栽观赏蔬菜无污染，具有丰富的营养价值，具有人体易吸收的糖类、氨基酸、各种维生素等营养成分（如辣椒中的维生素 C、茄子中的维生素 E、番杏中的硒、食用仙人掌米邦塔中的氨基酸和黄酮等）。

③以食代药、强身防病。盆栽观赏蔬菜部分属于中药材，具有良好的药用价值，食用自家栽植的盆栽蔬菜可防病治病。

④改善环境。盆栽观赏蔬菜中部分是由花卉转化而来的。可改善环境、丰富空气中的阴离子浓度、减轻污染。有香气的蔬菜还能分泌杀菌成分，消除室内空气中的细菌和病毒。

⑤色彩鲜明，具有一定的观赏价值。盆栽观赏蔬菜多摆放在室内、阳台或庭院内供观赏，外形优美，色泽美观，一株在室，满屋生辉。让人们通过盆栽观赏蔬菜自然、美丽的外形，享受大自然的美，回归大自然。

2. 什么容器适用于种植盆栽观赏蔬菜？

答：从种植角度出发，栽培容器要求质地坚固，容纳营养土多，透气性好，有利于蔬菜的生长与发育。从观赏角度出发，要求花盆式样美观，制作精细，挪动和摆设方便，艺术效果好。适用于盆栽观赏蔬菜的容器种类很多，质地不一，形状各异。常见的容器有：

①素烧花盆（瓦盆）。用黏土做成盆坯，经烧制而成。多为圆柱体，上大下小。因黏土类型和烧制方法的不同，有黄色、红色、青色和灰白色数种。表面粗糙，易碎、坚固性差。长时间使用容易分化剥离。质地疏松、透气性好；但盆内土壤温度受外界气温影响变化较大，土壤水分散失快。

②陶瓷花盆。用陶土或瓷土烧制而成。表面有一层釉，有仿古陶钵，仿古青铜和古彩桃花钵等。

③紫砂花盆。材质有紫砂、红砂、白砂、陶泥、均陶等。造型丰富，口径大者1 m以上，小则方寸。透气性较好。

④塑料花盆。有多种工艺和质地，颜色多样，从育苗盆到大造型盆一应俱全。美观；轻便耐用，便于运输。保水性好；但透气性差。较适合阳台种菜。

⑤套盆。由内外2个花盆组成，内盆适合作物生长但不美观，外套盆美观大方，盆底无孔洞，不漏水。可将内盆栽上蔬菜放在外套盆里面，防止浇水时多余的水弄湿地面或家具；也可在内盆外面套一个陶瓷花盆，使视觉更美观。一般情况下，外套盆不宜直接栽培植物。

⑥玻璃钢花钵。玻璃钢是以合成树脂为黏合剂，以玻璃纤维为增强材料的高分子复合材料，可做成仿大理石、仿玛瑙、仿红木等多种色彩。造型精美，立体空间感强。质轻高强、耐腐蚀。

⑦盆景盆。盆景盆质地有紫砂陶盆、白砂釉盆、大理石盆、水磨石盆等。款式有方盆、圆盆、六角盆、八角盆等。长度尺寸相近。适于栽植盆景蔬菜。

⑧水盆。水盆盆底无孔,可盛水供养水生蔬菜。

⑨种植槽。一般用在阳台、平台、屋顶、天井、走廊等处。可用砖块、钢筋水泥、石料砌成高度为 40～80 cm,长、宽视需要而定的种植槽。槽底或底旁留几个排水孔。这种种植为固定式,不可搬动。也可用木条、竹片等轻质材料编织,底部用轻质建材制作,并装滚轮,可移动。

⑩木桶。多选用耐腐蚀的松、杉、柳木制成,一般为上大下小的圆柱形、四方形、六角形等。规格比较大,口径为 60～80 cm。供栽植大型植物用。

⑪瓶箱。大多为玻璃制品,容器封闭。常用的有造型优美的玻璃瓶箱、咖啡瓶、酒瓶、鱼缸、蒸发皿,这些瓶箱应封闭加盖。大的瓶箱可集多种蔬菜于一瓶箱。可防止风吹和空气污染,为蔬菜创造适宜的小气候。有助于保持容器内湿度和培养土的水分,利于蔬菜生长。

⑫篮、篓。用竹条、柳条、塑料条编织而成篮、篓,或用塑料灌注而成篮、篓。造型多样化,可吊挂、平摆。用苔藓垫底、填缝,装入营养土栽植蔬菜。质轻,透气,排水性好。但水分散发快,温度变化大,不利于蔬菜生长。

3. 光照对盆栽观赏蔬菜有何影响?

答:光照对蔬菜的影响有 3 个方面,即光照强度、光照时数和光的质量。

4·盆栽观赏蔬菜对温度有何要求?

答:临界温度是蔬菜能维持生命,进行微弱生长的温度。光合作用的上限为 40～50℃,下限为 0.5℃,最适温度为 20～25℃。呼吸作用上限为 50℃,下限为－10℃,最适温度为 36～40℃。各种蔬菜对温度有不同的反应和要求。根据对温度的要求可将蔬菜分为 5 类:

①耐热蔬菜。临界温度 10～40℃,最适温度 25～30℃。

②喜温蔬菜。临界温度 10～35℃,最适温度 20～30℃。

③耐寒而适应广的蔬菜。临界温度 5～30℃,最适温度 15～25℃。冬天地上部枯死,宿根越冬,耐热性较强。

④半耐寒性蔬菜。临界温度 5～25℃,最适温度 17～20℃,能短时间忍耐－1～－2℃低温,适应温度小。

⑤耐寒性蔬菜。成长发育临界温度 5～25℃,最适温度 15～20℃,可较长时间忍耐－1～－2℃低温,短时间忍耐－3～－5℃低温。对低温抵抗力强。

5·盆栽观赏蔬菜对水分有何要求?

答:蔬菜的需水特性与地上部蒸腾消耗多少有关。不同种类的蔬菜对水分要求不同。根据需水规律可将蔬菜分为 5 类:

①耐旱型蔬菜。叶面有裂刻。根系强大,耗水少,抗旱力强。如南瓜、西瓜、甜瓜等。

②半耐旱型蔬菜。叶多管状或带状。根浅,耗水少,吸水力弱,要保持土壤湿润。如香葱、小葱等。

③半湿润型蔬菜。叶较小多毛。根系发达,耗水较少。如番

茄、茄子、萝卜、土豆等。

④湿润型蔬菜。叶较大而嫩,根系浅,耗水多;需要空气湿度大,土壤湿度大。如甘蓝、黄瓜等。

⑤水生蔬菜。在水中生长,大多叶嫩。根系不发达,耗水多,吸水力弱。如莲藕、荸荠、慈姑等。

6. 盆栽观赏蔬菜对土壤有何要求?

答:种植栽培蔬菜需要土壤结构良好,高度熟化,疏松肥沃,稳温性好,保水、供水、供养能力好。营养含量高,并且全面。土壤有机质含量最好在 $2\%\sim3\%$,最低不低于 1%,酸碱适中(pH 6~6.8)。无污染、无病虫寄生与土传病害病菌。最好选用郊区肥沃的菜园土,不宜从城市建筑工地挖取深层土或路边砂石较多的土壤来种植蔬菜。

7. 盆栽观赏蔬菜对矿物质营养有何要求?

答:蔬菜通过根、茎或叶,从外界环境中吸收的氮、磷、钾、钙、镁、硫、铜、铁、锌等多种无机营养元素,统称为矿物质营养。蔬菜吸收矿物质营养除与蔬菜种类及发育状况有关外,还受光照、温度、土壤状况的影响。蔬菜对养分的吸收量以果菜类、结球叶菜类等最大,根菜类、叶菜类次之。

8. 家庭种植盆栽观赏蔬菜需要注意什么?

答:①使用的基质必须清洁,无病虫害,营养全面。用前应彻底消毒。

②少用化学肥料,多用充分腐熟的麻渣、花生饼、动物粪等有机肥。也可选用蘑菇棒、锯末,还可选用泥炭、蛭石、珍珠岩等天然基质。

③允许使用微生物菌肥(如具有固氮、解磷作用的根瘤菌、溶磷菌和光合细菌)。通过这些有益菌的活动来加速养分释放和积累,促进蔬菜对养分的充分利用。

④可选用抗病品种,利用物理方法进行病虫害的防治,也可使用植物性药剂及波尔多液等矿物质农药来防治病虫害。禁用化学农药。

二、绿叶菜

（一）番杏

1. 番杏有何营养价值？

答：番杏，为番杏科番杏属，1 年生半蔓性或多年生蔓性草本植物。原产于澳大利亚，智利和东南亚等地，来自大洋的另一方，所以又称为"洋菠菜"，新西兰菠菜等。番杏的叶肉较厚，叶片呈三角形，绿色至深绿色。其植株甚耐高温、湿润的气候，盛产于夏季，是继菠菜之后的绿叶蔬菜，故又名夏菠菜。如图 22 所示。

图22

番杏每 100 g 鲜食部分中含粗蛋白 2.29 mg、还原糖 0.68 mg、纤维素 2.06 mg、胡萝卜素 2.6 mg、维生素 C 46.4 mg、硒 1.27 μg、锌 0.33 mg、铁 1.44 mg、钙 97 mg、钾 221 mg、铜 0.06 mg、钠 28 mg、镁 44.4 mg、锰 0.55 mg、锶 0.43 mg、磷 36.6 mg。

番杏全株可入药，性平、味甘、微辛，具有清热解毒、凉血利尿、祛风消肿等功效，常用于作治疗肠炎、消化道癌、风热目赤、疔疮红肿等的食疗。

2. 番杏有何生理特性？

答：番杏根系再生能力弱，适应性强。性喜温暖，喜湿。耐热、耐低温、耐盐碱、抗干旱。怕涝，不耐霜冻。小苗干旱，强光可诱发病毒病。光照弱，湿度大，茎叶柔嫩。夏季干旱、强光，叶片变硬、卷曲，食用不佳。高温、多雨，植株过密，易造成烂茎而死。冬季遇霜冻而枯。易栽培，生长迅速，产量高，一般不易发生病虫害。

3. 怎样栽培番杏？

答：番杏可直播，也可育苗移栽。可用营养钵或穴盘育苗。播前浇透水，撒入种子，覆薄层土覆盖。番杏果皮较硬，出苗慢，干旱时注意浇水。

播种定植晚，光照强，干旱时要及时浇水，以防诱发病毒病。番杏根系再生能力弱，缓苗很慢，要及时补水，促进缓苗。虽然缓苗慢，但是成活率很高。苗期少施肥，旺盛生长期可视植株长势和不同季节及时追施肥料。生长期要保持土壤湿润，利于植株生长。浇水应见干见湿，过湿易腐烂，夏季注意排涝。番杏生长强壮，整个生长期病虫害很少发生。

植株缓苗后,生长旺盛,分枝性能强。当株高 20 cm 时,就可采收嫩尖。每个叶腋均能生长侧枝,侧枝 10～15 d 就会生长出来。打顶后约 15 d 侧枝即能达到采收标准。番杏叶片很厚,生长快,采收期长,一次栽培可连续收获。番杏的老叶子特别粗糙,没有滑嫩的感觉,不堪食用,因此要及时采收。采收时,需注意不采收过老的茎叶。

(二)花叶生菜

1. 花叶生菜有何营养价值?

答:花叶生菜,又称苦苣,为菊科苦苣属 1～2 年生草本植物,是以嫩叶为食的栽培品种,原产于欧洲及印度。如图 23 所示。

图 23

花叶生菜每 100 g 鲜食部分中含脂肪 0.2 g、蛋白质 1.3 g、维生素 A 2 500 IU 及苦味素等物质。

2. 花叶生菜有何生理特性?

答:花叶生菜对土壤要求高,在土层透气性良好,有机质丰富,保水、保肥力强的壤土中生长较好。耐干旱,但叶部生长盛期缺水,叶小苦味重。阳台宜在春、秋、冬季种植。

3. 怎样栽培花叶生菜?

答:栽培花叶生菜可用育苗移栽的方式。家庭栽培可用塑料穴盘育苗。

用草炭、蛭石(比例为 2∶1)混合做基质,或用 40 g 的营养育苗块育苗,加入 20% 的洁净沙土。然后再加入 1% 左右比例的有机肥或腐熟的麻渣、豆饼等。注意将肥与盆土掺匀,浇透水,之后再播种,播后覆盖 1 cm 厚的细土。冬季育苗,在播种后要覆盖薄膜,保持床土湿润。要提高温度,保持在 25～30℃。出苗后温度要降低,温度保持在白天 20～25℃,夜晚 5～12℃。

当幼苗长出 2 片真叶时,可分苗。当苗龄 20～30 d,幼苗长出 5～6 片叶时,可定植。每盆 1 株,栽后及时浇水。前期少浇水,不旱不浇,保持土壤不干不湿,防止秧苗老化徒长。发棵期适当控制水分。莲座期后叶部生长迅速,要需供给充足水分。生长后期和采收前水分不能过多。

定植后 40～50 d,叶片充分长大,株型丰满时,可整株割收。也可在叶片茂盛生长期开始剥取外叶采收,一般 10 d 左右剥取 1 次外叶。

(三)罗勒

1. 罗勒有何营养价值?

答:罗勒,又称毛罗勒、兰香,俗称九层塔,为唇形科罗勒属,1 年生草本植物,原产于亚洲南部和非洲。如图 24 所示。

图 24

罗勒是一种珍贵的保健蔬菜。罗勒含有芳香性植物油,其中叶片的含量最高,对消化系统有极大的益处,可刺激胆汁的流动,促进食欲,并能减轻由于消化功能不好而引起的肠胃痉挛等疼痛。将罗勒的茎叶捣汁含服,能治口臭。此外,罗勒还具有消暑解毒、去痛健胃、通利血脉、益力增精、强壮身体等功效。

2. 罗勒有何生理特性?

答:罗勒抗逆性强。耐热、耐寒、耐贫瘠。阳台和室内可全年种植。

3. 怎样栽培罗勒？

答：栽培罗勒多采用直播方式。家庭栽培最好选用盆栽的方式。

用草炭、蛭石(比例为2：1)混合做基质，施用腐熟、细碎的优质有机肥，注意将肥料与盆土混匀，浇透水，之后再播种，播种后覆盖1 cm后的细土。

当幼苗长出3～4片叶时，间苗。一般直径20 cm的花盆，保留7～8株。苗期要求中等光照强度，以保持植株柔嫩，温度保持在25℃左右。间苗后，温度保持在白天25～28℃，夜晚温度不低于10℃。前期水分管理要见干见湿。当幼苗长出10片叶以后，增加浇水次数，保持土壤湿润。结合浇水穴施活性有机肥1～2次，施肥深度在5 cm左右，每盆每次25 g。室内栽培注意通风换气。

一次栽植可多次采收。当植株高10 cm时，可陆续采收嫩梢、叶片。

(四)散叶生菜

1. 散叶生菜有何营养价值？

答：散叶生菜，为菊科莴苣属，1～2年生草本植物，原产地欧洲中海沿岸，有许多类型的品种，形状各异。如美国大速生菜、罗马直立生菜、奶油生菜、橡叶生菜等。如图25所示。

图 25

散叶生菜每 100 g 鲜食部分中含水分 96.2 g、蛋白质 0.639 mg、还原糖 1.65 g、纤维素 0.375 g、胡萝卜素 0.08 mg、维生素 C 11.4 mg、钾 124 mg。

2. **散叶生菜有何生理特性?**

答:散叶生菜性喜温和、凉爽湿润的气候条件,生长后期需要较低的温度。阳台和室内可全年种植。

3. **怎样栽植散叶生菜?**

答:栽培散叶生菜可用育苗移栽的方式。家庭栽培最好用塑料穴盘育苗。

用草炭、蛭石(比例为 2:1)混合做基质;或用 40 g 营养育苗块育苗,加入 20％的洁净沙土。再施用 1‰比例的腐熟的麻渣或豆饼做底肥,也可用腐熟的、细碎的有机肥。要求供应充足的氮肥,配合磷、钾肥等。注意将肥料要与盆土掺匀,浇透水,之后再播种,播后覆盖 1 cm 厚的细土。冬季育苗,在播种后覆盖薄膜,以保持床土湿润。要提高温度,温度保持在 25～30℃。出苗后降低温度,温度保持在白天 20～25℃,夜间 5～12℃。

当幼苗长出 2 片真叶时,可分苗。苗龄 20～30 d 时,可定植,每盆 1 株,栽后及时浇水。有 4～5 片真叶时,及时定植,浇足水。生育期内,保持土壤湿润,浇水后松土、蹲苗,促进根系发育和植株生长。团棵后,结合浇水追施 1 次速效氮肥,促进叶片生长。之后要小水勤浇,保持土壤湿润。

散叶生菜采收期较灵活,采收规格无严格要求。一般情况下,室内盆栽定植后 30～40 d 可整株采收,也可在定植 30 d 以后多次剥取外叶采收。

(五)香芹

1. 香芹有何营养价值?

答:香芹,又称洋芫荽、荷兰芹、欧芹,也有人称"法国香菜",为伞形花科欧芹属,1～2 年生草本植物,原产于欧洲南部地中海沿岸。如图 26 所示。

香芹每 100 g 鲜食部分中含蛋白质 3.67 g、还原糖 1.22 g、纤维素 4.14 g、胡萝卜素 4.302 mg、维生素 B_1 0.08 mg、维生素 B_2 0.11 mg、维生素 C 90 mg、钙 200.5 mg、钾 693.5 mg、钠 67 mg。香芹营养价值很高,胡萝卜素和硒的含量较其他蔬菜均高。

图 26

2．香芹有何生理特性？

答：香芹抗逆性强，耐热、耐贫瘠。阳台和室内可全年种植。

3．怎样栽培香芹？

答：栽培香芹多采用直播方式。家庭栽培最好选用盆栽的方式。

用草炭、蛭石（比例为 2∶1）混合做基质，施用腐熟、细碎的优质有机肥，并供应充足的氮肥。注意将肥料与盆土充分混匀，浇透水，之后再播种。由于香芹种皮较厚，播种前要将种皮碾开裂（便于萌发）。播种后覆盖 1 cm 后的细土。苗期要求中等光照强度，以保持叶片柔嫩。温度保持在 25℃ 左右。前期水分管理要见干见湿。

当幼苗长出 3～4 片叶时间苗。一般直径 20 cm 的花盆，可保留 4～5 株。间苗后,温度保持在白天 25～28℃,夜晚不低于 10℃。要增加浇水次数,保持土壤湿润。结合浇水可穴施活性有机肥 1～2 次,施肥深度在 5 cm 左右,每盆每次 20 g。

香芹可多次采收。当长至 10～12 片真叶时,保留 6～8 片幼嫩的心叶,采收心叶以下的 2 片嫩叶,要去除基部平展偏老的叶片,使心叶继续生长,一般 7 d 左右采收一次。

(六)珍珠菜

1. 珍珠菜有何营养价值?

答:珍珠菜,又称珍珠菜花,为菊科艾蒿属,多年生草本植物,原产于我国的广东、台湾等地。如图 27 所示。

图 27

珍珠菜每 100 g 鲜食部分中含维生素 C 27.74 mg、锌 1.01 mg、铁 5.25 mg、钾 720.2 mg、铜 0.275 mg、镁 94.36 mg、锰 1.338 mg、磷 49.76 mg。珍珠菜中钾的含量是钠的 530 倍,为典型的高钾低钠食品,经常食用可保护心脏和血管的健康,对预防高血压、减少脑血管意外等有较好的效果。我国南方常作为产妇、孕妇的必食蔬菜,所以又被称为"女人菜"。

2. 珍珠菜有何生理特性?

答:珍珠菜根系发达,分枝性强。对光照要求不严格,喜温暖、湿润。生长适温为白天 20～30℃,夜晚 10～18℃。耐高温、高湿、干旱,在高温多雨季节能生长;不耐低温、低湿。对土壤的适应性较强,在疏松肥沃、排水良好的土壤中生长好。需肥量较多,在氮、磷、钾供应均衡时产量高、品质好。

3. 怎样栽培珍珠菜?

答:珍珠菜在北方栽培以扦插方法育苗为主,可于春、秋两季扦插。

将剪刀用高锰酸钾溶液消毒。在健壮的植株上剪取 3～5 个芽的枝条,将茎基部剪成斜面,插入洁净的沙壤土苗床或花盆中,浇足水,然后盖上薄膜保湿,5 d 左右可将薄膜撤去。15～20 d 生根。

约 30 d,幼苗长出 2～3 片叶时可定植。营养土用草炭、蛭石、园田土(比例为 5∶4∶1)混合配制,再加入腐熟的麻渣或花生饼肥,也可加入酵素菌肥。注意将肥料与盆土混合均匀。每盆栽植 1～2 株,栽后及时浇水,缓苗后中耕松土。栽植初期仅早、晚见光,在叶片见光萎蔫时移至散射光口。日常浇水,见干见湿。注意

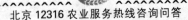

及时摘除下部老叶与黄叶。

定植后25～30 d,可采收。摘取长10～15 cm、先端具有5～6片嫩叶的嫩梢。第一次采收时,茎基部留2～3节叶片,使新发生的嫩梢略呈匍匐状。约15 d后可第二次采收,从第二次采收起,茎的基部只留一节,以控制植株的高度和株型。采收后及时追肥,采收1次追1次肥,每盆每次追施麻渣20 g。

三、彩色蔬菜

(一)红梗叶甜菜

1. 红梗叶甜菜有何营养价值?

答:红梗叶甜菜,又称莙荙菜、牛皮菜,为藜科甜菜属中的红梗绿叶 1～2 年生变种,原产于欧洲地中海沿岸,是叶用甜菜的一个优新品种。如图 28 所示。

红梗叶甜菜每 100 g 鲜食部分含粗蛋白 1.38 g、脂肪 0.1 g、纤维素 2.87 g、维生素 A 2.14 mg、维生素 C 45 mg、硒 0.2 mg、锌 0.24 mg、铁 1.03 mg、钙 75.5 mg、钾 164 mg、镁 63.1 mg、锰 0.15 mg、锶 0.58 mg、磷 33.6 mg。

中医认为,红梗叶甜菜性凉、味甘,具有清热解毒,行瘀止血的功效。

2. 红梗叶甜菜有何生理特性?

答:红梗叶甜菜对环境条件的适应性很强。耐热、耐寒、耐旱、耐肥。栽植红梗叶甜菜宜选择在疏松、肥沃、保肥、保水力强的壤土地块。在凉爽、湿润的气候条件下生长快、品质好。

图 28

3．怎样栽培红梗叶甜菜？

答:栽培红梗叶甜菜,以育苗定植的方式为主。

先用温水浸种 24 h。用手搓种,淘洗干净,用湿棉布包好后置 15～20℃条件下催芽。有 70% 种子露白后可播种。播种时,育苗床(营养土配制同其他蔬菜)要浇足水,水渗透后均匀撒播种子,播后覆 1.5～2 cm 厚的细土。

当幼苗长出 3 片真叶时,可分苗。盆栽用 20～30 cm 直径的花盆。定植后,及时浇透水。缓苗后,及时松土,促进根系发育。一般 7～10 d 浇 1 次水,保持土壤湿润(不要浇水过多,以免影响根系生长)。15～20 d 追肥 1 次,可施用腐熟的麻渣、豆饼、膨化鸡粪或氮、磷、钾复合肥。盆栽每盆施 20～30 g。10～15 d 叶面喷施磷、钾肥 1 次,效果更佳。室内栽培要注意调整温度和通风换气,温度保持在白天 20～25℃,夜晚 10～12℃。冬季注意保温,夏季注意降温。

当植株长至 10 片叶左右时,要适时采收,每次掰下外部嫩叶 2～3 片。一般每 5～10 d 采收 1 次,采收期长达 5 个月。开始采收后要及时追肥。

(二)花叶羽衣甘蓝

1. 花叶羽衣甘蓝有何形态特征? 有何营养价值?

答:花叶羽衣甘蓝,又称叶牡丹,为十字花科芸薹属,2 年生草本植物,原产于欧洲南部。叶片肥厚,叶缘深度波状皱缩,呈鸟羽状,外叶不结球,心叶有红、白、粉等颜色。如图 29 所示。

图 29

花叶羽衣甘蓝营养全面,热量低,维生素 A 和钙含量较高。但其主要以观赏为主,很少采收、食用。

2. 花叶羽衣甘蓝有何生理特性?

答:花叶羽衣甘蓝抗逆性强,对光照要求不严,耐寒性强,较耐旱,需肥量较多,宜在中性或微酸性的土壤中栽植。阳台和室内可全年种植。

3. 怎样栽培花叶羽衣甘蓝?

答:栽培花叶羽衣甘蓝可采用育苗移栽的方式。家庭栽培最好用育苗块、塑料穴盘或育苗钵育苗。

用草炭、蛭石(比例为 2∶1)混合做基质,掺入 1.5% 腐熟的精制有机肥,或用 40 g 的营养育苗块育苗。浇透水,之后再播种。每个育苗钵播 1~2 粒籽,播后覆 1 cm 厚的细土。覆盖薄膜,保持育苗床土湿润。种子发芽适温为 20~25℃,出苗前注意保持土壤湿润。

当幼苗长出 2~3 片真叶时,可分苗。幼苗期适温为白天 23~25℃,夜晚 12~15℃,保持土壤略湿润。当苗龄 30~40 d,苗高 8~10 cm,长出 3~4 片叶时,可定植。盆栽可用口径 20 cm 左右的花盆。每立方米基质中均匀加入精制有机肥 10 kg。定植前一天对秧苗浇水,定植选在晴天上午。将苗整体取出,放到铺 2/5 左右厚基质的花盆中,每盆 1 株,然后再填入基质至 4/5 高处整平,浇足水。定植后 2~3 d 内注意提高温度(利于缓苗)。缓苗后,及时浇水,保持土壤见干见湿。当幼苗长出 10 片叶左右时,加强肥水管理,10~15 d 结合浇水追 1 次肥,10 d 左右喷施 1 次叶面肥(0.3% 磷酸二氢钾加 0.3% 尿素),注意保持土壤湿润,浇水后加强放风。室内栽培要经常通风换气,冬季注意保温。

若食用,每次剥取 2~3 片嫩叶。

(三)紫背天葵

1. **紫背天葵有何营养价值?**

答:紫背天葵,又称紫背菜、观音菜、血皮菜、血脉菜等,为菊科土三七属,多年生草本植物。如图30所示。

图30

紫背天葵的嫩叶和嫩梢中维生素C含量较高。还含有黄酮苷,可延长维生素C的作用。紫背天葵具有较高的抗病毒和寄生虫能力。还具有治疗痛经、血崩、血气亏、咳血、支气管炎、减少血管性紫癜等功效,并对肿瘤有一定疗效。

2. **紫背天葵有何生理特性?**

答:紫背天葵适应性强,喜温暖潮湿。生长适温为 20~25℃。特别耐热;也耐寒,可耐 3℃的低温。耐瘠薄、耐旱;忌积水。根系发达,侧根多,再生能力强,植株长势和分枝性强。

3. 怎样栽培紫背天葵?

答:紫背天葵,除冬季外,随时可扦插栽植。最宜在秋末进行,此期气温适宜,茎叶老熟,只要控制好温度、水分,扦插成活率很高。

营养土可用田园土、草炭、蛭石(比例为 7∶2∶1)配制,每立方米营养土中加入 3 kg 优质复合肥和 20 kg 酵素菌肥。栽植时,选取健壮的母株,用剪刀从母株上剪取 6~8 cm 的茎枝,每段 3~5 节,保留上部 2~3 片叶(其余的剪掉)。把剪好的枝条扦插在盆中,枝条入土 2/3。每盆栽植 3~5 棵,均匀分布,浇透水。室内温度保持在 25℃左右。栽植初期仅早、晚见光,在叶片见光萎蔫时移至散射光口。一般 7~10 d,可成活。日常浇水,见干见湿。注意及时摘除下部老叶与黄叶。

定植后 25~30 d,可采收。采收标准是摘取长 15 cm,先端具有 5~6 片嫩叶的嫩梢。第一次采收时,茎基部留 2~3 节叶片,使新发生的嫩梢略呈匍匐状。约 15 d 后可第二次采收,从第二次采收起,茎的基部只留一节,可以控制植株的高度和株型。采收 1 次追 1 次肥,每盆每次使用腐熟的麻渣、豆饼或其他腐熟无臭味的有机肥 10~20 g。一般一次栽植后可多次采收。

(四)紫叶生菜

1. 紫叶生菜有何营养价值?

答:紫叶生菜,为菊科莴苣属,1~2 年生草本植物,原产于地中海沿岸。如图 31 所示。

图 31

　　紫叶生菜营养十分丰富,有较强的保健功能。每 100 g 鲜食部分含水分 96.2 g、蛋白质 0.639 mg、还原糖 1.65 g、纤维素 0.375 g、胡萝卜素 0.08 mg、维生素 C 11.4 mg、硒 145 μg、钾 124 mg,以及钙、铁、锌等其他微量元素。紫背天葵味微苦,这种苦味具有镇痛催眠的作用。紫叶生菜还含有一种"干扰抗生素",是一种抗癌、抗病毒的活性物质,经常生食有抑制癌细胞、病毒生长的作用。

2·紫叶生菜有何生理特性?

　　答:紫叶生菜喜温和、凉爽的气候。光照充足有利于植株生

长。种子发芽、叶片生长都需充足的水分供应。种子发芽适温为 15～20℃,叶片生长适温为白天 16～22℃,夜晚 10℃左右,生长后期更是需要较低的温度。阳台和室内可全年种植。

3. 怎样栽培紫叶生菜?

答:栽培紫叶生菜需采用育苗移栽的方式。家庭栽培用 72 穴的塑料穴盘育苗。

用草炭、蛭石(比例为 2∶1)混合做基质,或用 40 g 的营养育苗块育苗。缺肥时及时追施速效性肥料。

当苗龄 30 d,幼苗长出 4～5 片真叶时,可定植。盆栽基质可用肥沃的园田土、洁净沙土、腐熟的麻渣或有机肥(比例为 3∶2∶1)混合配制。每盆栽植 1 株,栽后及时浇水。温度保持在白天 20～22℃,夜晚 8～12℃。定植后 2～3 d 浇 1 次缓苗水,中耕松土。蹲苗 7～10 d,促进根系生长。生育期内要保持土壤湿润。前期浇水后勤松土,促进根系发育和植株生长。若底肥不足,团棵后结合浇水追施 1 次腐熟有机肥。以后要小水勤浇,保持土壤湿润。光照太强时,要适当遮阳。温度过高时,要采取降温措施;温度过低时,要采取保温措施,以使其在适宜的温度条件下生长。

紫叶生菜的采收期比较灵活,采收规格无严格要求。可陆续剥取外叶,也可整棵拔除。盆栽多采用陆续剥取外叶的方式,当植株长出 12～15 片叶时,可剥取 2～3 片外叶食用。新叶继续生长,直至抽薹。

四、瓜类蔬菜

(一)飞碟瓜

1. 飞碟瓜有何营养价值?

答:飞碟瓜,国外也称扇贝瓜,属葫芦科南瓜属,1年生草本植物,是西葫芦中的一个变种,原产于美洲。雌雄同株,异花授粉。阔叶五裂,叶柄多棱有细刺。花黄色,呈喇叭状。我国的栽培品种从颜色上分为黄、绿、乳白或微绿 3 类,为黄色飞碟瓜、绿色飞碟瓜或普通型飞碟瓜(乳白或微绿色)。如图 32 所示。

飞碟瓜的主要营养物质为蛋白质、糖、胡萝卜素、硫胺素、核黄素、维生素 C、铁、钙、钾、磷等。其中粗纤维占鲜重的 0.7%,比例较大,有助于提高人体的消化功能。飞碟瓜还含有游离氨基酸,其中的丙醇二酸在人体内可抑制糖类物质变为脂肪,有预防发胖的功效。

中医认为,飞碟瓜性寒、味甘,清热利尿。

2. 飞碟瓜有何生理特性?

答:飞碟瓜喜温暖,生长适温为 18~28℃。能短时忍耐 5℃的

图 32

低温,长期处于 35～38℃高温条件下生长缓慢。

3. 怎样栽培飞碟瓜?

答:栽培飞碟瓜需采用育苗移栽的方式。

先浸种催芽。将种子放入 50～55℃的温水中,不断搅动,使种子受热均匀。20～30 min 后捞出,放入 30℃水中浸泡 3～5 h,待种子吸足水分后捞出。用纱布将种子包好,放在托盘等容器里(容器底部和表面用毛巾覆盖),在 25～28℃的恒温条件下催芽。

用草炭、蛭石(比例为 2∶1)做基质,加入适量腐熟的有机肥混匀后,播种前浇透水;或用 50 g 的压缩式育苗块育苗,播种前1 d 浇透水。种子出芽后可在营养钵或穴盘中播种。播 1～2 粒,然后上面覆一层 0.5～0.8 cm 厚的过筛细潮土。

当幼苗长出 4～5 片真叶,可定植。每盆 1 株,栽后及时浇足水。温度保持在白天 20～30℃,夜晚 15～20℃,较高的温度,利于缓苗。缓苗后,温度保持在白天 20～28℃,夜晚 13～15℃,降低温度,利于雌花分化。中期抓好人工授粉,以提高坐瓜率。当第一个雌花发育成瓜后,每株可出现 10 多个雌花且较整齐一致。此时肥水消耗大,要施肥。每盆施用充分腐熟的麻渣、豆饼或其他有机肥 5～20 g。第一个瓜(根瓜)长不大,又影响生长,应及早摘除。后期植株逐渐衰老,可根外追肥,以延长结瓜时间和提高产量。生长中要注意插架或吊绳、绑蔓、打杈、蘸花、打老叶等。

飞碟瓜具有独特的结瓜特点,无论大小都可采收食用。以瓜长到直径 6～8 cm 时,采收为宜。

(二)水果型黄瓜

1. 水果型黄瓜有何营养价值?

答:水果型黄瓜,又称荷兰微型黄瓜、迷你黄瓜、小黄瓜等,为葫芦科黄瓜属的一个栽培种,1 年生蔓生草本植物,原产于印度北部地区。如图 33 所示。

水果型黄瓜中含碳水化合物、蛋白质、维生素 A、维生素 C、铁、钙、磷等营养成分。丙醇和乙醇可抑制糖类转变为脂肪,具有减肥的作用,其含量居瓜菜类的首位。水果黄瓜中果糖、木糖、甘露醇、葡萄糖甙等不参与糖的代谢,适合糖尿病人食用。

2. 水果型黄瓜有何生理特性?

答:水果型黄瓜喜温暖、湿润。耐弱光,不耐寒,不耐涝。种子

图 33

发芽适温为 24～26℃,生长适温为白天 23～25℃,夜晚 16～18℃。高于 35℃易形成苦味瓜,低于 10℃引起生理紊乱。根系弱,吸收能力差,生长期间需水较多。要求土壤疏松肥沃,pH 6.5～7.0 的沙壤土。阳台和室内可全年种植。

3. 怎样栽培水果型黄瓜?

答:栽培水果型黄瓜需采用育苗移栽的方式。家庭栽培最好使用育苗钵或育苗块。

用草炭、蛭石(比例为 1∶1)混合做基质,加入适量有机肥;或将洁净的沙壤土或腐质土混合,掺入适量有机肥装钵。将催芽后的种子或干种子放于钵内,每钵2粒,再盖上1～2 cm厚的基质或细土,浇透水。也可用营养育苗块育苗。

当幼苗长出1片真叶时,可间苗,每钵留1株。当苗龄35～40 d时,可定植。栽培基质可用肥沃园土、有机肥(比例为3∶2)混合配制。每盆1株,栽后及时浇足水。当心叶见长时,浇1次缓苗水,然后松土。植株稍显旱时,应及时浇小水,盆土保持见干见湿。温度保持在白天32～35℃,夜晚17℃。缓苗约1周后降温,温度保持在白天30℃左右,夜晚16～18℃。结合浇水施肥,盛瓜期隔水一肥、少量多次,每盆施用充分腐熟的麻渣、豆饼或其他有机肥15～20 g。结瓜中后期在根部吸肥力弱时,需向叶面喷施有机液肥或0.2%～0.3%的磷酸二氢钾溶液,防止植株早衰。室内栽培要注意经常通风换气,冬季注意保温,夏季注意降温。注意及时摘除下部老叶。一般根部不留瓜,及时摘除幼瓜,利于植株生长。

栽培应搭支架吊蔓,一般采取单蔓整枝形式,当植株长出3～4片叶时及时吊蔓,用尼龙绳将蔓吊于架上。

从播种到采收45 d左右。秧长得越壮,瓜的生长速度越快。及时采摘,以防坠蔓。

(三)袖珍西葫芦

1. 袖珍西葫芦有何营养价值?

答:袖珍西葫芦,为葫芦科南瓜属,1年生蔓生植物,是美洲南瓜中的一个黄色果皮新品种,外形似香蕉、果皮金黄色。如图34所示。

图 34

　　袖珍西葫芦除含有较丰富的碳水化合物、蛋白质、维生素和矿物盐等营养物质外,还含有腺嘌呤、天门冬氨酸、瓜氨酸、葫芦巴碱等物质。这些物质具有促进胰岛素分泌的作用,能预防糖尿病、高血压及肝、肾脏的一些病变发生。

2. 袖珍西葫芦有何生理特性?

　　答:袖珍西葫芦适应性强。对光照要求较严格,在短日照条件下,雌花数量多。雌花形成后,自然日照有利于生长。喜温暖的气候,生长适温为 21℃。对土壤要求不严格,贫瘠的土地也能栽植,以土质肥沃、有机质丰富且保肥、保水能力强、pH 5.5～6.8 的土壤为好。根系发达,有较强的吸水和抗旱能力。因叶片大且多,蒸发量大,须适时浇水。

3. 怎样栽培袖珍西葫芦?

　　答:栽培袖珍西葫芦需采用育苗移栽的方式。家庭栽培可用育苗钵或育苗块。

用草炭、蛭石(比例为 1：1)混合做基质,加入适量有机肥;或用洁净的沙壤土或腐质土,掺入适量有机肥做基质。把催芽后的种子或干种子放于钵内,每钵 1 粒,盖上 1～2 cm 厚的基质或细土后浇透水。也可用营养育苗块育苗。出苗前温度保持在 28～30℃。出苗后降温,温度保持在白天 20～25℃,夜晚 12～15℃。

当苗龄 30 d 左右,幼苗长出 3 片叶时,可定植。栽培基质用玉米秸、菇渣、沙(比例为 2：2：1)混合配制。每立方米基质中加入 2 kg 有机肥、10 kg 消毒鸡粪。每盆 1 株,栽后及时浇水。温度保持在白天 20～25℃,夜晚 12℃。7～10 d 浇 1 次水,保持基质湿润。坐果后温度保持在白天 25～28℃,夜晚 12～15℃。注意保持基质湿润。定植后 20 d 开始追肥,此后每 10 d 追肥 1 次。每盆施用充分腐熟的麻渣、豆饼或其他有机肥 15～20 g。坐果后追肥每株每次 25 g。注意追肥时将肥料均匀埋入距根基部 10 cm 基质内,随后浇水。注意及时摘除侧芽、卷须及病、残、老叶,以保证主蔓的正常生长和结果。雌花开后,于早晨 6～9 时摘取雄花进行人工授粉,以提高坐果率。

室内栽培要及时搭架或吊蔓,当植株长出 8～9 片叶时,吊蔓,令主蔓直立生长。

播种至根瓜采收约需 60 d,一般开花后 4 d,可采收。此时品质虽好,但产量低。也可当瓜长约 25 cm,瓜粗 3～4 cm 时,采收。

五、果类蔬菜

（一）矮生番茄

1. 矮生番茄有何营养价值？

答：矮生番茄，又称情人果，颜色有红色、黄色两种，为茄科番茄属的小型品种，属有限生长类型。矮生番茄是北京市农业技术推广站近年选育出的优良盆栽蔬菜品种。如图35所示。

图 35

矮生番茄的营养成分高于普通番茄。每 100 g 鲜食部分中含蛋白质 1.19 g、还原糖 2.51 g、维生素 C 34.4 mg、钙 6.53 mg,还含有硒、铁、锰、锶、磷等多种营养元素。

2. 矮生番茄有何生理特性?

答:矮生番茄抗逆性强,属中光性植物,生长适温为 20～30℃,栽培土质以 pH 6～7.5 的轻壤土或沙壤土为佳。生育期 140 d 左右,从植株挂果到采收,时间达 80～90 d。阳光充足的阳台可全年栽植,但最宜在春、秋两季种植。

3. 怎样栽培矮生番茄?

答:栽培矮生番茄可采用育苗移栽的方式。家庭栽培最好用塑料穴盘或育苗钵育苗。

用草炭、蛭石(比例为 2∶1)混合做基质,掺入 1.5% 腐熟的精制有机肥;或用 40 g 的营养育苗块育苗。浇透水,之后再播种,每个育苗钵播 1～2 粒籽,播后覆盖 1 cm 厚的细土。覆盖薄膜保持床土湿润。种子发芽适温为 25～30℃,出苗后温度降至 25～28℃。出苗前土壤相对湿度保持在 80% 以上,以后视情况浇水,保持见干见湿。

播种后 25～30 d,苗高 10 cm 左右,长出 3～4 片叶时,可定植。盆栽选用口径 20 cm,高 25～30 cm 的花盆。用草炭、蛭石(比例为 2∶1)混合做基质,每立方米基质中均匀加入精制有机肥 10～12 kg。定植前一天浇水。定植选在晴天上午。将苗从塑料穴盘或育苗钵中整体取出,放置到铺有 2/5 左右厚基质的花盆中。每盆 1 株,再填入基质至花盆 4/5 处整平,浇足水。定植后 2～3 d 内提高温度,温度保持在白天 28～30℃,夜晚不低于 15℃。以后温度保持在白天 20～30℃,夜晚不低于 10℃。缓苗后及时浇水;开花坐果前适当控制水分,不干不浇。坐果后养分、水分要充足,结合浇水 10～15 d 追 1 次肥,每盆施用充分腐熟的麻渣、豆饼或其他有机肥 15～20 g。浇水后加强放风。室内栽培要经常通风换气。冬季注意保温防寒,夏季根据情况适当遮阳。

果实转色期 7～10 d,陆续采收成熟果。每次采收后适当追肥。

(二)彩色甜椒

1. 彩色甜椒有何营养价值?

答:彩色甜椒是从荷兰、以色列等国引进的甜椒新品种,有红色、黄色、紫色、橙色、白色、棕色等多种颜色。如图 36 所示。

图 36

彩色甜椒营养丰富。每 100 g 鲜食部分中含碳水化合物 5.3 g、蛋白质 1.3 g、脂肪 0.4 g、粗纤维 0.9 g、维生素 C 259 g。维生素 C 含量优于普通甜椒。

2. 彩色甜椒有何生理特性？

答：彩色甜椒根系抗逆性较差。对氧气的要求很严格，怕涝，不耐旱。宜在土壤洁净、养分充足、透气性良好的基质中栽培。

3. 怎样栽培彩色甜椒？

答：栽培彩色甜椒可在催芽后直接播种。

用草炭、蛭石（比例为 2∶1）混合做基质；或用 40 g 的营养育苗块育苗，加入 20％的洁净沙土。在盆底放适量腐熟的麻渣或豆饼；或用腐熟、细碎的优质有机肥。装好盆土，浇透水，之后再播种，播后覆 1 cm 厚的细土。播种时，可在一个盆内同时播 2～3 种颜色的甜椒品种，颜色以红配黄、白配紫或橙配棕为宜。冬季育苗，在播种后覆盖薄膜，以提高温度，保持盆土湿润。出苗期间，温度保持在白天 30℃左右，夜晚最低温度 18～20℃。出苗 2/5～4/5 后，适当降低温度，温度保持在白天 23～25℃，夜晚 15～17℃。加大昼夜温差，防止幼苗徒长。

当幼苗长出 2～3 片真叶时，可分苗 1 次。定植后，温度保持在白天 23℃，夜晚 18～21℃。要保持盆土湿润，否则会影响植株的生长和果实的正常发育。一般 10～12 d 施 1 次肥。每盆施用充分腐熟的麻渣、豆饼或其他有机肥 15～20 g。开花结果期，适当增加磷、钾肥，保证花繁果硕。注意摘除主茎上的第一朵花和畸形果，以确保果实质量。第一次坐果，每株不要超过 4 个，否则盆土营养会供应不上，造成果小或落果。

采收时间较长，果实成熟后采收期可达 1～2 个月。

（三）黄秋葵

1. 黄秋葵有何营养价值？

答：黄秋葵，又称羊角豆（菜）、秋葵、咖啡黄葵，为锦葵科秋葵属中能形成嫩荚（果）的 1 年生栽培种，原产于非洲。为深受市民喜食的保健蔬菜品种。如图 37 所示。

图 37

黄秋葵营养价值很高。每 100 g 鲜食部分中含蛋白质 2.5 g、脂肪 0.1 g、糖类 2.7 g、维生素 A 660 IU、维生素 B_1 0.2 mg、维生素 B_2 0.06 mg、维生素 C 44 mg、铁 0.8 mg、钙 81 mg、磷 63 mg。黄秋葵还含有一种黏性物质，能帮助消化、治疗胃炎、胃溃疡，并具有保护肝脏，增强人体耐力的功能。

2. 黄秋葵有何生理特性?

答:黄秋葵喜光,喜温暖,喜湿。耐热、耐旱、耐湿;怕寒、不耐涝。要求光照时间长,且要有一定的光照强度。光照充足,利于生长发育;坐果率高,果实发育快,产量高,品质好。种子发芽、植株生长适温为25～30℃,开花结果适温为26～28℃。日均温度低于17℃,影响开花结果;夜温低于14℃,生长不良。对土壤适应性广,以土层深厚,肥沃疏松,保肥、保水力强的壤土或沙壤土为佳。要求较高的空气和土壤湿度,结果期水分充足,利于果实发育,否则植株长势差,果实品质劣。肥料要求氮、磷、钾齐全,生长前期以氮为主,中后期以磷、钾肥为主。氮肥过多,易徒长,延迟开花结果;氮肥不足,植株生长不良而减产。

3. 怎样栽培黄秋葵?

答:栽培黄秋葵以直播的方式为主。

可于播种前4～5 d浸种催芽。干种子用温水浸种24 h(每5～6 h清洗、换水1次)。取出后用湿棉布包好,置于25～30℃的环境条件下催芽。每天用清水淘洗1～2次,3～4 d种子出芽后,即可播种。

盆土温度(10 cm深)稳定在12℃以上时,可播种。播种前松土,施入一些优质、腐熟有机肥作底肥。注意将肥料与土壤充分混合。浇透水,待水渗后播种。每盆播十几粒种子,播后迅速覆薄土。建议浸种后再播种,播种后5～6 d出苗(若干籽播种需10 d左右可以出苗)。

也可育苗移栽。盆栽宜选用30～40 cm直径的花盆,营养土配置与一般茄果类蔬菜相同。

当幼苗长出 2～3 片真叶时,选取健壮的植株定植。定植缓苗后,及时中耕松土,若土壤偏干要再浇水后中耕。定植后 25～30 d 首次追肥,每盆施用充分腐熟的麻渣、豆饼或其他有机肥 15～20 g。结果前期(首批果坐稳后)第 2 次追肥;结果采收盛期第 3 次追肥,每盆施肥用量 30 g 左右。开花结果时,不能缺水,要及时浇水,促进嫩果迅速膨大发育(忌盆内积水)。开花结果期间,及时剪除已采收过嫩果的各节老、黄、病叶,除去植株下部侧枝。

从第 4～8 节开始节节开花、结果。在适宜条件下,花谢后 2～4 d 要及时采收嫩果。一般嫩果长到 6～8 cm、12～15 g 时,可采收。采收过早,产量低;采收过迟,纤维多不能食用。茎、叶、果实上都有刚毛或刺,采收时应戴上手套,否则皮肤被刺,奇痒难忍。采收前期 2～3 d 采收 1 次,收获盛期要每日或隔日采收 1 次,中后期可 3～4 d 采收 1 次。

若采收种子,可让果实在植株上自然老熟,晒干后采收。

(四)香艳茄

1 香艳茄有何营养价值?

答:香艳茄,又称香艳梨、香瓜梨等,俗称人参果,为茄科茄属,多年生草本蔓生植物,原产于南美洲的安第斯地山脉地区。如图 38 所示。

香艳茄高蛋白、低脂肪、低糖,富含维生素 C 及硒、铁、钙、钾、铜等 10 多种对人体有益的微量元素。香艳茄中硒含量最高,硒能激活人体细胞,增强人体细胞活力,具有防癌的功效。此外,香艳

图38

茄每100 g鲜食部分中含维生素C 200 mg,经常食用可增强体质,提高智力及健康水平。

2. 香艳茄有何生理特性?

答:香艳茄喜光,喜温暖,喜湿润。耐弱光;不耐寒,不耐旱,不耐涝。最适宜生长在中等强度的光照条件下。生长适温为白天20～26℃,夜晚10～15℃,坐果适温为20℃左右。高于35℃生理失调,低于10℃引起生理紊乱。在疏松肥沃、pH 6.5～7.0的壤土或沙壤土中生长良好。需氮、磷、钾和微量元素肥料配合施用。香艳茄根系较弱,吸收能力差,生长期间需水较多。

3. 怎样栽培香艳茄?

答:栽培香艳茄可采用扦插育苗移栽法。家庭栽培最好使用育苗钵育苗或购买种苗。

用草炭、蛭石(比例为2∶1)混合做基质,加入10％腐熟细碎有机肥;或将 20％的洁净沙壤土加 80％的腐质土,掺入 5％～10％腐熟有机肥掺匀。

每盆定植 1 株,栽后及时浇足水。定植 2～3 d 后浇 1 次缓苗水,然后松土。植株稍显旱应及时浇小水,保持见干见湿。温度保持在白天 24～26℃,夜晚 15～17℃。缓苗 1 周后降温,温度保持在白天 26℃,夜晚 10～15℃。结合浇水施肥,果实膨大期每浇 2 次水追 1 次肥,少量多次。每盆施用充分腐熟的麻渣、豆饼或其他有机肥 15～20 g。结果中后期叶面喷施有机液肥,或用 0.2％～0.3％的磷酸二氢钾溶液根外施肥,防止植株早衰。开花期注意喷花,以提高坐果率,促进幼果生长。生长期及时摘除下部老叶。及时疏去多余的花和果,每株留果 6～12 个。室内栽培要经常通风换气,冬季注意保温,夏季注意降温。

生长中需搭支架吊蔓。用竹竿、木棍或竹片搭成圆形架,也可用钢筋支成三角形架。双蔓或三蔓整枝。在植株高 30 cm 时,及时吊蔓,用尼龙绳将蔓吊于架上。

从定植到采收需 90～110 d。成熟时,幼果黄绿色,有紫色花纹。一般单果重 100～150 g,最大可达 400 g 以上。注意把成熟果及时摘除,以防坠秧,有利于植株生长。

(五)樱桃番茄

1. 樱桃番茄有何营养价值?

答:樱桃番茄,又称迷你番茄、小番茄等,为茄科番茄属,1 年生蔬菜,是番茄半栽培亚种中的一个变种,原产于南美洲的秘鲁、厄瓜多尔、玻利维亚等热带地区。如图 39 所示。

樱桃番茄每 100 g 鲜食部分中含碳水化合物 2.5～3.8 g、蛋

图 39

白质 0.6～1.2 g、维生素 C 20～30 mg 以及胡萝卜素、B 族维生素、矿物质等微量元素。樱桃番茄的果汁中含有甘汞,对肝脏病有特效,还有利尿、保肾之功效。樱桃番茄果皮中含有与维生素 D 作用相同的物质,可降低血压,预防动脉硬化、脑出血等疾病。

2. 樱桃番茄有何生理特性?

答:樱桃番茄抗逆性强。喜光,喜温;耐热、耐寒、耐旱、耐肥水、耐瘠薄。一定范围内,光照愈强,生长愈好,产量愈高;反之,易造成营养不良而落花。生长适温为 20～25℃。高于 35℃,不利于开花结果,低于 15℃ 不开花或开花后授粉、受精不良。对土壤要求不高,宜在土层深厚,富含有机质,排水良好的肥沃土壤中生长。阳台和室内可全年种植。

3. 怎样栽培樱桃番茄?

答:栽培樱桃番茄需采用育苗移栽的方式。家庭栽培可用塑料营养钵或育苗盘育苗。

将种子放入 50～55℃ 温水中,不断搅动,使种子均匀受热。20～30 min 后捞出放入 30℃ 水中浸泡 3～5 h,待种子吸足水分后捞出。用纱布将种子包好,放在托盘等容器里(容器底部和表面用毛巾覆盖),在 25～28℃ 的环境中催芽。30 h 左右可出芽,出芽后在营养钵或穴盘里播种。

用草炭、蛭石(比例为 2∶1)混合作基质,加入适量的腐熟有机肥混合均匀,浇透水,之后再播种;或用 40 g 的压缩式育苗块育苗,使用前一天给育苗块浇透水,将催芽的种子或干籽在营养钵、穴盘或育苗块中播 1～2 粒,上面覆一层过筛细潮土。

当幼苗长出真叶 2～3 片时,可分苗或间苗。当苗龄 50～60 d,苗高 20～25 cm、有 8～9 片真叶、第一穗出现足蕾时,可定植。每盆 1 株,栽后及时浇足水。定植后 5～7 d,提高温度,温度超过 30℃ 时才可放风。若幼苗生长点附近叶色变浅,表明已缓苗,开始生长。注意将温度保持在白天不超过 25℃,夜晚 10～15℃。开花后,适当提高温度,温度保持在白天不超过 28℃,夜晚温度不低于 10℃。第一穗果进入膨大期后,注意将温度保持在 10～30℃,冬季注意保温,夏季注意遮阳、降温,尽量通过物理措施调节温度。

成活后,浇水不宜过多,保持盆土湿润稍干。当新生叶尖清晨有水珠时,表明水分充足。幼叶清晨浓绿时可浇水。在开花前 2～3 d 浇 1 次开花水,第一穗果实膨大浇 1 次催果水,以后根据情况确定浇水次数。第一次果穗开始膨大时,追第 1 次肥,每盆施用充分腐熟的麻渣、豆饼或其他有机肥 15～20 g。施肥浇水后,及时松土,改善土壤的透气性。

生长过程中要对植株进行调整:插架或吊绳、绑蔓、打杈(一般单干整枝,侧枝全部去除;有限生长的品种可双干整枝)、打老叶、摘心(打顶)、蘸花保果等。

樱桃番茄在定植后 50 d 即可采收变色果实,采收期一般达 2 个多月。

(六)指天椒

1. 指天椒有何营养价值?

答:指天椒属茄科辣椒属植物,原产于中美洲和南美洲的热带、亚热带地区。如图 40 所示。

指天椒富含胡萝卜素、维生素 C、硒、锌、铁、锰等多种营养元素。指天椒是维生素 C 含量较高的蔬菜。

2. 指天椒有何生理特性?

答:指天椒抗逆性强。属中日照植物,光照要求较严,需有充足的阳光。发芽和生长适温 20～30℃。栽培土质以 pH 6～7.5 的轻壤土或沙壤土为佳。阳光充足的阳台全年均可种植,但最宜在春、秋两季种植。

图 40

3. 怎样栽培指天椒？

答：栽培指天椒需采用育苗移栽的方式。家庭栽培可用塑料穴盘或自苗钵育苗。

用草炭、蛭石(比例为 2 : 1)混合做基质，掺入 1.5% 腐熟的精制有机肥；或用 40 g 的营养育苗块育苗。浇透水之后再播种。每个育苗钵播 1～2 粒籽，播后覆盖 1 cm 厚的细土。覆盖薄膜保持床土湿润。出苗以后视情况浇水，保持见干见湿。种子发芽适温为 25～30℃，出苗后可降到 25～28℃。

播种后 50～60 d，苗高 8～10 cm，植株长出 10 片叶左右时，可定植。盆栽用口径 20～30 cm 的花盆。每立方米基质中加入精制有机肥 10～12 kg。定植前一天对秧苗浇水，定植选在晴天上午。将苗从塑料穴盘或育苗钵中整体取出，放置到铺有 2/5 左右厚基质的花盆中。每盆 1 株，再填入基质 4/5 高处整平，浇足定植

水。定植后 2~3 d 内提高温度,温度保持在白天 28~32℃,夜晚
不低于 15℃。以后温度保持在白天 20~30℃,夜晚 15℃左右。
缓苗后及时浇水。生长期要求土壤湿润。开花坐果前适当控制水
分,不干不浇。坐果后保证足够的水分和养分。夏季浇水应在早
晨或傍晚。结合浇水 10~15 d 追 1 次肥,每盆施用充分腐熟的麻
渣、豆饼或其他有机肥 15~20 g,浇水后加强放风。室内栽培要经
常通风换气,冬季注意保温。

　　挂果时间长,可根据需要,一次或多次采收。每次采收后适当
追肥。

六、根茎类蔬菜

(一)球茎茴香

1. 球茎茴香有何营养价值?

答:球茎茴香,又称结球茴香,为伞形科茴香属的一个变种,与我国栽植的叶用茴香是同科同属植物,原产地中海沿岸及西亚地区。如图 41 所示。

图 41

球茎茴香含有维生素 A、胡萝卜素、维生素 C、钙及人体所需的氨基酸,营养价值很高。

2. 球茎茴香有何生理特性?

答:球茎茴香适应性强。喜光,耐热,耐寒。阳光充足利于植株生长、养分积累和球茎膨大。发芽适温为 20～22℃。阳台和室内在春、夏、秋 3 季都可种植。

3. 怎样栽培球茎茴香?

答:北京地区栽培球茎茴香一般采用育苗移栽方式。

当幼苗长出 3～4 片真叶时,可间苗。当苗高 10～20 cm、植株长出 5～6 片叶时,可定植。盆栽选用口径 20 cm 的花盆,每盆定植 1～2 株。营养生长盛期,需充足的水分,要保证水分供应。株高 25 cm 时,追施 1 次麻渣或饼肥。以后结合浇水施 1～2 次,每盆施用充分腐熟的麻渣、豆饼或其他有机肥 15～20 g,促进植株的生长和球茎膨大。

播种后 100 d 左右或定植后 60～75 d,可采收。当球茎充分膨大并停止膨大时,外面鳞茎呈现白色或黄白色,可采收。过早采收,球茎尚未充分膨大,影响产量;过晚采收,球茎纤维增多,品质下降。

(二)袖珍胡萝卜

1. 袖珍胡萝卜有何营养价值?

答:袖珍胡萝卜,又称红萝卜、黄萝卜、番萝卜、丁香萝卜、赤珊瑚、黄根等,为伞形花科胡萝卜属,2 年生草本植物,原产于欧洲温带地区、西亚、北非、阿富汗等地。如图 42 所示。

图 42

袖珍胡萝卜的肉质根营养价值高富含葡萄糖、蔗糖、淀粉及胡萝卜素、钙、钾、磷、硼等微量元素。每 100 g 鲜食部分中含胡萝卜素 1.67~12.1 mg,是番茄的 5~7 倍。袖珍胡萝卜的含硼量也是蔬菜中最高的。

2.袖珍胡萝卜有何生理特性?

答:袖珍胡萝卜适应性很强。喜冷凉气候。要求土壤疏松,不能有硬物,否则根系会分权、畸形。

3.怎样栽培袖珍胡萝卜?

答:家庭种植袖珍胡萝卜宜选用迷你胡萝卜、迷你指形胡萝卜、红小町人参等小型品种。小型胡萝卜根长一般 10~18 cm,也有直径 3 cm 左右的球形品种（如红小町人参）。

栽培袖珍胡萝卜多采用直接播种的方式,选用深 20 cm 以上的盆或槽子。施入优质腐熟有机肥作底肥,注意将肥料与土壤充分混合。将脱毛的种子播于土中,种子间距 2～3 cm。覆土、整平土面、浇透水。出苗前覆盖薄膜,种子拱土时及时揭开并适当覆土。种子发芽适温为 15～25℃。35℃ 以上发芽困难;土壤温度偏低时,也会延迟发芽。出齐苗需 7～10 d。

苗出齐后,长出真叶 4～5 片时,可定植。温度保持在白天 18～25℃、夜晚 13～20℃。苗出齐前浇水 2～3 次,以保证出苗。以后浇水要见干见湿。一般 5～10 d 浇 1 次水。进入肉质根膨大期注意保持土壤湿润,不能干旱、缺水,否则会出现纤维、侧根增多,裂口等现象。采收前 10 d 左右停止浇水,以便采收、贮藏。整个过程要注意排水、防涝。肉质根膨大前期,随水追施浸泡后的麻渣、豆饼等有机肥。

待胡萝卜肉质根膨大后,可根据需要,随时采挖。

（三）樱桃萝卜

1. 樱桃萝卜有何营养价值?

答:樱桃萝卜,为十字花科萝卜属,1 年生植物,原产于我国。如图 43 所示。

樱桃萝卜营养丰富。富含淀粉酶,有祛痰、消积、利尿、止泻等医药效用。还含有芥子油,对大肠杆菌等有抑制作用。

2. 樱桃萝卜有何生理特性?

答:樱桃萝卜抗逆性强,喜冷凉、湿润,耐寒,耐瘠薄。种子发

图 43

芽适温为 20～25℃。肉质根生长适温为 18～20℃。茎叶生长适温为 15～20℃。宜选择土层深厚,土质疏松,富含有机质,保肥、保水性好的沙质土壤栽培。樱桃萝卜生长周期短,25～45 d 一茬,生产安排比较灵活。阳台和室内可全年种植。

3. 怎样栽培樱桃萝卜？

答:栽培樱桃萝卜多用直播的方式。

播种前浇足底水,播后整平、覆盖 1 cm 厚的细土。由于生长期短,施肥以基肥为主,每盆施用充分腐熟的有机肥或麻渣 30～35 g,一般不追肥。播后 2～3 d 出土。

一般情况下,在子叶充分展开,真叶露心时,间苗。长出 3 片真叶前定植。结合间苗定植,避免伤根。水分管理比较严格,浇水要均衡、及时,保持土壤偏湿,不要过干或过湿。在足够底水的情况下,于萝卜膨大前浇 1 次水。室内栽培要经常通风换气,冬季注意保温防寒,夏季注意遮阳降温。

采收要及时。当肉质根直径达 3 cm 左右时,可陆续采收。

药、食两用植物篇

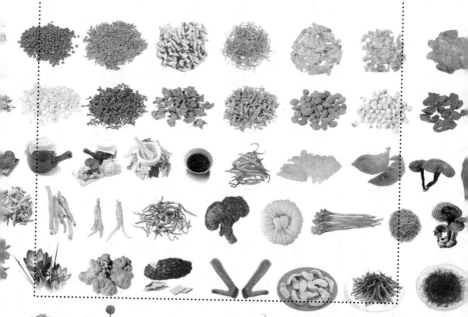

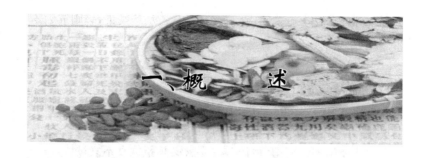

一、概　　述

1. 药食同源的含义是什么？

答：所谓的"药食同源"，即在传统中医的饮食养生理念中，食物不仅有提供能量、提供营养的作用，而且在纠正机体非正常情况，调整身体状态，维持身体健康等方面，有着重要而复杂的作用。严格地说，在中医药中，药物与食物是不分的，是相对而言的。药物也是食物，而食物也是药物。食物的副作用小，而药物的副作用大。药物和食物，没有截然的界限。

2. 合理饮食需注意什么？

答：①调和五味。中医把所有的食物概括为辛、苦、甘、酸、咸5种味道，并相应地分析了各种性味食物对人体所起的不同作用。饮食调理养生就是要人们充分考虑到食物的上述特性，谨慎地调节自己的饮食。既要使食物适合个人的口味，又要保存其性味，使食物中的营养能够被身体充分吸收和利用，以达到养生的目的。

②三因施膳。"三因施膳"是指因人、因地、因时制宜，灵活采取相应的饮食调理措施。

③饮食禁忌。元末明初的百岁养生家贾铭在《饮食须知》中提

出"饮食藉以养生,而不知物性有相宜相忌,丛然杂进,轻则五内不和,重则立兴祸患"的饮食禁忌原则。

④食物偏嗜。合理的膳食,要荤素搭配合理,各种营养成分兼备,才可能达到养生而不害生的作用。

⑤饮食有节。"节"是指"节制"与"节度"。它要求饮食的时间有规律,饮食的种类要合理搭配,饮食量要严格控制。

⑥清淡增寿。所谓"清淡",一层含义是指饮食不宜过咸,另一层含义是主张以素食为主。

⑦少吃增寿。晋代张华的《博物志》一书明确阐述了饮食数量与养生长寿之间的必然联系,大胆地提出了"所食愈少,心愈开,年愈益;所食愈多,心愈塞,年愈损"的观点。究竟食量控制在什么程度最为适宜,明代御医龚廷贤则认为:"食唯半饱无兼味,酒至三分莫过频"(《寿世保元》)最为恰当。

3. "药补"真的不如"食补"吗?

答:在古代,药又被称作"毒"。这里的"毒"指的是药物的偏性(如寒、热、温、凉;酸、苦、辛、咸等)。若使用得好能治病,若使用不好,反倒招灾致祸。所以人们常说:"是药三分毒。"而米谷瓜果、山珍野蔬、畜肉禽蛋、鱼虾海产,这是人类在漫长的历史过程中,从无数食品里遴选出的性味最平和而营养最丰富的"良药",它治的正是人类如何生存这个大"病"。因此,古代许多医学家都提倡"祛邪用药,补养用食","药补不如食补"的名言也被历代传诵。

食补是通过调整平常饮食的种类和方式等,以求维护健康、治疗疾病的一种方法。食补的含义有两个方面:一是补养虚衰之体;二是补充人体缺乏的某些营养成分,达到祛病延年,养生益寿的目的。作为食补、食疗的饭菜、果品、肉食等,不但含有大量的蛋白质、氨基酸、维生素和人体必需的各种微量元素等成分,食用后可以满足人体对营养的要求,还含有能够直接治疗疾病的有效成分,可以提高人体的免疫力,增强体质,延缓衰老。因此,食补是"固本之道"。食补作用和缓,一般没有副作用,可保护胃气,并且不需要懂得太多的医学知识,容易掌握。食补的服食方法多样,炖、煮、蒸和煲汤,任凭自己的口味,在进行滋补调养的同时,还可享受美味佳肴。但是,食补也有局限性。谷肉果菜等食物本来就是我们一日三餐常吃之品,补益力缓。虽有药物的寒热温凉四性,但其偏性要弱得多。而药补虽然难度大,需要辨证施治,要在专业医生的指导下进行。但是对于有明显虚弱症状或有疾病的人,如要进补,还得用力峻、效专的药补,否则难以奏效。

因此,"药补不如食补"的说法是片面的。药补和食补各有特点和功效,药补调整机体阴阳平衡作用较强,食补营养价值较高。可谓"寸有所长,尺有所短"。药食应当相互配合,食借药威,药助食性,相得益彰,这样补益功效才会更强。

4·食补时需注意什么?

答:①适应个人特点。由于性别、年龄、形体差异、生理状况以及个人生活习惯的不同,对膳食会有不同的要求。因此,食补不能千篇一律。同样的食物对一些人可能效果显著,而对另一些人可能适得其反。每个人的体质都会表现出主要症状,食补时应以主要症状作为依据。

②根据所患疾病的性质、症状表现选食。按照中医理论,食疗过程中应遵循寒者温之、热者凉之、虚者补之、实者泻之的原则。例如,属"寒凉"性的病症,就应当选择"温热"性的食物去调整它,否则就会雪上加霜;"温热"性的病症,适宜选用"寒凉"性的食物去

平衡它,否则就会火上浇油。

③注意饮食的性味。食物的性,指寒、热、温、凉4种性质;食物的味,指酸、苦、甘、辛、咸5种味道。一般寒凉食物(如绿豆、梨等)有清热泻火解毒的作用,适合于春、夏季节或患温热性疾病的人食用;而温热食物(如羊肉等)则有温中、补虚、祛寒的作用,适合于秋、冬季节或患虚寒性疾病的人食用。不同味的食品也有不同作用。辛能宣散滋润、疏通血脉、运行气血、强壮筋骨、增强机体抵抗力,常用食品有葱、姜、蒜、胡椒、花椒以及各种酒类等;甘能补益和中、缓急止痛,常用食品有大枣、糯米、龙眼、苹果、蜂蜜、白糖等;酸有收敛固涩作用,与甘味配合能滋阴润燥,常用食品有食醋等;苦能泄火燥湿坚阴,与甘味配合有清热利尿、祛湿解毒的作用,常用食品有苦瓜、茶叶等;咸有软坚散结泻下作用,常用食品有海产品等。

④因时因地灵活选食。一年四季春温、夏热、秋凉、冬寒,气候的不断变化,对人体生理机能会产生一定影响。中医学认为饮食顺应四时变化,才能保养体内阴阳气血。

春季气候温暖,阳气生发,饮食宜清淡(如荠菜粥等);夏季气候炎热,多雨湿重,宜食甘凉的食品(如绿豆汤、荷叶粥、薄荷汤、西瓜等);秋季气候转凉干燥,宜食温润之物(如山药、百合、莲子等);冬季寒冷,饮食宜温热食品(如涮羊肉、八宝饭、桂圆枣粥等)。

我国幅员辽阔,气候各异,东部多湿,西部多燥,南方多火,北方多寒,这种地理状况也影响人们的饮食健康。例如,东南水乡湿润之地,宜多吃清淡利湿之物(如冬瓜、赤小豆等);而西部干燥地域,可常吃养阴生津的新鲜蔬菜瓜果。

二、药、食两用植物—花类

(一)白扁豆花

1. 白扁豆花有何药用价值?

答:白扁豆花,性平,味甘淡,归脾、胃、大肠经。具有健脾和胃,消暑化湿的功效。主治暑热神昏,痢疾,泄泻,湿滞中焦,白带过多,赤白带下,血崩。

白扁豆花与扁豆相比,偏于解暑。对痢疾杆菌具有抑制作用,对细菌性痢疾有效。

2. 食用白扁豆花粥可以治疗白带过多吗?怎样自制白扁豆花粥?

答:中医认为,脾是喜燥恶湿的,湿邪使脾阳受困,不能正常运化。脾虚、寒湿困脾会导致女性白带量增多。此外,脾虚聚湿还是引起女性赤白带下的原因之一。因此,治疗白带过多等带下病的关键就是要健脾祛湿。

白扁豆花具有很好的补脾、解暑和化湿作用。用白扁豆花煮大米粥食用,可治疗女性白带过多。此外,这款粥还有美肌艳容的功效。

那么,怎样自制白扁豆花粥呢?

用料:干白扁豆花 10～15 g(或鲜白扁豆花 25 g)、粳米 50～100 g。

做法:先煮成稀粥。待粥将熟时,放入白扁豆花。也可将干白扁豆花研成粉末倒入锅内。然后改用文火慢煮,再沸一两次变稠即可食用。由于白扁豆花质软体轻,不宜久煮。

用法:温热服用,每日早、晚各 1 次。

3. 什么原因会引起痢疾?

答:按照发病机理来讲,引起痢疾的原因很多,但虚寒型、湿热型、寒湿型较常见。

虚寒型痢疾病机为脾虚中寒,寒湿留滞肠中,下痢时稀薄带有白冻。

湿热型痢疾是由于湿热之邪侵入到肠胃,使气血的运行受到阻滞。"通则不痛,痛则不通",这时还往往会出现腹痛症状。而且湿热不散,停滞于大肠,造成经络受损,下痢出现赤白脓血。

寒湿型痢疾,寒湿之邪侵及肠胃,造成脾胃阳虚,在脾气虚的基础上又有寒的现象。湿气在里面阻滞使得气血运行不畅,腹痛胀满,里急后重。

4. 食用白扁豆花小馄饨可以治疗痢疾吗? 怎样自制白扁豆花小馄饨?

答:治疗痢疾时,多数情况要从两个方面着手,一是补脾,二是化湿。白扁豆花能够改善人体的脾虚湿盛的情况,因此能够止泻治痢。用白扁豆花做成小馄饨食用,对各急慢性痢疾都有很好的治疗效果。

那么,怎样自制白扁豆花小馄饨呢?

用料:白扁豆花 100 g、瘦猪肉 100 g、白面 150 g、胡椒 7 粒、葱 1 根、食盐、味精、酱油各适量。

做法:将白扁豆花择干净后在清水里洗下,然后再放在开水里焯一下。将猪肉剁成肉泥,葱切碎,胡椒用油炸过之后碾成末,同酱油一起拌成馅。用焯扁豆花的沸水待凉和面,擀成面皮后切为小三角形,包小馄饨,煮熟即可食用。

用法:每日 1 次,连续食用几日。

5. 荷叶扁豆花粥有何食疗功效? 怎样自制荷叶扁豆花粥?

答:荷叶扁豆花粥清暑化湿,适合外感暑湿后发热身重、胃脘胀满者食用。

那么,怎样自制荷叶扁豆花粥呢?

用料:白扁豆花 15 g、鲜荷叶 1 张、粳米 50~100 g。

做法:将所有食材洗净。将粳米煮粥,待粥煮成后,加入白扁豆花,续煮 5 min。关火,趁热将荷叶盖在粥上,待粥呈淡绿色,即可食用。

需要注意的是:不要将荷叶与粥同煮,否则汤呈红褐色,清热解暑之力大减。

6. 扁豆花煎鸡蛋有何食疗功效? 怎样自制扁豆花煎鸡蛋?

答:扁豆花煎鸡蛋健脾、利湿、止泻,适用于暑湿下痢,头重身重,肢软乏力,腹痛腹泻等。

那么,怎样自制扁豆花煎鸡蛋呢?

用料:白扁豆花 30 g、鸡蛋 2 个、芝麻油适量、盐少许。

做法:将白扁豆花洗净,同鸡蛋打入碗中,加食盐少许搅匀,入油锅内用麻油适量煎炒至熟服食。

用法:每日 1 剂,连服 2～3 d。

(二)百合花

1. 百合花有何药用价值?

答:百合花,性平,味甘,微苦,归肺经、心经。具有润肺止咳,清热解毒,清热利尿,清心安神,补中益气,凉血止血,健脾和胃的功效。主治肺痨久嗽、咳唾痰血、喉痹、百合病、心悸怔忡、失眠多梦、烦躁不安、心痛、胃阴不足之胃痛、腹胀、二便不利、产后出血、浮肿、痈肿疮毒、身痛、脚气。

2. 百合花可否美容养颜?

答:中医上讲,肺主皮毛。肺气如果足的话,一个人的面色就是光亮的。而百合花就是入肺经的,具有很好的美容保健效果,用百合花来进行调养,可以保证皮肤的光泽度。此外,中医还有"以形补形,以色补色"之说。百合白色如玉,质润多汁,常食用百合,可增加皮肤营养,促进皮肤的新陈代谢,使得皮肤细嫩、有弹性。尤其对各种发热症治愈后遗留的面容憔悴、失眠多梦、长期神经衰弱、更年期的妇女面色无华,有较好地恢复容颜色泽的作用。还对痤疮、皮炎、湿疹、疮疖、痱毒等皮肤病有很好的辅助治疗作用。

3. 怎样利用百合花来美容养颜？

答：①泡水饮用。无论是干的，还是新鲜的百合花都可以用来泡水喝，对保持皮肤的光泽度有非常好的作用。

②做化妆水使用。在喝的百合花水里面，多加些百合花。例如，一般用 10 g 百合花泡水喝，如果要做化妆水使用，最好加大用量，加到 30 g。煮完以后，放一下。洗完脸以后，拿这个水轻轻地拍面部、颈部、手部和腕部，便可起到去皱的作用。

4. 饮用百合菊花茶可以"喝出好情绪"吗？ 怎样自制百合菊花茶？

答：中医讲，悲和忧来自肺，由肺所主。肺不好，则容易悲伤，容易忧郁。由此可见，肺跟情绪之间有非常大的关系。百合花是调肺的，菊花是疏肝理气的。百合和菊花一起配伍，可以把与坏情绪有关的脏器都调理好，情绪也自然会好转了。

那么，怎样自制百合菊花茶呢？

用料：百合花 4 朵、杭白菊 5 朵。

做法：将洗净的百合花和菊花，放入到花草壶中，冲入 500 mL 的沸水，再浸泡 3～5 min 即可。

此外，还可以根据自己的身体情况，得出更多的配伍。容易上火的人，可以在百合菊花茶里头放点金银花，改善上火症状。脾胃比较薄弱的人，可以配点健脾养胃的白扁豆花。

5. 失眠有何危害？

答：失眠又称不寐，是人被七情（指喜、怒、忧、思、悲、恐、惊）所

伤,导致气血、阴阳失和,脏腑功能失调,以至心神被扰,神不守舍而不寐。人夜里休息不足,白天便会精神不振,头昏脑涨,耳鸣,进而出现记忆力减退、头痛、健忘等现象。失眠还影响人的情绪,会让人紧张易怒,抑郁、烦闷,人际关系变糟糕。此外,失眠还能够导致人体免疫力下降,使人抵抗疾病的能力减弱。最为关键的是,如果任失眠恶化发展下去,人会过早衰老,缩短寿命。

6. 食用百合红枣粥可以治疗失眠吗?怎样自制百合红枣粥?

答:百合花微苦,中医上,苦味的东西是入心经的,有泄降心火的作用,所谓"去心火而神自安"。因此,百合花对于情绪烦躁、心神不宁、改善睡眠等都有很好的疗效,甚至对抑郁症、焦虑症这类的患者都有一定的辅助治疗作用。江米性甘平,能益气温中。红枣甘温,可养心、补血、安神,提升人体内的元气。三味合在一起,各司其职,可调节气血归于平和,消除虚火烦热,人自然而然也就可以睡得安稳了。

那么,怎样自制百合红枣粥呢?

用料:百合花 9 g、红枣 10 个、江米 30 g、冰糖适量。

做法:将百合花用开水泡一下,去除它的一部分苦味,待用。然后将江米、红枣都洗净,与百合花一同入锅,加水后用文火熬成粥,加入适量冰糖食用。

此外,不少女性步入更年期后,会出现心悸、乏力、抑郁、情绪不稳定、易激动等问题,被称为更年期综合征。中医认为,更年期综合征是因为女人到 50 岁左右时肾气渐衰,体内阴阳失衡所致。这个年龄段的女性朋友可以喝点百合红枣粥用以调整阴阳,稳定心神,减少更年期所带来的不适症状。

(三)代代花

1. 代代花有何药用价值？

答：代代花,性平,味甘、微苦,归肝、脾、胃经。具有疏肝和胃、理气解郁的功效。主治胸中痞满、脘腹胀痛、恶心呕吐、厌食少食等证。

代代花的花蕾含挥发油、新橙皮苷和柚皮苷等。挥发油中主要含有柠檬烯、芳樟醇、香茅醇、牻牛儿醇、缬草酸等,具有利肝的功效。

2. 枳实与枳壳有何区别？

答：代代花的果实成熟后,将其切成两半,把里面的瓤核去掉、晒干的,为枳壳。不去内瓤,只从中间切为两片、晒干的,为枳实。因此,中医上有"内实者为枳实,内空者为枳壳"的说法。

枳实形状小,气锐力猛,作用比较猛烈,是通塞破气的要药,比较适合气机受阻出现的病症(如食积气滞、胃脘痞闷等)。枳实易损人体元气,如果体内没有邪气,不可随意使用。枳壳的体积较大,力薄而缓。若说枳实擅长的是"破气"的话,它擅长的则是"行气",针对像嗳气、吐酸水、肚子胀等病症,用枳壳的效果更好。

枳实、枳壳均属于行气药。理论上讲,凡是具有活血行气作用、性质辛香走窜的药都会伤到胎儿,孕妇最好不要擅自服用,以免对胎儿造成不良影响。

3. 枳壳粥有何食疗价值？ 怎样自制枳壳粥？

答：枳壳粥是由枳壳与大米制成。其中,枳壳行气,大米健脾。

大米与枳壳配,不仅能助药力,还可避免枳壳行气太过而伤身。这款粥行气消痰,散结除痞,对肚子胀不消化、咳嗽、胸痛、热结便秘以及胃下垂等问题,都有很好的疗效。

那么,怎样自制枳壳粥呢?

用料:枳壳 10 g、大米 100 g。

做法:先将枳壳洗干净,放入锅中加水煎汁。再将渣滓滤掉,倒入大米煮粥,粥熟后,即可食用。这是 1 d 的量,分 2 次服下。可连服 1 周。

4．油焖枳实萝卜有何食疗价值? 怎样自制油焖枳实萝卜?

答:枳实行气,萝卜也具有行气的功效。两者同用,行气的效果更佳,对于脾胃不和所致的肚子胀痛、厌食、嗳气、便秘等有良好的疗效。

那么,怎样自制油焖枳实萝卜呢?

用料:枳实 10 g、白萝卜 300 g。

做法:先将白萝卜去皮,切成块备用。再将枳实放入锅中,加适量水煎 30 min,然后去渣取汁。炒锅内加入食用油,待油烧热后,将切好的白萝卜块放入锅中煸炒,再加入葱、姜、盐和药汁一起焖,熟了即可食用。这是 1 d 的量,可分 2 次食用。

5．什么原因会引起"呕吐"?

答:产生呕吐的原因很多。例如,饮食不洁、肚子里有蛔虫,酒食过伤等,但都与胃气脱不开干系。所以,中医认为呕吐的毛病在于胃。

胃的功能是"受纳腐熟"。"受纳"是接受的意思。吃下食物后,首先会进入胃,并在此停留一段时间。经过胃的蠕动及胃液的消化后,变成更细小的颗粒。这个过程就叫做"腐熟"。正常情况下,胃气是下降的,只有这样才能使食物下行。食物下行则胃空,胃空了人就会感觉饿,从而再次进食。若胃气上逆的话,就会产生呕吐了。因此,想要止呕,首先就得调顺胃气。

6. 饮用代代花生姜茶可以开胃止呕吗? 怎样自制代代花生姜茶?

答:代代花具有和胃的功效。生姜除了具有解表散寒的功效外,它止呕的功效也是不容小觑的。将有止呕功效的生姜与和胃的代代花配伍,止呕的效果更好。

那么,怎样自制代代花生姜茶呢?

用料:代代花 3 g,生姜 3 片。

做法:取代代花、生姜,冲入沸水,加盖闷一会儿即可饮用。

7. 睡前饮用代代花茶有何益处? 怎样自制代代花茶?

答:在睡前饮用代代花,可舒缓一天的紧张心情,促进睡眠。

那么,怎样自制代代花茶呢?

做法:取代代花 2～3 g,用沸水冲泡。

8. 代代花冰糖茶有何食疗价值? 怎样自制代代花冰糖茶?

答:代代花冰糖茶具有和胃理气的功效。适用于食欲不振、消化不良或食后呕逆者饮用。

那么,怎样自制代代花冰糖茶呢?

用料:代代花 1.5 g,冰糖适量。

做法：将冰糖打为碎屑后，与代代花同入茶杯中，沸水冲泡，加盖闷 5～10 min 即可。每日 1 剂，可反复冲泡。

9. 代代花萝卜汤有何食疗价值？怎样自制代代花萝卜汤？

答：代代花萝卜汤消失导滞，疏肝和胃。可作为化解忧郁情绪的食疗方。

那么，怎样自制代代花萝卜汤呢？

用料：鲜代代花瓣 15 g、白萝卜 150 g、胡萝卜 250 g、鲜汤 500 mL、香菜 15 g、黄酒、植物油、食盐、胡椒粉适量。

做法：①将白萝卜去皮切丁。胡萝卜用盐水煮 3 min 后，去皮切条。将香菜和葱切末。②在锅中加入植物油烧热。放入两种萝卜煸炒，加入鲜汤，小火煮 20 min 至萝卜烂熟，加黄酒、食盐、胡椒粉拌匀，停火。撒入鲜代代花瓣、香菜末、葱花即可食用。

(四)丁香花

1. 丁香花有何药用价值？

答：丁香花，又名鸡舌香，性温，味辛，归脾、胃、肾经。具有温中降逆，散寒止痛，温肾助阳。主治脘腹冷痛、胃寒呕吐、呃逆、泄泻、妇女寒性痛经、肾虚阳痿等。

现代医学认为，丁香含有丁香油，对于致病性真菌及葡萄球菌、痢疾和大肠杆菌等有抑制作用；可作外用，对体癣及足癣都有很好的疗效。

需要注意的是：郁金与丁香合用，会影响彼此作用的发挥。胃热引起的呃逆或兼有口渴、口苦、口干者不宜食用。

2. 药用的丁香花有何特征？

答：药用的丁香是桃金娘科植物，以花蕾和果实入药。作为中药的丁香花，可分为公丁香与母丁香两种。把含苞待放的花蕾称为公丁香或雄丁香；把未成熟的果实称母丁香或雌丁香。两者治疗功效大抵相同，都是温胃、暖肾的常用药。通常使用的是公丁香，以粒大花未开、香气强烈，且能沉于水中者为佳。

3. 为何许多人都有"口臭"？

答：口气，即常说的"口臭"。有暂时性的，也有长期性的。暂时性的"口臭"是由于进食了像大蒜、大葱、韭菜等浓烈气味的食物，隔天就会自然消失。而长期性的口臭，便是身体不健康的反应了。那么，长期性的口臭是如何出现的呢？中医认为，主要是有以下几个方面的原因：

①胃火过旺。有一种人胃口很好，吃得很多，并且喜欢进食一些辛辣或牛羊肉等肥甘味厚的食物，导致胃部积热过多。另外，现在生活节奏较快，有些人经常熬夜，不注意休息，引发胃功能紊乱，使胃火过旺。火热上蒸就会引发口臭。

②阴虚。人体内的阴阳二气是势均力敌的两股力量，只要一方有一点失误，对方马上就会占据上风。有些人素体阴虚，体内阳气太过，阴气亏损。当阴不制阳时，虚火就会上升。清代《杂病源流犀烛》中说："虚火郁热，蕴于胸胃之间则口臭。"这样，口臭也就不可避免地产生了。

③肺中蕴热。肺为娇脏，外邪犯肺，使肺气郁阻，久而久之就生热，热气将津液炼为痰浊，痰浊上蒸，引发口臭。

4. 饮用丁香茶可以治疗口臭吗？怎样自制丁香茶？

答：许多人认为口臭发生的原因是胃热。实际上，胃热引起的口臭大部分发生在有胃热、积食等人的身上，只是偶尔发生。至于反复发作的口臭，一般都由于胃寒引起的。这种口臭只要多喝丁香茶，戒掉寒凉的食物，很快就能消除。

那么，怎样自制丁香茶呢？

用料：母丁香4粒。

做法：将母丁香捣碎，放入有盖茶杯中，冲入沸水，加盖浸泡10 min，即可饮用。由于丁香是辛辣味的，若喝不惯这样的味道，还可与其他花草茶混合（如肉桂等）饮用，也能起到去除口臭的作用。

此外，口含1~2粒母丁香，或者口含1片丁香花，也可以去除口臭。

5. 怎样区分胃病的寒热？

答：平时比较怕冷、冬季四肢冰凉、主要在秋、冬季节发病的多为胃寒之人。这类患者，应采用暖胃的方法。而平时经常有口干、口苦，大便干燥或排便黏滞不畅的，多为胃热之人。这类患者应注意清除肠胃湿热，日常饮食以清淡为主，羊肉不宜多吃，狗肉更应尽量不吃。

6. 丁香橘皮饮可以治疗胃寒吗？怎样自制丁香橘皮饮？

答：丁香属于温热性的药物，食用后会在体内产生"热能"，从而达到驱寒和温补的效果。脾胃虚寒的人,大多夹杂有湿热、湿滞等邪湿之气,橘皮既有温补功效,又有化湿功能,可让脾胃避受湿气侵扰。两者搭配可以起到很好的暖胃效果。

那么,怎样自制丁香橘皮饮呢?

用料:丁香 3 g、陈橘皮 6 g。

做法:在锅内放适量的水,放入丁香、橘皮,煎煮 30 min 后,即可饮用。

7. 饮用姜汁牛奶可以治疗胃寒？怎样自制姜汁牛奶？

答:姜汁牛奶对于治疗过食生冷所致的脾胃虚寒有很好的效果。

那么,怎样自制姜汁牛奶呢?

用料:丁香 3 粒、姜汁 10 mL、牛奶 200 mL、红糖适量。

做法:将丁香泡后以文火煎煮 10 min,对入姜汁、牛奶、红糖等,即可饮用。

8. 丁香姜糖有何食疗功效？怎样自制丁香姜糖？

答:丁香,性温,味辛,具有温肾助阳的功效。生姜,性温,味辛,具有温中止呕的功效。佐红糖能祛胃寒、助阳气,预防冻疮发生。丁香姜糖适宜严冬季节常服。

那么,怎样自制丁香姜糖呢?

用料:丁香粉 5 g、生姜碎末 40 g、红糖 200 g。

做法:①将红糖放入锅中,加水少许,以小火煎熬至较稠厚时,加入姜末及丁香粉调匀。

②继续煎熬至用铲挑起即成丝状而不粘手时,停火。

③将糖倒在涂过食油的大搪瓷盘中,稍冷切条块,即可食用。

9. 丁香鸭煲有何食疗功效？怎样自制丁香鸭煲？

答:丁香鸭煲适于胃脘隐痛、脘腹冷痛、喜暖喜按、空腹痛甚、得食则减、泛吐清水、食少吐泻、呃逆、便溏及胃肠功能紊乱患者佐餐。

那么,怎样自制丁香鸭煲呢？

用料:丁香 5 g、净鸭 1 只(约 2 000 g)、肉桂 5 g、砂仁 5 g、笋片 10 g、香菇 20 g,食盐、味精、葱、姜、胡椒、料酒、白糖适量。

做法:①将丁香、肉桂、砂仁等中药洗净装入纱布袋内,扎口。净鸭切块。笋与香菇切片。

②将鸭块、笋、香菇、食盐、葱、姜、胡椒、料酒、白糖放入砂锅,加水适量。先以大火烧沸,然后投入药袋,再以小火煨 2 h,加入味精调味,即可食用。

10. 丁香粥有何食疗功效？怎样自制丁香粥？

答:丁香粥适用于胃寒、呕吐、呃逆、腹痛、腹泻、食少,寒湿带下,阳痿阴冷等症。

那么,怎样自制丁香粥呢？

①材料:丁香 5 g、生姜 3 片、大米 100 g、红糖适量。

做法:将丁香择净,水煎取汁 100 mL。加大米煮粥,待沸时调入姜片、红糖,煮至粥熟时,即可食用。每日 1 剂。

②做法:取丁香 1 g,研为细末。待粥沸时与姜片、红糖同入粥中,煮至粥熟时,即可食用。每日 1 剂。

11. 丁香雪梨汤有何食疗功效？怎样自制丁香雪梨汤？

答：丁香雪梨汤具有温中祛寒、暖胃止呕的功效。适用于妊娠呕吐、脾胃虚寒者。症见妊娠期间，食少脘胀，恶心呕吐，口淡流涎，舌淡红苔薄白。

那么，怎样自制丁香雪梨汤呢？

用料：公丁香 4 粒、大雪梨 1 个、冰糖适量。

做法：将丁香洗净、沥干水、研末。将雪梨洗净，挖出核和心，塞入丁香封好，放入炖盅内，加少许的水和冰糖适量，置锅内用小火炖 1 h，即可食用。

12. 丁香火锅有何食疗功效？怎样自制丁香火锅？

答：丁香具有强烈的芳香，有兴奋强身作用。当身体疲劳时，食丁香火锅能使人精神振奋，增强全身活力，消除疲劳。

那么，怎样自制丁香火锅呢？

用料：丁香 6 g、鸡汤 1 000 mL、蛤蜊肉 200 g、虾仁 100 g、鱼丸 100 g、墨鱼 2 条、芹菜、冻豆腐、粉丝、葡萄酒、食盐、味精、葱各适量。

做法：①将蛤蜊肉、虾仁洗净备用。鱼丸切片。墨鱼除去腹内杂物、洗净后，在开水锅里速烫一遍，切成 2 片。芹菜切成寸段。冻豆腐切成小块。粉丝用热水泡软，切成几段，葱切小段。

②将以上各料先各放一半入锅，汤也加入一半，并可加入适量葡萄酒，盐少量，旺火烧 5～6 min 后，即可趁热吃，边吃边加。

(五)桂花

1. 桂花有何药用价值？

答:桂花,性温,味辛,归肺、大肠二经。具有化痰,止咳,散瘀,散冷气的功效。主治痰饮喘咳,肠风血痢,疝瘕。牙痛,口臭,视物不清。

2. 饮用桂花茶可以缓解胃寒引起的不适吗？

答:胃痛在中医上又叫做中寒、内寒、里寒。特别是到了冬季,天气寒冷,很多人就会感到胃部不适。那些脾胃虚寒的人,更可能反复出现胃胀、胃痛等毛病。

在中医上来说,桂花是一道养生佳品。桂花对于胃寒疼痛有很好的治疗效果,中医上常用来治疗胃寒腹痛。桂花性温,无论泡茶、浸酒或是煎汤,都有温胃散寒的功效,可以帮助散去胃部寒气,达到止痛的效果。

3. 食用桂花糯米藕可以健脾开胃吗？

答:脾胃被称为是"后天之本、气血生化之源"。人们吃进去的五谷精微都要经过脾胃的运化和吸收,才能转变成生命运行的能量。因此,脾胃就好比一部发电机,源源不断地把汽油转化成电能;而经络就像一根根电线,将电能输往全身各个部位,让它们能正常工作。若脾胃功能减弱,人体的五脏六腑就会因为"供电不足",而无法正常发挥功能。要确保脾胃正常运转,首先要做的就是健脾开胃。

那么，为何推荐大家食用桂花糯米藕呢？桂花糯米藕能健脾开胃吗？桂花不仅能暖胃，还能健脾开胃。如果能和其他"同气相求"的食物一起，借助它们的作用，就等于"加了一把火"，能快速达到健脾开胃的效果。莲藕生用性寒，具有凉血、散瘀之功效，多用来治疗热病烦渴、吐血、热淋等；熟用性温，能益血、止泻，还能健脾、开胃。糯米，在北方又被称为"江米"，其主要功效就是温补脾胃。脾胃虚寒的人食用一些糯米，是很有好处的（糯米比较黏腻，不好消化，不宜一次食用过多）。桂花、莲藕、糯米三者都有健脾的作用，因此三者共同作用，脾胃想不健旺都难了。

4. **怎样自制桂花糯米藕？**

答：用料：藕1节，桂花、糯米、红枣、冰糖各适量。

做法：将藕洗净（特别是藕孔内泥沙）后，沥干水分，冰糖砸碎待用。从藕一端切下2 cm宽左右的一段作为"帽盖"。糯米洗净后，晾干水分，塞入藕孔内，塞满后将"帽盖"盖上，以牙签扎牢。将灌好米的藕放入锅中，再放入清水，以水没过藕为限。在旺火上烧开后转用小火煮制，煮到藕熟透（变红色时）取出。将藕取出，泡水刮皮，去掉帽盖，分切为0.5 cm厚的片，放入大碗中，加桂花、冰糖、枣，再以玻璃纸封住碗口，上蒸笼以小火蒸上1.5 h后取出，扣入盘中即可。

5. **饮用桂花酒可以化痰吗？**

答：中医上讲"脾虚不化，湿胜则痰"，意思是如果脾胃虚弱，不能运化水湿，水湿就在体内停留而凝结成痰。也就是说，"脾是生痰之源"。痰可不是好东西,因其性黏稠,附着在体内血管、经络、肌肉等组织周边,势必影响和阻碍人体气血的正常运行,引发许多疾病。因此,中医又说"百病皆由痰作祟"。

桂花酒不仅甘美醇厚,其养生功效也是非同小可。中医认为,桂花味辛,性温,浸酒内服,可以化痰散瘀、活血温经,对痰饮咳喘、食欲不振、上腹饱胀、嗳气不舒、肝胃气病、肠风血痢、经闭腹痛、牙痛、口臭等症都有一定疗效。由于桂花酒具有健脾补虚的作用,能够促进体内湿气的运化,阻断生痰的源头,从而起到化痰的作用。

6. 怎样自酿桂花酒?

答:用料:现摘取适量的桂花(以金桂为佳);摘下不久的未变成褐色或黑褐色的桂花也可(必须是干净的)。35°以上(度数太低的话,桂花的有效成分就无法充分融入到酒里面去)的高粱酒(相比其他种类的酒,口感要好;也可以根据个人的口味喜好,选择其他的酒类)。白糖(以粉状冰糖为佳)。

做法:将桂花置于阴凉通风处阴干后,第 2 天,根据桂花的重量(一般 250 g 即可),放入等量的白糖搅拌均匀,然后放入酒缸内发酵 2~3 d 后,加入 2.5 kg 左右高粱酒,封放于避光通风的地方窖藏。一般 3 个月后即可饮用。若能窖藏 1 年以上,则是上好的佳酿了。酿好后的桂花酒和普通的酒在口感上有着很大的差别。普通的酒会有一股辛辣之味,而桂花酒少了辛辣,多了甘洌清爽的滋味,同时还伴随着一股淡淡的桂花香,口感醇香诱人。

根据男女老少的不同,在加入高粱酒的同时,还可加入一些其他原料。中医上说,"男子以肾为先天,以精为主;女子以肝为先天,以血为主"。男性朋友饮用的话,可在桂花酒里加入 250 g 的枸杞子,还可加入 250 g 的杜仲,对肾、精都起到了养身保健的作用。对于 50 岁以上的中老年男性朋友,也可加入一些补肾温阳的药品(如:少量的鹿茸和冬虫夏草)。女性朋友饮用的话,可在桂花酒里放 250 g 当归、500 g 黄芪。中医里面对于气血的关系是这样解释的:"气为血之帅,血为气之母",气能行血,血能生气,气与血之间有着不可分割的联系,是构成人体生命活动的基本物质。而黄芪就是补气的。

7. 怎样利用桂花清除"口臭"?

答:人体的脾胃是用来运化五谷精微的。如果脾胃虚弱,那么饮食将无法消化而堆积在肠胃中,久而久之就会化为热浊,浊气上蒸,就会出现牙痛、口臭等症状。

桂花能够治疗"口臭",从中医上来看,是因为它具有健脾功能。桂花可使脾胃健旺;同时,桂花中含有的芳香物质也能刺激肠道,加速肠道蠕动,促进肠道污秽物质的排泄,从而减轻肠胃积热,帮助去除口中异味。而玉米也具有健脾和胃、消积导滞的作用。两者都能助推脾胃健运,使脾胃消积导滞,浊热得以清除,口臭也就自然消失了。

那么,怎样利用桂花清除"口臭"呢?下面就为大家介绍:

①桂花茶。做法:取 1.5～3 g 桂花,代茶泡水饮用。

②玉花粥。用料:阴干的桂花 3 g,玉米粒 50 g。做法:将玉米粒拣去杂质,在水中浸泡 1 h 后,放入锅中,倒入适量的清水,开始用大火煮,煮 10 min 后,改用文火煮至玉米粒开花时,加入桂花再煮片刻,直至香气散出,即可食用。可以每日早、晚各温热服用 1 次。

(六)荷花

1. 荷花有何药用价值?

答:荷花,性温,味苦甘,归心经、肝经。具有清心凉血、活血化瘀。去湿消风,解毒解热的功效。主治暑热烦渴,跌损呕血,崩漏下血,血淋,天疱湿疮,疥疮瘙痒。

2. 为何夏季易失眠?

答:在现代社会中,许多女性容易受到失眠的困扰。其中,在夏季,失眠的情况是最为多见的。中医上讲心藏神、心主神明。心神安定,则睡眠安稳;心神不宁,则不能入睡。而"夏主心",心脏在夏季活动旺盛。夏季是一年四季中最热的季节,在酷暑的笼罩下,"火气通心",容易导致心火过旺,火热内扰心神,就会出现各种睡眠障碍。并且夏季毛孔全部打开,汗液排泄较旺盛。但"汗为心之液","汗血同源",出汗过多会导致心血不足而引发失眠。

古代的养生家有一句话叫:"一日不睡,十日不醒"。就是说,如果 1 个晚上没有睡好觉,再睡上 10 个晚上也补不回来。良好的睡眠不仅能使人精力充沛,还能增强人体的免疫能力。而长期失眠,对于女性而言,不仅会出现长期有黑眼圈和眼袋"相伴"的问题,还易出现疲劳、抑郁、易怒、思维涣散等情况。

3. 怎样治疗失眠?

答:既然夏季失眠是因心火过旺所引起的,那么防治失眠就要从清除心火着手。下面为大家介绍2招清除心火的好办法:

①荷花粥。中医认为,"荷花一身都是宝",莲子、莲须、莲叶、莲藕等都可入药。花瓣入心、肝二经,能清心凉血;而莲须归心、肾二经,能清心通肾、清热解暑。两者合用,对于防治失眠有很好的效果。失眠严重的人,不妨给自己做一道清心去火的荷花粥。做法:取几朵大瓣的荷花,取下花瓣和莲须一起焙干、研成细末,然后加入小米煮成粥后趁热食用。每天服用1~2次。另外,荷花还有养护容颜的功效,可以让女性的肌肤在睡梦中就能焕发亮丽光彩,一举两得!

②荷叶枕。荷叶也是治疗失眠的一大能手,可以做荷叶枕,用来治疗失眠。做法:摘取新鲜的荷花花瓣和荷叶(没有条件的人,可去药店购买一些干品)各1 000 g,清洗干净后放入干燥通风的地方阴干(避免暴晒,以免药效流失)。完全干燥后,将干荷花瓣和荷叶研成粗末,混匀后用布包裹缝好,装入枕芯,荷叶药枕就制成了。

4. 荷花可否养颜?

答:我们常说某人气色很好,其实是她体内的血流运行通畅,因此面部血液供应较充足,肌肤红润有光泽。许多女性在月经周期出现的月经失调、痛经、面色晦暗都与气血运行失常、瘀滞于子宫有关。而荷花具有活血化瘀的功效,能化去体内的瘀滞之物,促进血液的流通,自然也就能达到美肤养颜的效果。可以将干花瓣用温酒送服,这样就可以起到活血养颜的作用。

5. "酒糟鼻"是怎么形成的? 荷花可否治疗"酒糟鼻"?

答:关于"酒糟鼻"的成因,中医认为,多是由于肺部积热、风邪入侵、血瘀凝结不散所导致的。而荷花具有清肺热、消瘀血的作用,同时它还是爱美女性的养颜花,具有活血化瘀的功效,能减轻面部痤疮、色斑等。若因"酒糟鼻"影响容颜而深受困扰,可以考虑让荷花来帮忙。

那么,怎么利用荷花治疗"酒糟鼻"呢? 下面为大家介绍几种方法:

①荷花水。摘取新鲜荷花的花瓣,加水煎汤即可。

②取阴干的荷花瓣 9 g、绿豆 30 g、生石膏 15 g、枇杷叶 9 g。先将荷花瓣、生石膏、枇杷叶加水 400 mL,煎成 15 mL 后,留取汁液放入绿豆,至绿豆熟时食用即可。

③将阴干的荷花瓣 9 g、绿豆 30 g、生石膏 15 g、枇杷叶 9 g 一起研成细末,用时加入温水调成糊状,涂于患部,15 min 后洗掉。

这 3 种方法治疗"酒糟"都有一定的效果。

6. 莲藕能否解酒?

答:莲藕的解酒功效很不错。

做法:将莲藕不去皮,榨成汁,用藕汁以 1∶1 的比例兑入开水,喝入两小杯就可以了。

(七)合欢花

1. 合欢花有何药用价值？

答：合欢花，性平，味甘，归心、肝经。具有安神解郁，活血消肿的功效。主治心神不安，忧郁失眠，肺痈吐脓，筋骨折伤，痈疮肿毒等症。

2. 合欢花粥有何食疗功效？ 怎样自制合欢花粥？

答：合欢花粥有治疗失眠的功效，而且还可以美容。对孕妇来说，还有很好的强身、镇静、安神的功效。长期坚持食用可以使人精力充沛，益寿延年。

那么，怎样自制合欢花粥？

用料：新鲜的合欢花50 g（干的合欢花30 g）、粳米100 g、清水500 g。

做法：在锅中加入清水，之后将粳米与合欢花一起放入水中，开火熬至粥稠即可。

用法：在睡觉前食用。

3. 合欢黑豆饮有何食疗功效？ 怎样自制合欢黑豆饮？

答：合欢黑豆饮是很好的助眠饮品。在这个方子中加入了黑豆，除了可以治疗失眠之外，还有补肾的功效，特别适合老年人食用。

那么，怎样自制合欢黑豆饮呢？

用料:合欢花30 g、黑豆30 g、小麦30 g、蜂蜜适量。

做法:将合欢花、黑豆和小麦洗净,放入锅中加水煎汤,煮至黑豆熟烂裂开之后,调入适量的蜂蜜即可饮用。

4. 合欢花茶有何食疗功效? 怎样自制合欢花茶?

答:平时若出现忧郁不解、心气耗伤,或因劳累过度而出现精神恍惚、心神不宁、抑郁不舒等症,可尝试饮用合欢花茶。长期饮用可起到舒郁理气的良好功效。

那么,怎样自制合欢花茶?

用料:合欢花9～15 g。

做法:将合欢花放入水壶中,然后倒入开水,盖上盖闷2～3 min 即可。若觉得味道不够甘甜,可在其中调入蜂蜜或者白糖。

需要注意的是:合欢花最好单独冲泡,不适合与其他的花茶搭配。

5. 食用合欢萱草汤可以宁心安神吗? 怎样自制合欢萱草汤?

答:合欢花有舒郁理气的功效。萱草还有一个名字就是黄花菜,有理气、安神的功效。二者合用,可以起到宁心安神、解郁忘忧的功效,对于神经衰弱、心烦失眠、烦躁抑郁有很好的治疗效果。

那么,怎样自制合欢萱草汤呢?

用料:合欢花15 g、萱草30 g、浮小麦30 g、百合15 g、云茯苓12 g、郁金10 g、红枣6颗、猪瘦肉150 g、生姜2片、食盐适量。

做法:先将红枣的核去掉。再将诸药材洗净浸泡,把水挤干后装入纱袋内。将猪瘦肉洗净,切成薄片。之后把药材、猪肉和生姜一起放进瓦煲内,加入适量清水,大火煮沸后改文火煲约2 h,调入适量食盐即可食用。

6. 急性结膜炎有何症状？什么原因会导致急性结膜炎？

答：急性结膜炎，也就是平常说的红眼病。患了急性结膜炎，通常会出现结膜充血和水肿，有异物感，痛痒难忍。除了眼睛不适，严重的患者也会有头痛、发热、鼻塞流涕等周身不适的症状。

急性结膜炎具有很强的传染性，一般都是双眼先后发病。早期会出现双眼发红发烫，烧灼，怕光，就像眼镜里进了沙子一样有磨痛感，紧接着会出现眼睛红肿、眼眵多、流泪的症状。清晨醒来，分泌物会粘住眼皮而睁不开眼。

中医认为，急性结膜炎的发生多是由于风毒热邪侵犯到了眼睛；或是肺胃积热的原因，身体内外毒邪合力上攻于目而引起发病。

7. 为何说合欢花可以治疗急性结膜炎？

答：毒邪侵犯到了眼睛，可以说明这时的眼睛是处于一个比较弱的状态，所以毒邪才会找上它。

中医有"肝开窍于目"的说法。肝主疏泄和肝藏血共同实现所谓的"肝受血而能视"。肝的经络上连目系，视觉功能的正常与否，都有赖于肝气的疏泄和肝血的滋养。目以血为本，血是眼睛视觉活动最直接的物质基础，肝血的盛衰会直接影响于视觉功能状态。肝血充足，可以养目，看东西才会清晰明亮；肝血不足，目失所养，就会出现视物模糊了。想要养眼，就得先养肝。

合欢花入肝经，能解郁忘忧，条达全身之气，养护肝脏的同时，又可消风明目。此外，合欢花还有安眠的效果。良好的睡眠是养好肝血的一个重要条件。若能在 23 点之前进入睡眠状态,人体肝胆就会得到正常的修养,肝血得以及时回流。因此,合欢花在安神助眠的无形之中,使眼睛也得以受益。

8. 食用合欢花蒸猪肝可以治疗急性结膜炎吗? 怎样自制合欢花蒸猪肝?

答:合欢花可消风明目。猪肝性温,味甘、苦,入肝经,可补肝脏,养血、明目。合欢花蒸猪肝具有解郁理气,养肝安神,清肝明目的功效。不仅可用于急性结膜炎,对慢性结膜炎、视物模糊昏花或是失眠也有很好的疗效。

那么,怎样自制合欢花蒸猪肝呢?

用料:新鲜的合欢花 20～30 g(干品 10 g)、猪肝 100～150 g、食盐少许。

做法:将合欢花放在清水里稍洗 1 遍,然后放入盛有少许清水的碟中,浸泡 4～6 h。再将猪肝切片,同放入碟中,加入少许食盐调味,放置蒸屉内隔水蒸熟。

用法:食用猪肝,饮用汤。每日 1 剂,连服 7 d。

(八)槐花

1. 槐花有何药用价值?

答:槐花,性微寒,味苦,归肝、大肠经。具有凉血止血,清肝泻火的功效。主治便血、痔血、血痢、崩漏、吐血、衄血、头痛眩晕,肝热目赤。

现代医学认为,槐花的花蕾、花朵所含成分基本相同,主要为鞣质、芸香苷、黄酮类、三萜皂苷、脂肪酸等成分。槐花所含芸香苷以花蕾中含量最多,花开放后逐渐减少。芸香苷有维持血管抵抗力,降低毛细血管通透性,减轻脆性等作用,对高血压患者有防止脑血管破裂的功效。槐花所含鞣质能缩短出、凝血时间,以炒黄、炒炭者作用较强。此外,槐花还有降低血压、调节血脂、抗氧化以及抗菌等作用。

需要注意的是:消化不好的老年人、脾胃虚寒者、食少便溏或腹泻者、糖尿病患者及孕妇不宜食用槐花。

2. 怎样区分国槐与洋槐?

答:槐花分为两种,一种是洋槐,一种是国槐。

洋槐是从欧洲引进的。它的枝上有尖锐的刺,因此又被称为"刺槐"。花为白色,花期在 4～5 月份。平时多用于观赏树木,种植范围较广。

国槐是中国土生土长的,因此,又被称为"土槐"。花为黄白色,花期相较于洋槐来说要晚一些,一般在 6～7 月份开放。这种槐树开的花能入药。这里讲的是这种槐花。

除了花期不同之外,洋槐与国槐的果实也有区别。洋槐的果实是扁圆的,成熟后会裂开。国槐的果实是一粒一粒的,未成熟时用手一捏黏黏的,手上会染上许多黄汁,成熟后不会开裂。

3. 何为槐米? 槐米有何药用价值?

答:将槐花尚未开放时采收的花蕾,称作"槐米";而将花初开时采收的花朵称"槐花"。槐米以花蕾足壮,花萼绿色而厚,无枝梗者为佳。槐米、槐花两者都作槐花用,只有特别强调时才将前者直称槐米。槐米可治头晕目眩。与黄芩同用,能软化、疏通血管;与橘络同用,可安心神、降血压。

4. 槐花都有哪些泡制方法? 药效有何差异?

答:①生槐花。是刚采下来、未经过任何加工的槐花。

②炒槐花。是将槐花或是槐米用文火炒,等到槐花变成深黄色即可。

③槐花炭。是在炒制槐花的过程中火候要稍大些,一直炒至表面变成焦褐色,有点类似炭的颜色再出锅。

④蜜槐花。是先将蜂蜜倒入锅内加热,等到蜂蜜沸腾了,再倒入槐花,用文火慢慢地炒,一直炒到槐花不粘手即可。蜂蜜、槐花的比例一般为1:4。

⑤醋槐花。有两种制作方法:一种是将醋倒入槐花内拌匀,醋与槐花的比例为1:10。之后,将槐花倒入锅中,炒到微微变黄即可。另一种是先将槐花放入锅内炒,一边炒一边往里边洒醋,一直炒至金黄色。

生槐花清肝泻火、清热凉血。但由于槐花性微寒,因此脾胃虚寒的人不宜多食。炒槐花与生槐花相比,苦寒之性有所下降,凉血的作用却也弱了。但是,炒槐花的止血的效果却比生槐花要好。这是由于加热的过程中,槐花中的鞣质(有凝血的作用)的含量迅速增加的缘故。其中,止血效果最好的是槐花炭。经过炭化后,鞣质的含量比生槐花中鞣质的含量高4倍。

因此,对于槐花,中医上有"止血宜炒用,清热降火宜生用"的说法。

5 · 何为月经过多？什么原因会导致月经过多？怎样判断是否有月经过多的症状？

答：如果经期超过 7 d，且期间排出大量的凝血块，或是发生崩漏，就属于月经过多。

导致月经过多的原因很复杂，如血热、气虚或是血瘀。其中，血热导致的月经过多比较常见。什么是血热呢？就是热邪跑到血液里面去了。而血热又有实热和虚热之分。什么是实热呢？比如吃一些辛燥助阳的食物，以致热扰冲任，迫血下行，或经期提前，或经量过多。还有一种情况就是生气。我们管生气叫"上火"。"上火"不光伤神伤身，连气血也会伤到。有些女人在暴怒之后会出现月经不调，就是这个原因。虚热又是什么呢？若说实热是火多了，那么虚热就是水少了。比如久病在床，或失血过多而伤到了阴，也会出现热证。

怎么判断自己是不是由于血热导致的月经过多呢？可以看月经的颜色。若月经的颜色为鲜红色或深紫色，质地很稠，有光泽，那么多半是由血热引起的月经过多。

6 · 食用两地槐花粥可以治疗月经过多吗？怎样自制两地槐花粥？

答：制作这款粥的食材有槐花、生地和地骨皮。

槐花清热的效果很好。生地也叫生地黄。由于生地黄是新掘出来的鲜品，因此是大寒的，侧重于凉血、清热。这里需要注意的是，通过阴干、太阳晒干或是用火焙干的，叫"熟地黄"。经过加工，药性由寒变成了微温，熟地黄就成为补血药了。地骨皮是枸杞的皮,能清骨中之热,泄火下行。三者都是清热的,治疗血热导致的月经过多自然手到擒来。

那么,怎样自制两地槐花粥呢?

用料:槐花 30 g、生地黄 30 g、地骨皮 30 g、粳米 50 g。

做法:取槐花、生地黄、地骨皮加适量水煎汁,然后把洗净的粳米倒入药汁中煮粥,粥熟后即可食用。

用法:连服 3～5 d。

需要注意的是:由于这三味药材都是寒性的,不宜长期服食,等到症状减轻,就要停食。

7. **槐花藕节粥有何食疗功效? 怎样自制槐花藕节粥?**

答:槐花藕节粥具有清热泻火、消肿止痛的功效。适用于牙龈红肿疼痛、出血、烦渴多饮者。

那么,怎样自制槐花藕节粥呢?

用料:槐花 20 g、藕节 12 g、栀子 12 g、生石膏 20 g、粳米 60 g、白砂糖适量。

做法:①将槐花、藕节、栀子、生石膏放入砂锅里,加适量清水,煎煮后取汁留用。

②将淘洗净的粳米加入药汁中,加适量水煮至成粥,加少许白糖调味即可食用。

8. **槐花清蒸鱼有何食疗功效? 怎样自制槐花清蒸鱼?**

答:槐花清蒸鱼清热利湿,对寻常型银屑病且湿热盛者,有较好疗效。还可治疗暑疖、痈疽、痔疮下血、淋巴结核等症。

那么,怎样自制槐花清蒸鱼呢?

用料:槐花 15 g、鲫鱼或鲤鱼 500 g、紫皮蒜 20 g、葱白 7 段、姜片、食盐、味精、料酒、香油各适量。

做法:将鱼洗净,去鳞、鳃、内脏,在鱼体躯干部斜切 3～5 刀,放入砂锅,加蒜、葱、姜、盐、料酒和适量清水,在文火上蒸 20 min。然后放入洗净的槐花,加味精、香油少许,即可食用。

9. 马齿苋槐花粥有何食疗功效? 怎样自制马齿苋槐花粥?

答:槐花,苦降下行,归大肠经,对下部血热导致的便血、痔血有很好的治疗效果。马齿苋是一种较古老的野菜。中医认为,马齿苋可清热解毒,散血消肿,对便血、女人赤白带下也有效果。马齿苋与槐花同用,效果更好。马齿苋槐花粥对于大肠癌患者引起的便血且血色鲜红者有很好的治疗效果。

那么,怎样自制马齿苋槐花粥呢?

用料:槐花 30 g、鲜马齿苋 100 g、粳米 100 g。

做法:①将槐花拣杂,洗净,晾干或晒干,研成极细末,待用。将鲜马齿苋拣杂,洗净,入沸水锅中焯软,捞出切成碎末,待用。

②将粳米淘洗干净,放入砂锅,加水适量,大火煮沸,改用小火熬煮成稀粥,粥将成时,对入槐花细末及马齿苋碎末,再用小火续煮至沸即可食用。

用法:早、晚各服用 1 次。

10. 粉蒸槐花有何食疗功效? 怎样自制粉蒸槐花?

答:粉蒸槐花可用于防治因毛细血管脆性过大渗透性过高引起的出血、高血压和糖尿病。

那么,怎样自制粉蒸槐花呢?

用料:槐花 350 g,鸡蛋 2 个,小米面、食盐、味精适量。

做法:将槐花洗净,加入鸡蛋、小米面、食盐、味精拌匀,做成团状。然后将花团放到笼屉中蒸 3～5 min,出笼即可食用。

(九)鸡冠花

1. 鸡冠花有何药用价值?

答:鸡冠花,性凉,味甘,归肝、大肠经。具有收敛止血,止带,止痢的功效。主治崩漏,赤白带下,吐血,久痢不止,便血,痔血。

2. 鸡冠花的哪些部位可以入药? 功效有何不同?

答:鸡冠花以花和种子入药。花可凉血止血、止带、止痢,经常被用于治疗妇科疾病。不同颜色的鸡冠花,功效也不同。红色的鸡冠花偏重于清热利湿,它还治赤白带;白色的鸡冠花以渗湿清热为主,专治白带。种子能消炎、收敛、明目、降压,可治肠风便血、赤白痢疾、眼疾等。

3. 饮用鸡冠花泡酒有何食疗功效? 怎样操作?

答:饮用鸡冠花泡酒,对于治疗妇女白带异常有很好的功效。那么,怎样自制鸡冠花泡酒呢?

用料:白鸡冠花(晒干为末)180 g,米酒 1 L。

做法:将白鸡冠花同米酒一起置瓶中浸泡,密封 7 d 后启封,滤渣饮。

用法:每日 1 次,每次 30～50 mL。

4. 鸡冠花鸡蛋汤有何食疗功效？怎样自制鸡冠花鸡蛋汤？

答：鸡冠花鸡蛋汤有清热、凉血、止血的功效，对于血热崩漏、鼻衄、吐血、便血等都有较好的治疗效果。

那么，怎样自制鸡冠花鸡蛋汤呢？

用料：红鸡冠花 3 g，鸡蛋 2 个。

做法：将红鸡冠花放入锅中，加水 2 碗。等水煎到 1 碗时，去渣，再将鸡蛋去壳打入锅中搅匀烧开，之后调入适量的白糖即可。

用法：每日 1 次，连服 7 d。

5. 滴虫性阴道炎有何症状？什么原因会引起滴虫性阴道炎？

答：在带下病里，有一种滴虫性阴道炎很常见，发生时有阴痒、阴中灼痛等症状。中医认为，它的病因主要是脾虚生湿，湿热蕴结下注，腐蚀肌肤，出现了虫蚀阴中，所以它的发生与肝脾等脏腑有着很重要的联系。人体的脏腑如同五行一样相生相克。养护好肝脏，使其不受损，也是脾脏健运的一个前提。若肝气郁结就会有肝木克脾土，导致脾失健运不能化湿，使水湿留体内。

6. 怎样利用鸡冠花治疗滴虫性阴道炎？

答：鸡冠花，入肝经，在养肝的同时，可补脾止带，是治疗带下病的传统良药。

那么，怎样利用鸡冠花，治疗滴虫性阴道炎呢？下面介绍两种方法：

①鸡冠花茶。做法：取鸡冠花 30 g、茶叶 5 g，用开水冲泡。除

了对阴道滴虫有杀灭作用外,还具有收敛止带的作用,可治疗赤白带下。

②将白鸡冠花晒干后研末,用米汤送服。每日 3 次,每次 6~10 g。

7. 怎样利用鸡冠花治疗月经过多,经血不止?

答:鸡冠花具有凉血止血的作用,可用于治疗月经过多、经血不止。

那么,怎样利用鸡冠花,治疗月经过多,经血不止呢?下面介绍 2 种方法:

①鸡冠花炒虾仁。具有改善妇女月经量多、经血不止的功效。

用料:鸡冠花 3 朵、虾仁 250 g、葱 2 根、嫩姜 1 小块、油 1 大匙、盐和料酒各 1 小匙。

做法:将鸡冠花去籽,洗净后撕成片浸泡在水中。挑去虾仁的泥肠,洗净后沥干。将葱去掉头须和尾部,取中间段洗净切成段,将嫩姜洗净后切小丁。油锅热了以后,倒入虾仁及葱段、嫩姜翻炒,接着放入鸡冠花和盐快炒,待虾仁熟后加入料酒调味即可食用。

②取适量红色的鸡冠花,晒干后研成末。空腹时用酒调服,每次 5~9 g。这种方法可以治疗经血不止,但在服药期间不能吃鱼腥猪肉类食物。

8. 什么原因会引起肝硬化腹水?

答:中医认为,脾主运化。运化包括两个方面,一是指运化从饮食中吸收的精微物质,使其输布全身,再就是运化水湿了。如果脾的功能出现异常,人体内就会"水湿为患",水湿瘀积在哪里,哪里就会肿胀。所以,《黄帝内经》有"诸湿肿满,皆属于脾"这一说法。而金元四大家之一的李东垣也认为,腹水由"脾胃之气虚弱"所致。因此,想要治疗硬肝化腹水就得从健脾祛湿入手。

9. 鸡冠花炖猪肝有何食疗功效?怎样自制鸡冠花炖猪肝?

答:中医认为,鸡冠花性凉、味涩,具健脾养血的功效。中医有"以形补形"的说法,用猪肝可补益肝脏。鸡冠花炖猪肝具有清热解毒,凉血止血的功效,对于肝硬化腹水、咯血、吐血患者有很好的治疗效果。

那么,怎样自制鸡冠花炖猪肝呢?

用料:白鸡冠花 20 g、猪肝 100 g、冰糖 30 g。若不喜欢甜味,可改放食盐。

做法:把白鸡冠花择成小朵,装入纱布袋内,将口封好。将猪肝洗干净,切成条状。将白鸡冠花、猪肝、冰糖一起放入炖杯内,加入清水 200 mL 大火煮,水开后用小火煨 50 min 即可。

用法:1 次食用完。注意与药物配合食用。

(十)金银花

1. 金银花有何药用价值?

答:金银花,性寒,味甘,归肺经。具有清热解毒,疏散风热的功效。主治外感风热、温病发热、痈肿疮疡、咽喉肿痛及热毒血痢等症。

现代医学认为,金银花具有广泛的抗菌谱,对大肠杆菌、葡萄球菌、链球菌、绿脓杆菌、痢疾杆菌、结核杆菌、肺炎双球菌、伤寒杆菌、百日咳杆菌、白喉杆菌等均具有抑制作用,还有抗流感病毒的作用。此外,金银花有良好的抗癌作用,能促进淋巴细胞的转化,增强白细胞的吞噬功能,提高机体免疫力。

需要注意的是:金银花不宜久煎,以免降低其抗菌效果。脾胃虚寒及气虚疮疡脓清者忌服金银花。

2 · 饮用金银花露可以清热解暑吗？怎样自制金银花露？

答:《本草纲目拾遗》中称金银花"能开胃宽中、解毒消火,暑月以之代茶,饲小儿无疮毒,尤能散暑"。因此,夏季常饮用金银花茶对健康是很有好处的。还有金银花露,可作为夏令常服的保健饮料,是清热解暑的良品。

那么,怎样自制金银花露？

用料:金银花 50 g、水 500 mL。

做法:取金银花,加水浸泡 30 min。先武火,后小火熬 15 min,倒出药汁,再加水熬。取两煎药汁,然后将药汁一并盛装,加盖后放入冰箱备用。

3 · 金银花甘草茶有何功效？怎样自制金银花甘草茶？

答:金银花茶里面加上一些甘草,可用于治疗痈疽疮疡之症。

甘草,药性缓和,无论寒药、热药,补药、泻药,都能与它配合。与寒药配合,能缓和其寒;与热药配合,能缓和其热;与滋补药配合,能缓和滋补之功,使补力持久;与泻下药配合,能缓和泻下之力,使泻而不速。可以说甘草是一种调和百药的中药。并且甘草善解百药之毒,在金银花茶中加入甘草的原因,就是取甘草的这种解毒素的功效。由于金银花和甘草二药的药力均偏弱,对热毒较盛者,仅使用其中一种,很难达到理想的疗效。如果用两种药物,能够增强金银花清热解毒的功效。而苦寒的中药可能会伤害我们的脾胃,甘草具有甘缓护胃的功效,因此两药合用,不但可以增强清热解毒之功,而且无伤胃之弊,对痈疽疮疡等症均有很好的疗效。

那么,怎样自制金银花甘草茶呢?

用料:鲜金银花 50 g、甘草 20 g。

做法:将金银花、甘草洗净,去杂质。加水适量,煮 30 min,过滤取汁,搅匀即成。

4. 饮用金银花连翘茶可以治疗痤疮吗? 怎样自制金银花连翘茶?

答:中医上将皮肤病分为两大类,一类是阳证,一类是阴证。阳证主要是由于温、热、毒、邪引起的,主要表现可用 4 个字概括:红、肿、热、痛。如果自己的面色有些红,感觉有点热,有点肿,还感觉疼痛,这就是阳证,主要原因在于热毒。在皮肤科碰到阳证患者,首先选用的就是金银花。金银花和连翘配伍,是一对非常经典的组合。之所以用这两位药配伍,是因为这两味药虽然功效相似,但是也各有所偏。金银花偏散表热,疏解肺胃热邪的,而且由于其味甘,不会伤到我们的胃气,而炒过之后又能凉血,可用于热毒血痢等症。连翘主要能够清泻心火和散上焦的热,并且有消肿散结的作用,常用于治疗疮痈疽疡结核等症,无论有无热毒,均可应用。此外,连翘有利尿通淋的作用,而金银花则无此作用。二者配伍,功效更加强大。对痈疽肿毒,红肿热痛等疾病,这两位药是必不可少的。

许多年轻人最苦恼的就是痤疮,有的是反反复复地发作,影响美观。除了治疗外,可以长时间地饮用金银花连翘茶。

那么,怎样自制金银花连翘茶呢?

做法:取金银花、连翘各 10 g,加水适量,煮沸约 5 min。连渣装满一暖水瓶。

用法:当茶饮用 1 d。连服 10 剂为 1 疗程。

5. 饮用忍冬藤酒可以通经活络吗? 怎样自酿忍冬藤酒?

答:金银花除了花可以入药外,藤蔓也可做药用,金银花的藤蔓叫忍冬藤。忍冬藤性味功效与金银花相似,可做金银花的代用品。清热解毒方面,它的作用虽然不及金银花,但是它却有另外一个优点——通经活络。因此,忍冬藤可用于治疗风湿热痹,关节红肿热痛,屈伸不利等疾病。忍冬藤做药用,较常见的是酿成酒来长期饮用,不仅对关节疾病能够起到良好的预防效果,还可以用于治疗一切疮疡之症。

那么,怎样自酿忍冬藤酒?

用料:忍冬藤 1 把、甘草 40 g、酒。

做法:将忍冬藤叶放入砂锅研烂,加入酒少许调和,涂敷四周,中心留一口,又取 80 g 用木槌捣碎,不犯铁器,甘草细锉。共入砂锅内,加水 2 碗,文火煎至 1 碗,入好酒 10 碗,煎数沸,去渣。

用法:温饮适量。

6. 金银花粥有何食疗功效? 怎样自制金银花粥?

答:金银花粥清热解毒,适用于防治夏令中暑,以及风热感冒,热毒疮疡,咽喉肿痛等。

那么,怎样自制金银花粥呢?

用料:金银花 15 g、粳米 100 g、白糖适量。

做法:将金银花择洗干净,放入锅中,加清水适量,浸泡 5～10 min 后,水煎取汁,加粳米煮粥,待粥熟时调入白糖,再煮 1、2 沸即可食用。每日 1～2 剂,连服 3～5 d。

7. 金银花梨花藕汤有何食疗功效? 怎样自制金银花梨花藕汤?

答:金银花梨花藕汤可清热解毒,适用于肺热咳嗽,疔疮疖肿、痤疮等。

那么,怎样自制金银花梨花藕汤呢?

用料:金银花 15 g、生梨 250 g、鲜藕 200 g、白砂糖适量。

做法:先将梨、藕去皮,切块备用。金银花择净,水煎取汁,加入梨、藕煮熟后,白砂糖调服。每日 1 剂,分 2 次食完,连续 10～15 d。

8. 金银花肉片汤有何食疗功效? 怎样自制金银花肉片汤?

答:金银花肉片汤补虚损,清热解毒,对痢疾、伤寒恢复期较为适宜。

那么,怎样自制金银花肉片汤呢?

用料:金银花 10 g、猪瘦肉 250 g、小白菜 100 g,食盐、植物油、味精、姜适量。

做法:①将猪瘦肉洗净,切薄片。金银花、小白菜择洗干净,生姜切片。

②锅置火上,加入植物油,烧至六成热,加生姜爆锅,再加入适量水,大火烧沸,加入猪肉片、金银花、小白菜,熟后加入食盐、味精

即可食用。

9. 金银花萝卜蜜有何食疗功效？怎样自制金银花萝卜蜜？

答:金银花萝卜蜜具有疏风宣肺,化痰止咳之功效。适用于风热外袭,头身疼痛,咽干喉痒,咯痰黏稠,畏风身热,口渴喜饮等症。

那么,怎样自制金银花萝卜蜜呢？

用料:金银花 10 g、白萝卜 100 g、蜂蜜 80 g。

做法:将萝卜去皮,洗净,切块,同金银花、蜂蜜拌匀置碗中,隔水蒸熟服食。每日 1 剂,分 3 次服用。

(十一)菊花

1. 菊花有何药用价值？

答:菊花,性微寒,味甘、苦,归肝经、肺经。具有散风清热,平肝明目的功效。主治目赤肿痛,眼目昏花,风热感冒,头痛眩晕。

需要注意的是:素有胃寒胃痛、慢性腹泻便溏者勿食菊花。

2. 各种不同的菊花在功效上有何区别？

答:菊花入药,主要分白菊、黄菊、野菊。白菊花偏重于平肝明目;黄菊花偏重于疏散风热;野菊花清热解毒的力量很强。尽管这些菊花的功效略有不同,但大致作用是相似的,可以互换。消费者可以据自己的经济能力来选择不同品种的菊花。

3. 冲泡菊花茶时需注意什么？常饮菊花茶有何益处？

答：泡茶时，选择透明的玻璃杯，每次放上 4～5 粒菊花，再用沸水冲泡即可。若是饮用的人多，可用透明的茶壶，每次放上一小把菊花，冲入沸水泡 2～3 min，再把茶水倒入每个人的透明玻璃杯中即可。饮茶时，可在茶杯中放入几颗冰糖，这样喝起来味道更甘甜。不要一次喝完，要留下 1/3 杯的茶水，再加上新茶水，泡上片刻，而后再喝。

健康的人可经常饮用菊花茶。老年人常饮用菊花茶，对于预防和治疗常见的各种感染，眼疾、动脉硬化症、高血脂、高血压、冠心病等都有效果。

需要注意的是：菊花和其他中药一样，滥用同样会导致严重的后果。有些过敏性结膜炎的患者，在使用菊花茶或者是相关药物时，会使得病情加重，所以这类患者是不适宜食用菊花的。另外，曾经有过枯草热性过敏性结膜炎病史的人也需要注意，这类人食用菊花也容易引起过敏反应。体质偏虚寒者，也就是阳虚体质的人，若一味地饮用具有清热泻火功效的菊花茶，容易损伤正气，越喝越虚。特别是脾胃虚寒的人，还易引起胃部不适，导致泛酸，进而刺激咽喉黏膜，造成咽喉部炎症持续存在甚至加重。

4. 野菊花有何形态特征？与菊花有何区别？使用野菊花有何禁忌？

答：在山野荒坡或田边路旁，有时会看到花形和叶状与菊花有点相似的黄色小花，那就是野菊花。与菊花相比，野菊花叶小而多尖,花小而多蕊。品尝气味,也与菊花明显不同。所以古人称菊花为"真菊",称野菊花为"假菊"。菊花气香而味甘,而野菊花气恶而味苦,因此又称"苦菊"。野菊花是苦寒的,清热解毒;与菊花不同,是我们的处方用药。

野菊花的使用是有禁忌的。野菊花苦寒,苦寒是伤胃脾的。经常有胃疼的人、肚子疼的人,中医叫做脾胃虚寒,中焦虚寒,这类患者就不能用野菊花了。此外,也不要将野菊花长期泡水饮用,如果内热很重,饮用1 d即可,病好了马上要停,不要连续服用。

5. 菊花与决明子配伍,可以起到明目的效果吗?

答:将菊花与决明子配伍使用,在明目上面的功效更为卓著。那么,怎样利用菊花与决明子来明目呢?

①做粥。用料:菊花10 g、决明子10～15 g、粳米50 g。

做法:先把决明子放进砂锅内炒至微有香气,有香气出来之后再取出来,等到冷却后与菊花煎汁。去渣取汁,放入粳米煮粥,煮开以后就可以食用了。每日1次,5～7 d为1个疗程。

②泡水。用料:杭菊花6 g、决明子15 g。

做法:决明子加水煮沸15 min,取滤液泡杭菊花,代茶饮用。

此外,夏天饮用这种茶,对于有肝火较旺、头痛目赤、心烦善怒、口渴汗多症状的朋友大有裨益。

6. 饮用桑菊茶可以缓解眼睛干涩的症状吗?

答:桑菊茶是由杭白菊、杭黄菊与桑叶配伍一同饮用。杭白菊的功效是平肝明目。杭黄菊除了能够明目祛风外,还有养血润容之效。桑叶最主要的功效在于凉肝明目。桑叶为何能够明目呢?

从五色上来讲,青色入肝,平时我们吃的一些青色食物(如:菠菜、芥蓝、冬瓜、绿豆等),都具有明目的功效,桑叶自然也不例外。此外,晚秋至初冬经霜后采收的桑叶,具有气寒的特点,能够清除肝脏的火气,用它来治疗因肝火引起的眼部干燥等问题,功效非同一般。三味药共同作用,为我们的眼部健康保驾护航。

此外,桑叶还归于肺经。中医有"肺主皮毛"之说,因此,桑叶也具有乌发的功效。女性朋友们若坚持长期饮桑菊茶,可让自己的头发黑亮柔顺起来。

7. 怎样自制桑菊茶?

答:用料:杭白菊 3 g、杭黄菊 3 g、霜桑叶 6 g。

做法:将这三味药一起放入保温瓶内,倒入沸水,加盖浸泡15 min,即可食用。

用法:每日 1 剂,可多次用开水冲泡,当茶饮。

8. 敷用珍珠菊花面膜可以治疗痤疮吗?

答:菊花具有清热疏风的功效,对于因内热而起的痤疮等有很好的治疗功效。珍珠的作用主要有以下两点:

①珍珠有很强的毛孔深层清洁能力,并且吸附力超强,可将死皮、毛孔里的污垢以及油脂等全部"吸"下来。毛孔清透了,自然就会缩小,皮肤也随之变得光滑细腻。

②珍珠含有多种营养物质,能为肌肤提供全面的营养,还可抑制黑色素合成,使皮肤呈现出自然的白皙。此外,珍珠粉还有祛痘、淡斑以及防晒等多种护肤功效。二者配伍,可解决女性朋友们最容易出现的痤疮、黯沉、色斑等问题。

9. 怎样自制珍珠菊花面膜？

答：用料：干菊花 5 g、珍珠粉 3 g、鸡蛋 1 个备用。

做法：将干菊花研磨成粉。将鸡蛋的蛋黄和蛋清分离，取蛋清备用。将干菊花粉、珍珠粉、蛋清搅拌均匀即可。

用法：将面膜均匀涂敷在脸上及眼角处，20 min 后用清水冲洗干净。

需要注意的是：尽管珍珠菊花面膜安全性比较高，但为了安全起见，第一次使用前最好还是在耳后做个皮肤试验，以免出现过敏反应。

10. 菊花与代代花一同泡茶饮用可以缓解女性乳头痛？

答：有些女性朋友乳头一点都不能碰，穿衣服碰到都会很痛。乳房的经络属于肝经，乳头属于胃经。肝经有热，肝气不舒，木克土，乳头就会痛。在这种情况下，喝菊花水的时候，可加些代代花。代代花具有疏肝理气的功效，可加强菊花水的理气作用。两种花按照 1∶1 的比例来配伍。

11. 怎样自酿菊花酒？菊花酒有何功效？

答：用料：杭白菊 2 000 g、枸杞子 500 g、当归 500 g、生地黄 1 000 g、糯米 3 000 g、适量酒曲。

做法：把杭白菊、枸杞子、当归、生地黄加水适量煎汁，用纱布过滤后待用。将糯米淘洗后加清水适量煎至半熟，沥干。与药汁混匀蒸熟，拌入适量酒曲，装入瓦坛中，包好发酵，直发到有甜味时即可饮用。

将制成的菊花酒 10 mL，胡萝卜或卷心菜榨汁 60 mL，苹果榨汁 100 mL 调和，再根据自己的喜好加入适量蜂蜜。既可祛便秘腹胀，又可强精健体。

12. 菊花膏有何功效？怎样自制菊花膏？

答：这款菊花膏具有清肝明目、疏风泄热、解毒消肿和滋补的作用。

用料：取菊花瓣适量（干、鲜均可）。

做法：将菊花瓣洗净，加水煎煮，去渣，熬成浓汁，再拌入适量的蜂蜜制成膏状。

用法：温开水冲服，每日 3～4 次，每次 10 g。

13. 用菊花枕可以治疗慢性头痛吗？怎样自制菊花枕？

答：制作菊花枕所用到的药物有：菊花、川芎、丹皮、白芷。菊花具有清热疏风、益肝明目、抗感染等方面的特性，而最重要的一点就是可以治疗头痛。川芎、丹皮、白芷分别具有活血行气，清热凉血，祛风解表，生肌止痛之功效。菊花与这三味药配伍，有相辅相成，加强药力的作用。常用菊花枕的人，会感到神清气爽，精神饱满。

那么，怎样自制菊花枕呢？

用料：菊花干品 1 000 g、川芎 400 g、丹皮 200 g、白芷 200 g。

做法：将菊花、川芎、丹皮、白芷装入枕套内，使药物缓慢挥发，一般每个药枕可连续使用 6 个月左右。

14. 菊花豆腐有何食疗功效？怎样自制菊花豆腐？

答：菊花豆腐具有能清热明目，益气宽中的功效。对气虚头晕，虚火上升，胃口不适和大便下血者最为适宜。

那么，怎样自制菊花豆腐呢？

用料：菊花2～3朵，豆腐1块，鸡蛋3个，干白面、食盐、植物油、味精、料酒、葱、姜等适量。

做法：①把豆腐切成一寸见方的薄片。用清水将菊花冲洗干净，掰下花瓣，切成段。每块豆腐上分别贴上数个菊花段，然后在上面撒上薄薄一层干面，再用手轻轻按平，使白面均匀地沾在豆腐和菊花瓣上。

②把鸡蛋液打在碗里，搅至发稠，用筷子夹起沾有菊花瓣和白面的豆腐片，依次放在打稠的鸡蛋液中裹匀，再顺序码放在盘子里。

③将葱、姜切末，与植物油、食盐、味精、料酒入锅炝好，稍晾一下，全部倒在盘中的菊花豆腐上即可食用。

15. 菊花肉卷有何食疗功效？怎样自制菊花肉卷？

答：菊花肉卷外焦里嫩，味美爽口，对气血亏损，食欲不振，气短头晕的患者，最为适宜。

那么，怎样自制菊花肉卷呢？

用料：菊花瓣适量，新鲜猪肉250 g，鸡蛋2～3个，面粉、植物油、食盐、料酒、葱、姜、花椒适量。

做法：①将猪肉切成3寸长、1寸宽的薄片，煨入葱、姜、料酒等佐料，20 min后取出。在每个肉片上放上数个菊花瓣（菊花瓣卷成段),然后把肉片连同菊花卷成小卷。

②将鸡蛋打在碗里,对入少量水搅匀,再放入适量干面粉,搅成糊状。

③将肉片菊花卷放入鸡蛋糊中蘸匀,上油锅炸至微黄后捞出,依次码放在盘中,上面撒些花椒、食盐,即可食用。

16. 菊花猪肘有何食疗功效?怎样自制菊花猪肘?

答:菊花猪肘具有滋补气血,养心安神的功效。对贫血,神经功能紊乱,更年期综合征等有辅助治疗作用。

那么,怎样自制菊花猪肘呢?

用料:鲜菊花 30 g(或干菊花 10 g)、猪肘肉 500 g、胡萝卜 50 g、山药 30 g、葱 10 g、生姜 5 g,食盐、鸡精、味精、胡椒粉、料酒适量。

做法:①撕下菊花瓣,清水洗净,浸泡后沥干水分备用。将山药洗净、切片。将胡萝卜洗净,去皮,切成小块。将猪肘肉去毛,洗净,切成 4 cm 左右的方块,用沸水焯去血水,备用。

②将猪肘肉、山药、胡萝卜放入煲内,加清水 2 500 mL,放入食盐、葱、姜、料酒,大火烧沸后改小火炖煮 50 min,再加入菊花、味精、鸡精、胡椒粉,稍搅匀再略煮即可食用。

17. 泌尿系统感染有何症状?怎样利用野菊花治疗泌尿系统感染?

答:对女性朋友来说,尤其是老年人,泌尿系统感染是比较多见的一种疾病,往往伴随着尿频、尿急、尿痛的症状。

那么,怎样利用野菊花治疗泌尿系统感染呢?

用料:野菊花 10 g、海金砂 10 g。

做法:取野菊花,海金砂(有时野菊花可多用一点,用量为 20 g,海金砂 10 g)。1 副药,熬 2 次,早、晚服用各 1 次。注意不要多喝。

(十二)款冬花

1. 款冬花有何药用价值?

答:款冬花,性温,味辛,归肺经。具有润肺下气,化痰止嗽的功效。主治咳逆喘息,喉痹,咳嗽(外感咳嗽、内伤咳嗽)。

2. 饮用款冬花茶可以治疗咳嗽吗? 怎样自制款冬花茶?

答:款冬花,归肺经,对治疗咳嗽有很好的效果。冰糖性平,味甘,归肺经。养阴生津,润肺。款冬花搭配冰糖制成的款冬花茶,具有养阴生津、润肺止咳的功效,特别是对于感冒引起的咳嗽,治疗效果更佳。

那么,怎样自制款冬花茶呢?

用料:款冬花 9 g、冰糖 15 g。

做法:将款冬花和冰糖放入沸水中冲泡,之后盖上盖闷 10 min 即可饮用。

3. 食用款冬花银耳汤可以治疗气管炎吗?

答:气管炎是一种很常见的疾病,主要症状是长期咳嗽、咯痰或伴有喘息等现象。

款冬花能止咳,还有祛痰、解除支气管痉挛、兴奋呼吸肌等作用。对急、慢性支气管炎引起的咳嗽、痰喘治疗效果尤为显著。

银耳也被叫做白木耳、雪耳、银耳子等,具有润肺平喘的功效。从中医的五色养生角度来讲,白色食物是养肺的。因此,银耳对于阴虚火旺者,老年慢性支气管炎患者都有很好的治疗效果。在防治气管炎方面,银耳更是首屈一指。二者配伍,可以很好地起到治疗气管炎的效果。

4·怎样自制款冬花银耳汤?

答:用料:款冬花 15 g、银耳 30 g、冰糖 20 g、雪梨 1 个。

做法:先将款冬花用纱布包好,再把雪梨的皮削掉切成片,之后和银耳、冰糖一同放入砂锅内加水适量清炖,水开 10 min 之后,将药包取出即可食用。

5·支气管哮喘有何症状?什么原因会引起支气管哮喘?

答:支气管哮喘就是人们通常所说的哮喘,是让很多人困扰的非常顽固的常见疾病。哮喘在寒冷的季节发病率极高,常常在夜间或清晨突然发作。得了哮喘,通常都会伴有长期咳嗽、咯痰,还伴有明显的喘息症状。一旦呼吸道感染就会使得病情加重。哮喘如果得不到很好的控制,晚期往往就会发展成肺气肿、肺心病等,严重的甚至会威胁到生命。

从西医的角度来将,哮喘就是因为支气管痉挛,黏膜水肿,分泌物增多而引起支气管阻塞的过敏性疾病。大多数都是在遗传的基础上,再加上受到体内外某些因素的影响而激发的(如吸入物、感染、某种药物、气候变化、情绪因素等)。

从中医的角度来讲，"脾为生痰之源，肺为贮痰之器，肾为生痰之本"。哮喘之所以反复发作，主要是由于"哮喘专主于痰"。哮喘的发生，为宿痰内伏于肺。而痰的产生，则是由于脾不能运化精微，肺不能布散津液，肾不能蒸化水液，以致津液凝聚成痰，伏藏于肺，成为发病的潜在"宿根"，再由于外在各种诱因的引发而发病。也就是说脾、肺、肾三脏的功能失调是造成哮喘病的主要原因所在。因此，中医认为，治疗哮喘病，脾、肺、肾三脏同步调理非常重要。

6. 为何说百合花款冬饮可以缓解支气管哮喘？

答：百合花款冬饮是由款冬花、百合花、大枣、枸杞子和冰糖制成的。

款冬花性温，味辛，润而不燥，专能顺理肺中之气，润肺功效甚好。百合乃甘寒之物，具有敛阴润肺的功效，肺燥津伤或肺虚久咳的患者都可食用。款冬花与百合配伍，正好是以百合之清润降火，搭配款冬花之微温开泄，宜散火气，滋益肺虚。两者共同作用，一润一降，加强了润肺止咳的功效。而百合与款冬花一寒一温相互制约，相互为用，可起到较平缓的清润肺燥、止咳宁嗽的作用。大枣性温，味甘，具有补脾胃、益气血的功效。对脾虚、气血不足之人来说，大枣是必备的补品。枸杞子性平，归肾经，是益肾的佳品。

因此，这款百合款冬饮可从肺、脾、肾 3 个方面进行调理，对于治疗婴儿慢性支气管炎，支气管哮喘（缓解期）等都有很好的效果。

7. 怎样自制百合花款冬饮？

答：用料：款冬花 10 g、百合 30 g、枸杞子 10 粒、大枣 5 个、冰糖适量。

做法:把款冬花、百合、枸杞子、大枣与冰糖放在一起煮成糖水。

用法:在晚饭后、睡前食用为佳。食用时,喝水,吃百合。

8·为何秋、冬季容易干咳?

答:干咳往往会使人感觉疲劳、头晕、胸痛、失眠等,严重者甚至会使咽喉声带损伤、大小便失禁、呕吐等。

秋、冬季最易干咳。原因是"肺为娇脏",易受到外邪入侵。且肺喜润而恶燥,但秋、冬季天气恰以干燥为主。这样就会导致肺失去滋润,出现肺燥热,进而诱发干咳。同时,还伴有口干、唇干、鼻干、咽干、大便干、皮肤干、痤疮等症状。因此,在中医里干咳还被称作是燥咳。

9·川麦冬花雪梨膏有何食疗功效? 怎样自制川麦冬花雪梨膏?

答:川麦冬花雪梨膏具有清肺润喉、生津利咽的功效,适用于秋燥咳嗽、肺燥干咳等症状。

那么,怎样自制川麦冬花雪梨膏呢?

用料:款冬花 15 g、川贝母 15 g、细百合 15 g、麦门冬 25 g、雪梨 1 000 g、蔗糖适量。

做法:①将雪梨榨成汁,放在一边备用。

②将梨渣和诸药用清水煎 2 次,每次 2 h。

③待药液黏稠之后,再将这两次的汤液合在一个锅中,加入梨汁,用文火浓缩后调入蔗糖,煮开即可。

用法:用温开水冲饮或调入稀粥中服食,每日 2 次,每次 15 g。

(十三)凌霄花

1. 凌霄花有何药用价值？

答：凌霄花，味甘、酸、性寒，归肝、心包经。具有凉血、化瘀、祛风的功效。主治月经不调、经闭癥瘕、产后乳肿、痤疮、风疹发红、皮肤瘙痒。

需要注意的是：孕妇忌用凌霄花。气血虚弱者不宜服用凌霄花。

2. 酒糟鼻有何特征？什么原因会导致酒糟鼻？

答：酒糟鼻，即鼻子形似酒渣。它有一个明显的特征，就是鼻子潮红，俗称红鼻子。除了鼻子发红外，鼻子还会出现毛孔粗大、油腻发亮，并伴有丘疹、脓疱生长的现象。至于酒糟鼻的成因，中医认为，多是由于过食辛辣食物及过量饮酒导致肺胃积热，热气循经上蒸，客于鼻窍，加上外受风寒，血热就在鼻部瘀滞而发为酒糟鼻。

3. 凌栀茶可以治疗酒糟鼻吗？怎样自制凌栀茶？

答：凌霄花性寒，有清热凉血祛风的作用。山栀子是栀子花的果实。山栀子，性寒，味苦，是一味清热泻火凉血的药。临床上常用于治疗热毒疮疡、发热、血热吐衄、目赤肿痛等病。生栀子，是去除杂质后碾碎直接入药。炒栀子，是将生栀子清炒，炒至黄褐色而成。生栀子侧重于清热泻火，而炒栀子多用于止血，功效大为不同。凌霄花与生栀子配伍治疗酒糟鼻,有很好的疗效。

那么,怎样自制凌栀茶呢?

做法:取等量的凌霄花和山栀子(生栀子),将二者研成细末后,混合在一起,饭后用淡茶水调服。每次服用 6 g,每日服用2 次。

4. 凌栀面膜可以治疗酒糟鼻吗? 怎样自制凌栀面膜?

答:将凌霄花与山栀子配伍,外用做面膜敷脸,也可以起到治疗酒糟鼻的效果。

那么,怎样自制凌栀面膜呢?

做法:取量凌霄花和栀子磨成粉,再加入具有清热解毒作用的绿豆粉,其中绿豆粉的用量是凌霄花粉的 1/2。将三者混匀,加水调成泥状,敷在鼻子上,15 min 后洗净即可。

5. 何为风疹? 风疹有哪些特点? 什么原因会导致风疹?

答:风疹,由于其疹子来得快去得快,就像一阵风,故而得名。风疹的疹子细小如沙,因此,又被称为"风痧"、"隐疹"。风疹多发于 1～5 岁的幼儿。小孩患上风疹后,会出现发热、鼻塞流涕、咳嗽等前期症状,在这一时期风疹具有很强的传染性。1～4 d 后会出现淡红色、细小的皮疹,并在短时间内扩展到全身。发疹的同时会出现瘙痒难耐的现象。但一般在 2～3 d 后疹子就会逐渐消退,不会留下任何痕迹。风疹对于患儿来说,一般不会有后期影响,大多数还会获得终身免疫。

风疹一年四季都可发生,春季最为常见。风是春天的主气,风邪往往和其他邪气一起袭击人体。随着春季天气逐渐暖和,风邪联手热邪,从口鼻进入人体,首先侵犯肺卫,导致肺气失宣,出现发热、鼻塞流涕、咳嗽等肺卫症状。邪气蕴于肌腠,与气血相搏,正邪对抗,邪毒外泄,发于肌肤而出现风疹。

需要注意的是:孕妇一定要避免接触风疹患者。特别是怀孕3 个月以内的孕妇如果感染风疹,则会造成流产、胎儿畸形、早产等严重后果。

6. 怎样利用凌霄花和凌霄根治疗风疹?

答:凌霄花有清热凉血祛风的作用。凌霄根,是凌霄花的根,也可入药,具有清热解毒、祛风凉血的功效。

那么,怎样利用凌霄根治疗风疹呢?

①内服。取凌霄根干品 15 g,放入锅内,加水 300 mL。先用武火煎 15 min,再改用文火,煎至水剩下 150 mL 时停火。每日早、晚各服用 1 次。

②外用。风疹发作时,全身瘙痒。用外洗的方法能有效解决瘙痒的问题。取干凌霄花 30 g,加水煎汤,以先武火后文火的方式煎 30 min,待药效充分融入水中时,滤去残渣,将汁液倒出,外洗患部或泡澡,洗后揩干皮肤即可。

此外,不仅是风疹瘙痒,一般的血热生风引发的皮肤瘙痒,用凌霄花或凌霄根来治疗也是可以的。

7. 怎样利用凌霄花治疗不来月经、闭经的情况?

答:凌霄花,性寒,具有活血化瘀的功效。针对女性出现月经不来、闭经的情况,使用凌霄花来治疗,可以收到良好的效果。而酒能"通血脉,御寒气,行药势"。其中,黄酒更是能温经通络、活血御寒、帮助血液循环,是中医临床上常用的"药引子"。用温热的黄酒送服凌霄花,能压制凌霄花的寒性,再加上黄酒本身的活血作用,药效就能发挥得淋漓尽致。

做法:将凌霄花研成细末,饭前用温酒送服 6 g 左右。

(十四)玫瑰花

1. 玫瑰花有何药用价值?

答:玫瑰花,性温,味甘,微苦,归肝、胃经。具有舒肝解郁,和血调经的功效。主治胸胁胃脘胀痛、月经不调、乳房胀痛、损伤瘀阻疼痛等。

2. 为何玫瑰花能养颜?

答:脸色不好或脸上长斑,追根溯源就是由于身体内的血液没有很好地发挥功用所导致的。

玫瑰花的主要作用有两个,一个是行气,另一个是活血化瘀。中医上讲,"气为血帅",行气可以让血液流动起来。活血化瘀则可以把沉积在身体里的垃圾化掉,相当于"清洁剂"的功效。因此,用了玫瑰花之后,等于恢复了身体气血的正常运行,一旦气血运行正常了,肤色也就自然变得红润了。

3. 使用玫瑰花面膜可以改善肤色、滋润肌肤吗?

答:中医认为,人体遍布经络,经脉是主干道,连通五脏六腑;络脉是分支,沟通经脉,同时延伸至全身各处,包括皮肤。血气在经络里流动,向全身输送营养物质。因此,皮肤与五脏六腑相互关联,是一个整体。

将玫瑰面膜敷在面部,有两个作用。首先,可以清除皮肤毛孔里的灰尘、垃圾,让皮肤呼吸更畅快,使皮肤得到充足的气血营养。其次,可以起到活血化瘀的作用,通过皮肤的渗透作用,作用于络脉,进而作用到经脉,乃至五脏六腑。脏腑气血得到玫瑰花滋养,又反作用到面部肌肤,因此肌肤会愈发健康,焕发活力。

因此,我们说玫瑰面膜有滋润肌肤、促进血液循环、改善肤色的作用。

4. 怎样自制玫瑰面膜?

答:用料:鲜玫瑰花瓣 25～50 g。

做法:将玫瑰花瓣洗净后浸入 100 mL 水中,2 h 后捣成泥糊状。敷在面部,20 min 后用温水清洗干净。

使用玫瑰花面膜时,需要注意以下两点:

①皮肤是否适用玫瑰花面膜。女性朋友如果是过敏性皮肤,应慎用玫瑰花面膜,以防出现过敏症状。用之前,可以先做一下过敏试验:在手腕内侧涂上约 1.5 cm² 的玫瑰花泥,外覆盖纱布或塑料膜,经过 24 h 后除去玫瑰花泥,再过 2 h 后观察涂抹处,若涂抹处出现疹子或红肿,即为过敏反应,不宜使用。

②面膜的敷用时间。玫瑰花面膜在脸上敷 20 min 即可,最好不要超过 30 min。人的皮肤也需要呼吸,时间太长了影响皮肤呼吸,反而不利于保养面部皮肤。

清除玫瑰花面膜时,若泡过玫瑰花的水没有倒掉,可以先用它洗一次脸,然后再用清水洗。泡过玫瑰花的水里面也含有许多玫瑰花的营养成分,用它洗脸也是物尽其用。

5. 饮用玫瑰水和玫瑰露可以美容吗？怎样自制玫瑰水和玫瑰露？

答：①玫瑰水。用玫瑰水来美容是一种最简单的办法。

用料：初放的玫瑰花蕾（这时候的玫瑰花营养最丰富，若花开了，营养就分散了）10 g。

做法：用开水泡 5 min 即可，若用水煮沸一下则更好。

每天早上出门前喝 1 杯，连续饮用 1 个月就会有效果。

②玫瑰露。玫瑰露与玫瑰水的区别：玫瑰水是把玫瑰花煮了或者把玫瑰花泡了；玫瑰露则需要有一个由液体变成气体，再由气体变成液体的过程。清代医药学家赵学敏在他的《本草纲目拾遗》中说："露乃物质之精华。"说明玫瑰露所提取的是玫瑰的精华，用起来比玫瑰水更有效。

用料：干玫瑰花蕾 50 g。

做法：将干玫瑰花蕾洗净，放在一边，分成 3 次煮。第 1 次，在锅里面放 500 mL 左右的水，将 1 小勺洗净的玫瑰花蕾放进锅里，用小火煮，一直煮到玫瑰花蕾变色了，就把它捞起来。第 2 次，再放入新的花蕾，煮到变色了，再捞起来。就这样重复进行，一直到锅里的水颜色很深了，只有 1 碗，即可熄火。最后，将颜色亮丽的玫瑰露倒入玻璃瓶中，就制作完成了。完成之后，最好再在冰箱里放一下。

这种玫瑰露既可内服，也可外用。内服时，可用沸水冲泡直接饮用；也可加糖或蜂蜜调味，可起到补血养气、滋养容颜的作用。外用时，可在洁面后，用玫瑰露来拍打皮肤，也有美白肌肤的作用。

6. 玫瑰酱有何食疗功效?

答:用玫瑰花和红糖制成的玫瑰酱颜色漂亮,味道芳香,并且有很高的食疗价值。

玫瑰酱的美容效果很棒,可以祛斑,滋养容颜。这是由于玫瑰花有活血化瘀的作用,能清毒美容;红糖能够补血、活血、通瘀,具有温补作用。人体一旦血脉通畅,内毒可以尽快清除排出,无法滞留,自然脸上也就不会长雀斑了。

玫瑰酱在治疗妇科疾病方面也有上佳表现。许多女性会在月经来时或者月经前后,出现下腹部阵痛、痛经。这个时候,食用玫瑰酱,可以有效地减轻痛经的症状。

此外,常吃玫瑰酱还能让身体散发香气。这是因为人身体是有经络,有气血,内外相通的。玫瑰花香人体,时间久了,积累到一定程度,必然由内到外散出来。

7. 怎样自制玫瑰酱?

答:用料:鲜玫瑰花、红糖、盐,它们之间的重量比为 1∶3∶0.05。

做法:先将鲜玫瑰花去掉花蕾、叶片、花托等部分,只留用花瓣,洗净,晾干。后将花瓣、红糖和盐放入一个碗状器皿内。放置时先放一层玫瑰花瓣,然后放一层红糖、盐;再放一层花瓣,然后再放一层红糖、盐;依次而行,直至用完原料。放好原料后,找一个杵状物(如捣蒜锤儿等),将玫瑰花瓣捣碎、揉搓至其成为黏稠状糕体。如果想让玫瑰酱的味道、口感更佳的话,还可加入一些蜂蜜。

捣成糊状后即可食用。也可将捣好的玫瑰酱装入广口玻璃瓶或瓷容器内(容器要足够大,即使玫瑰酱全装入也不能超过容器容积的2/3,防止因玫瑰酱发酵后体积膨胀溢出容器),密封起来,让它在室温下自然发酵。2周后翻搅一次,1个月后即可打开瓶子食用。食用时,根据自己的需要量取用,然后再将容器口密闭严。这样可保存3~5年,不变质。

玫瑰酱可直接摆到餐桌上佐粥吃;或热水直接冲泡饮用;或添加于红茶中品饮用;或加入到煮热的牛奶中,制成玫瑰牛奶饮用;也可用于调味及作为糕点馅(如玫瑰香型的元宵、月饼、香糕、叉烧等)。

8·何为肝气郁结? 肝气郁结有什么主要症状?

答:在中医看来,人体的"气"主要靠肝来调节。而女人月经、怀孕、哺乳,一直到最后的衰老都和血有关,具有"周期"性耗血的特点,血又是藏于肝的,肝血耗损自然容易引起肝脏功能的紊乱,从而导致肝气郁结。肝气郁结是女性最常见的体质类型。

肝气郁结有哪些主要症状呢?

由于肝经主要分布在人体从小腹向上经过胸肋胁两侧和乳房,再从颈项两侧向上到头顶的部位。因此,肝气郁结的人一旦生病,经常会有胸肋胀痛或窜痛。女性朋友还会出现乳房及小腹胀痛,以及引起月经不调、痛经等。若气郁结在头部,就会出现头痛、头晕;若气郁结在咽喉部位,便会出现喉咙有异物且咳又咳不出来的症状。另外,肝气郁结,神魂不定,还容易失眠、多梦。这些症状都是肝气郁结的表现。

9. 玫瑰露酒可以治疗乳腺疾病吗？怎样自酿玫瑰露酒？

答：乳房、乳头都属于肝胃两经所走的部位。如果肝气郁结了，气血不畅了，乳腺疾病自然会增多。怎样来治疗乳腺疾病呢？《随息居饮食谱》里写道，"调中活血，舒郁结，辟秽，和肝，酿酒可消乳癖"。因此，乳腺增生之类的疾病，可用"酿酒"的方式进行防治。用来酿酒的食物必须具有"调中活血，舒郁结，辟秽，和肝"的功效。这些功效玫瑰花都有，用玫瑰花酿酒是治疗乳腺疾病的一种好方法。

那么，怎样自酿玫瑰露酒呢？

用料：取鲜玫瑰花 350 g、白酒 1 500 mL。

做法：将玫瑰花泡在酒中，注意用瓷坛或玻璃瓶贮存，也不可加热，浸泡月余。也可在浸泡 5～6 d 的时候开始饮用。但不要完全喝干，喝到一半时再把酒和玫瑰花对进去，依然按照玫瑰花 350 g 对白酒 1 500 mL 的比例来对。

10. 何为气滞血瘀型月经不调？

答：月经不调的病因有很多种。其中最为常见的，是气滞血瘀。气滞，指的是人体某一部分或某一脏腑的经络，出现了的气机阻滞，运行不畅的情况。"通则不痛，痛则不通"，如果出现了以胀闷疼痛为主要表现的症状时，一般可判断为气滞。血瘀，指的瘀血内阻，导致血行不畅。很多月经不调的女性朋友，排出来的经血是黑色的。这种情况，多属于气滞血瘀型的月经不调，需要通过一些活血化瘀的办法来改变这种情况。

不过妇科疾病，或是一些出血症状的疾病，会有许多特殊状况,如果乱用活血药,会导致一些不良后果。因此,不能乱用活血化瘀的药,尤其是像红花之类的药,一定要在医生的指导之下使用。

11. 怎样利用玫瑰花治疗月经不调?

答:日常保健,向大家推荐使用玫瑰花来取代其他的活血化瘀之药。因为玫瑰花虽可归类于活血理气的药,但它的作用最为轻微,相当于"小兵立大功"。

如果女性朋友经期子宫收缩不舒服时,不必"大动干戈"地用药,泡一杯玫瑰水,或者冲一杯玫瑰露,就可达到疏肝理气的效果,改善月经不调的状况。也可在用玫瑰花泡水喝的同时,加一些西红花。西红花的最大特点是养血、补血、活血而不伤血。加一些西红花,也可起到治疗痛经的作用,而且量不必加很多,1～2 g即可。

除此之外,还有一个简便的方子:玫瑰花 6 g、益母草 30 g,水煎,分 3 次服用。也可治疗月经不调、痛经、月经过多。益母草性微寒,有活血化瘀、调经消水的功效,而玫瑰花性温,两味药一综合,就使得它的药效更加平和了,并且这两味药都是活血化瘀的,叠加起来,又可使药效达到最大化。非常适合气滞血瘀型的月经不调的患者服用。

12. 何为经前期紧张综合征呢? 怎样利用玫瑰花缓解经前期紧张综合征?

答:经前期紧张综合征,指的是在经前出现烦燥、易怒、失眠等

症状,而在月经后又消失了。因为经前这个时期,子宫内膜增厚,要脱落,要排血。从中医来讲,就是人的气血要开始流动了,但还处于蓄势待发的状况。此时很容易出现脾气暴躁、焦虑,看谁都不顺眼的症状。在用玫瑰花泡水喝的同时,加上点月季花,可助气血一臂之力,有效缓解经前期紧张综合征。月经不太准的时候,也可配上点月季花。

13. 何为郁证?为何女性朋友容易出现郁证呢?

答:中医说,女子以肝为本。这是因为"肝藏血"的缘故,而女人最容易失掉的,也是血。如果女性朋友肝血不足,便会出现肝气横逆的情况。由于肝是主管情志的器官,一旦出现肝气横逆的情况,就容易导致情志方面的疾病,要么郁闷,要么过于激动、愤怒等。23:00~3:00 是气血流注肝胆经的时候,现代很多人睡得晚,没能睡眠以养其肝血,更容易出现郁证的情况。

只要经常出现情绪过激,都需要采取相应的措施来解郁疏肝。

14. 为何说玫瑰花烤羊心可以疏肝解郁呢?

答:玫瑰花具有疏肝解郁的效果。中医学认为,玫瑰花有解郁圣药的美誉。玫瑰花也可做成食品来吃,若能配以其他一些食物来吃,效果会更好。

由于心具有"主血脉"的功能,经常愁眉不展,难免心血不旺。"肝藏血,心行之",心血不充盈,就难以正常运行肝脏所藏之。时间久了,使肝气郁结,变得急躁易怒。在中医里,动物脏器是"血肉有情之品","以脏补脏",容易产生"同气相求"的效果。因此,可以用羊心来补心。适用于心血亏虚所致惊悸失眠、郁闷不乐者。

玫瑰花烤羊心源于《饮膳正要》,是一个经典古方。玫瑰花和羊心两者搭配,可以起到很好的疏肝解郁、补心安神的效果。

15. 怎样自制玫瑰花烤羊心?

答:用料:鲜玫瑰花 50 g(或干品 15 g)、羊心 1 个,食盐、水各适量。

做法:先将鲜玫瑰花放入锅中,加食盐、水煎煮 10 min,待冷备用。再将羊心洗净,切成长 5 cm,宽 3 cm,厚 1 cm 的小块,串在竹签上。最后将羊心串,放入玫瑰盐水中,稍漫过,取出,放在火上烤。可边烤边蘸,反复在明火上烤,烤熟稍嫩即可食用。宜热食,可边烤边食。

(十五)茉莉花

1. 茉莉花有何药用价值?

答:茉莉花,性温,味辛、微甘,归脾经、胃经、肝经。具有理气止痛,辟秽开郁的功效。主治湿浊内阻、胸脯不舒、泻痢腹痛、目赤、头痛、头晕、疮毒。

2. 常用茉莉花可以"香肌"吗? 怎样利用茉莉花使肌肤散发香气?

答:身体上和口腔中的气味,与饮用的食物有着最直接的关系,饮用的食物本身的味道决定了吐气和体味的香臭。虽然刷牙、漱口、洗澡可以暂且消除口中、身体上的异味，但是饮用的食物只是途经口中而已，它们最终会渗透到五脏六腑，通过毛孔散发出来。所以要想自己体香宜人，可以吃一些能够散发幽香的美食。

中医认为，茉莉花馨香异常，能顺气活血、调理气机，女性常服可使肌肤溢香。据李时珍的《本草纲目》记载，以茉莉花"蒸油取液，作面脂头泽"，可"长发润燥香肌"。

那么，怎样利用茉莉花，使肌肤散发香气呢？

做法：①茉莉花粥。取茉莉花 3～5 g，大米 50 g。将茉莉花与大米同煮成粥，经常服用。

②茉莉花水。将还没开放的茉莉花摘下来，取 50 g 左右浸泡于 150 mL 的冷开水中，再加入 75% 的酒精 10 mL，搅拌均匀，密封 7 d 后，过滤。使用时，先洗净面部，再取适量茉莉花液涂面，并用手掌轻轻拍打，使药液渗入皮肤，重复 3 次。每日使用 2 次。

内服与外用并用，不但可以香身，还可以润燥，使皮肤变得更加水嫩。

3. 饮用茉莉花茶可以祛除口臭吗？ 怎样利用茉莉花茶祛除口臭？

答：茉莉花茶具有祛除口臭的作用。不过由于口臭是与人的全身状况有联系的，要让茉莉花茶发挥其除臭功效，还需要其他一些食物或是药物的帮助。之前已经介绍过引起口臭的不同原因。下面就针对不同的情况，介绍利用茉莉花茶祛除口臭的方法：

①胃热引起的口臭：可在茉莉花茶里面再加上生山楂 10 g、熟山楂 10 g，有助于减轻胃热，帮助消化。如果胃热很重，就需要去看病。可在治疗的同时，在家里饮用这种茶，连着饮用 1 周，并在

这段时期内少食用荤腥油腻。

②阴虚引起的口臭:可在茉莉花茶里面再加上石斛 10 g,配合着治疗饮用 1 周,口臭就可以减轻一些。

③肺热引起的口臭:可在茉莉花茶里面再加上鱼腥草 10 g。鱼腥草有鱼腥味,不太好闻,但是其清肺热的功效却是很好的。这种茶同样可以连着饮用一个星期。

4.**饮用茉莉石菖蒲茶可以治疗胃病吗？怎样自制茉莉石菖蒲茶？**

答:茉莉石菖蒲茶可用于治疗消化不良,肝胃气痛,食管炎,慢性胃炎,胃下垂等病症。

茉莉花性温,具有化湿和中(中指的是处于中焦的脾胃)的功效,是一种健胃的常用食品和饮品。石菖蒲为天南星科植物石菖蒲的根茎,归心经、脾经、肝经三条经络,具有祛湿健脾、芳香开窍、和中辟浊的功效。

中医认为气味芳香的药具有醒胃消滞的功效。这两种药品都具有芳香止痛的功效,所以常常搭配使用,作为治疗胃病之用。

那么,怎样自制茉莉石菖蒲茶呢？

用料:茉莉花 3 g,石菖蒲 6 g,绿茶适量。

做法:先将茉莉花、石菖蒲、绿茶用温开水洗净后,控干。再将茉莉花、石菖蒲、绿茶加工研成细末,加入 500 mL 沸水冲泡,加盖闷约 5 min 即可饮用。

5.**食用茉莉花乌鸡汤可以治疗贫血吗？怎样自制茉莉花乌鸡汤？**

答:茉莉乌鸡汤是一道养血的药膳。茉莉花具有温中益气的特点。乌鸡入肝、肾经,可养肝补虚劳。茉莉花与乌鸡配伍,特别适用于有贫血症状的患者。

用料:茉莉花 10 朵、乌骨鸡鸡脯肉 150 g、蛋清 1 个,乌鸡汤、食盐、味精、葱、姜、胡椒粉、料酒各适量。

做法:①将鸡脯肉洗净,切成小片。茉莉花摘去梗,洗净。葱、姜切末,待用。

②将鸡片用蛋清、食盐、味精、葱、姜、胡椒粉、料酒调匀。

③将鸡片放入开水锅中烫熟捞出,放入锅内,茉莉花放在鸡片上,冲入乌鸡汤即可。

用法:饮汤食肉,常食。

(十六)木芙蓉花

1. 木芙蓉花有何药用价值?

答:木芙蓉花,性凉,味辛,归肝、肺经。具有清热解毒,凉血止血,消肿排脓,止痛的功效。主治痈肿、疔疮、烫伤、肺热咳嗽、吐血、腮腺炎、乳腺炎、白带过多、崩漏。

2. 何为"崩漏"? 什么原因会引起"崩漏"?

答:崩漏是指月经的时间与经量严重紊乱的一种月经病,是指妇女非周期性子宫出血。发病急速,血流如注,大量出血者称为"崩";发病缓慢,血流量小,且淋漓不尽者成为"漏"。崩与漏出血情况虽有所不同,但在发病过程中可以相互转化,当"崩"的血量减少后,就转化成了"漏";而"漏"的情况严重了,就会变成"崩"。所以,常常一起被称为崩漏。

引起崩漏的原因有虚、实两种,虚多实少。虚症多是由于肾气虚弱和心脾两虚引起。实症多是由于气血运行受阻形成瘀血引起,瘀血不能很好地散去,而新生成的血又不能归经,则形成崩漏。

3. 何为功能性子宫出血？什么原因会导致功能性子宫出血？

答:出现月经周期不规律,或经量过多,或经期延长,甚至经血淋漓不尽等,便是功能性子宫出血。

按照西医的说法,功能性子宫出血是内分泌紊乱而引起的周期性的子宫出血。

中医将功能性子宫出血列为崩漏范畴。崩漏的一种原因是由血热、热伏冲任导致的。在人体的奇经八脉中,任冲两脉和妇科病联系最为紧密。任脉主一身之阴,是阴脉之海,有调理阴经气血的功能。冲脉与十二经相通,为十二经气血汇聚的地方,是全身气血运行的要冲和五脏六腑之海,对人体的精气血有着重要的蓄溢调节作用。一旦邪热蕴伏在任冲之中,就会迫使血行加速,血液妄行。表现在月经上,就是月经骤然量大,颜色呈深红或紫红,有时有小血块,血味微臭。

4. 食用木芙蓉花粥可以治疗崩漏吗？怎样自制木芙蓉花粥？

答:木芙蓉花,具有凉血止血、清热调经的功效。用木芙蓉花煮粥,可发挥它清热凉血的功效。除了可以治疗崩漏之外,还适用于血热妄行引起的其他症状(如低热不退、吐血等)。

那么,怎样自制木芙蓉花粥呢？

用料:新鲜的木芙蓉花 30 g(干品量减半)、粳米 100 g、冰糖适量。

做法:将木芙蓉花洗净待用。将粳米淘洗干净,放入开水锅中煮粥。待粥熟后加入木芙蓉花和冰糖,再煮沸 1～2 次即可。

用法:每日早、晚各 1 次,温热服食。3～5 d 为 1 个疗程。

5·木芙蓉花煎水饮用可以治疗崩漏吗?

答:用木芙蓉花煎水饮用也可以治疗崩漏。

做法:取木芙蓉花鲜品 30 g,用水煎,取汁。1 d 内分 2～3 次服。血止停服。

6·食用木芙蓉莲蓬汤可以治疗经血不止吗? 怎样自制木芙蓉莲蓬汤?

答:木芙蓉花性凉,入药的功效之一就是凉血止血,是妇科的止血良药。莲蓬壳又叫莲房,就是荷花的花心莲蓬成熟后取出莲子的空壳。莲蓬壳也是用作止血、治疗崩漏的良药。以木芙蓉花和莲蓬壳来配伍入药,可以使治疗效果更显著。

那么,怎样自制木芙蓉莲蓬汤呢?

用料:木芙蓉花 15 g、莲蓬壳 15 g、冰糖 15 g。

做法:将木芙蓉花和莲蓬壳洗净煎汤,去渣取汁,在里面放入冰糖,然后代茶饮用数次。此为 1 d 内的量,第 2 天更换新品。

(十七)木槿花

1·木槿花有何药用价值?

答:木槿花,性凉,味甘、苦,归脾、肺经。具有清热,利湿,凉血,解毒消肿的功效。主治腹泻,痢疾,痔疮出血;外用治疮疖痈肿,烫伤。

②·为何中医上认为治疗反胃、吐食需要健脾?

答:中医认为,胃主受纳、腐熟。受纳是指接收、容纳,腐熟是指食物经过胃的消化作用形成粥样食糜。人吃的食物到达胃后,经过胃的初步消化,下送于脾。而脾起着对食物的研磨和散布的作用。食物在脾内经过研磨才能化为精微的部分,然后脾再把它们输送到全身,供养脏腑,包括输送回胃。脾与胃密切配合,纳运相得,才能使食物变成人体可以吸收的营养物质,完成消化功能。湿易困脾,一旦脾失健运,运化功能受损,胃接受食物的功能必然也会受到影响,出现吃不下去,反胃、吐食等症状。因此,治疗反胃、吐食的方法之一,就是健脾助运。

③·食用木槿砂仁豆腐汤可以治疗反胃吗? 怎样自制木槿砂仁豆腐汤?

答:木槿花性凉,味甘、苦,归脾、肺二经,可用来祛湿、补脾健脾。砂仁,具有醒脾和胃的功效,是治疗腹胀食少、胸脘胀满等症的良药。而豆腐也是调和脾胃、生津润燥的大众食材。三者配伍,可以起到很好的治疗反胃的效果。

那么,怎样自制木槿砂仁豆腐汤呢?

用料:白木槿花 10～12 朵、阳春砂仁 1 g、嫩豆腐 250 g,精盐、味精、姜末、香油各适量。

做法:将木槿花去蒂洗净,豆腐切片。锅烧热后,倒入食用油烧至八成热,放入阳春砂仁和姜末炒出香味。再捞去渣,加清水500 mL,放入豆腐片煮开。把木槿花投入锅内煮沸,然后加入精盐、味精、姜末调好味,淋入少许香油即可食用。

4. 木槿糯米粥有何食疗功效?怎样自制木槿糯米粥?

答:木槿糯米粥具有益胃和中,止呕下气的功效,适用于反胃吐食,胃脘痞满,肠燥便结等病症。

那么,怎样自制木槿糯米粥呢?

用料:白木槿花鲜品 50 g、陈糯米 100 g。

做法:将木槿花放在清水中洗净,拣去杂质,在阴凉处自然晾干。将陈糯米洗净,加适量水煮粥。待糯米稀软后,放入木槿花,再煮沸 1～2 次即可食用。

需要注意的是:因木槿花嫩滑,不可烧煮过久,以免失去色味。

5. 什么原因会造成咯血?

答:出现咯血,多是因咳嗽损伤到了肺络,血液从肺与气管而来,随咳嗽唾痰而出。咳出的血或是鲜红的纯血,或痰中带有血丝,或痰血相兼,或带有泡沫。

易造成咯血的病症常见于一些内伤咳嗽(如慢性气管炎、支气管扩张、肺结核、肺炎等肺部)。有时,外感也会引起咯血,但起病急,历时短。如风寒咳嗽,引起的咯血一般血量不多,情况不严重,都是痰中夹带血丝,多数随咳嗽的痊愈而消失。若是风热咳嗽,风热束肺,易出现肺热。热炼津液成痰,因此风热咳嗽多黄痰,出现痰中夹血时,血色鲜红。

6·**什么原因会造成吐血？**

答：从中医角度来看，出现吐血，多由胃热和肝火所引起，血液从胃和食道而来。另外在吐血的病因中，还有一种是由于脾虚造成的。脾具有统摄体内血液的作用，若脾的功能受到影响，不能很好地统摄血液，就会令血液妄行。而吐血就是脾虚血液妄行的表现之一。

7·**饮用冰糖炖木槿花可以治疗咯血或吐血吗？怎样自制冰糖炖木槿花？**

答：木槿花性凉，清热凉血是它的突出功效之一。咯血和吐血都需要凉血止血来治疗，选用木槿花最适合不过了。并且木槿花还有健脾的作用，对脾虚型的吐血也有很好的疗效。从中医上讲，"白色入肺"，多吃白色食物可养肺。对于肺热咳嗽引起的咯血，更宜选用白色木槿花。用冰糖炖木槿花，可清热利湿，凉血止血，益胃生津，特别适合有咯血或吐血症状的患者。

那么，怎样自制冰糖炖木槿花呢？

用料：木槿花 50 g、冰糖适量。

做法：将木槿花洗净去杂放入碗内，同时放入适量的冰糖和水。把碗放置在蒸笼里蒸炖 20 min，取出即可饮用。

8·**木槿花炖肉有何食疗功效？怎样自制木槿花炖肉？**

答：木槿花炖肉，清热利湿，养阴止血。不仅可治疗大便下血、痔疮出血,而且对痢疾和女性白带问题也有很好的疗效。

那么,怎样自制木槿花炖肉呢?

用料:鲜木槿花 90 g,瘦猪肉 90 g,葱段、姜末、料酒、酱油各适量。

做法:将木槿花洗净去杂。将瘦猪肉切成小块。在锅内加入适量水,放入猪肉。煮沸后调入葱段、姜末、料酒和酱油,改为小火炖至猪肉熟,再放入木槿花炖至入味即可。**木槿花嫩滑,不可烧煮太久。**

用法:出锅后吃肉饮汤。

需要注意的是:大便溏泄的人需慎食。

(十八)三七花

1. 三七花有何药用价值?

答:三七花,性温,味甘,微苦,归肝经、胃经。具有行气、活血的功效。主治胸胁胃脘胀痛、经前乳房胀痛、月经不调、损伤瘀阻疼痛以及消化不良等症。

2. 三七花可以清热解毒吗?

答:毒是邪气郁积于体内得不到排解,气血运行不畅,而导致"毒气"无法正常排出体外。在古医籍中常常用"毒"来作为各种病症的因。三七花性凉,有凉血的功效,能够中和体内热气,还能调理气血运行,活血通脉、疏通经络。因此,对于清理热毒有很好的作用,可以促进热毒排出体外。

3．三七花可以降血压吗？

答：高血压病在中医中属于眩晕、头痛等病的范畴。在中医看来，诱发这种病的原因主要有情志失调、饮食不均衡、内伤虚损等因素。长期处于精神紧张的状态或者多愁善感，大动肝火，导致肝气流畅不通，肝气瘀滞久了就会生火。长期无节制地吃一些油腻性强的食物或者无节制地饮酒，造成脾胃损伤，体内湿邪不能及时排出，日积月累，就会上火。长期工作引起的劳累，或者是年老肾亏，肾阴不足，肝失所养，肝阴不足，肝阳偏亢，从而出现了一些下虚上实的病理现象，因此就会产生眩晕、头痛等症状，病情严重的还会出现中风、昏厥等严重后果，也就是高血压的并发症。三七花能够扩张动脉，改善血液循环，起到调理经络，降低血压的作用。同时还能平肝，调理肝部，对于高血压等病有很好的防治作用。

4．三七花水可以治疗失眠吗？

答：夜间属阴，是人体休养生息的大好时间。此时睡眠能帮助人体修复损伤、补充精力。但只有心灵清净，肝脾调和，为身体提供足够的养分，人才能睡得安稳，睡眠质量才会好。而过度的担忧、焦虑和精神抑郁会破坏心、肝、脾等脏器之间的平衡，扰乱心神，让精神处于不必要的活跃状态。一旦精神活跃起来，再入睡就比较困难了。三七花，有平肝的功效，能平和肝阳过剩，避免由于肝阳过剩而导致肝经部分失去平衡。同时，三七花还能疏理经络，有助气血运行，只有气血运行通畅，心、肝、脾等内脏之间阴阳达到了平衡，人的精神才能处于一个平和的状态。因此，三七花水能起到帮助睡眠的作用。

5．除了可以治疗失眠之外，三七花水还有什么功效？

答：①防治急性咽喉炎。取 3～5 朵三七花与适量青果一起用开水冲泡。

②活血化瘀。将三七花放在温水中浸泡 10～20 min。将肉炒到半熟。然后将浸泡过的三七花放到肉里一同炒熟食用。取干燥的三七花蕾 5～10 朵，用滚烫的开水冲泡。第一遍冲泡是先用水除去花中的杂质。再接下来冲泡的时候，可适量加入一些蜂蜜。反复冲泡过的三七花可以放在嘴里咀嚼后吃掉，或者是贮存在冰箱里，等炒菜炖肉的时候放入一些。

③防治高血压。取三七花 10 g，鸡蛋 4 个。先将三七花和鸡蛋在水里煮 10 min。再将鸡蛋剥壳同三七花煮 30 min。最后一同食用。

6．食用三七花茄汁香蕉可以清热止咳吗？

答：咳嗽多是肺部出现了病症。要想解决咳嗽问题，就是要先祛火，让肺气运行通畅。三七花具有清热解毒、疏通经络的功效。香蕉，性寒，味甘，根据"热者寒之"的原理，能够中和肺部余热。并且香蕉还具有润肺生津的功效，最适合燥热生火的人食用。两者搭配制成的三七花茄汁香蕉，不仅外酥内嫩，甜香微酸，味道可口，重要的是能清热平肝，润肺止咳，开胃滑肠，消炎降压。当肺热祛除，肺气通畅，咳嗽也就自然消失了。

7. 怎样自制三七花茄汁香蕉？

答：用料：干三七花末 5 g、香蕉 500 g、番茄酱 150 g，全蛋淀粉、湿淀粉、苏打粉、食盐、油、水各适量。

做法：①把香蕉去皮后，切成块状，将全蛋淀粉、苏打粉、食盐均匀地粘裹在香蕉上。

②用水把三七花末泡软后待用。油入锅内，烧至六成热时，把粘裹好的香蕉块倒入锅中煎炒，炸到香蕉色泽金黄时为好。然后将香蕉块捞出，控干香蕉块的油。

③抄完香蕉的油可以继续使用，把番茄酱和经过浸泡发软的三七花末一起倒入锅中煎炒，再用湿淀粉勾芡，然后倒入炸好的香蕉块，搅拌均匀后即可。

用法：每日 1 次，可连续食用 3～5 d。

8. 食用三七炖鸡可以治疗崩漏吗？怎样自制三七炖鸡？

答：三七炖鸡就是治疗血崩的一个不错的药膳。三七是止血圣药，止血而不留瘀，兼有化瘀作用。鸡肉温中益气，养血、活血化瘀，使经血排出畅通，无瘀血，经血运行畅通，崩漏就会得到防治。三七炖鸡能够益气养血，祛瘀而不伤气，可以很好的治疗崩漏、产后虚弱、自汗、盗汗，并具有滋阳强壮的作用。

那么，怎样自制三七炖鸡呢？

做法：将三七的主根放在冷水里浸泡 30 min 后，把它分成蚕豆般大小，用纱布包好，与鸡肉一起放到锅里煮，比例为每 500 g 鸡肉配 20 g 三七。再在锅里放上适量的盐，用文火炖上 2 h 左右，开锅后即可食用。

$9.$ **饮用三七花冰牛奶可以治疗吐血吗？怎样自制三七花冰牛奶？**

答：三七有促使血液凝固的功效，有很好的止血作用。牛奶微寒，味甘，能解热毒，而且还能补虚、止渴、滋养心肺。把牛奶放到冰箱里是利用它的寒性凝滞收敛的特点，冰冻能够使出血的络脉收缩，血液凝固，以此来达到快速止血的目的。用三七花与冰牛奶搭配治疗吐血，简单实用，疗效迅速可靠，并且无毒副作用。

那么，怎样自制三七花冰牛奶呢？

做法：取三七(挫末)10 g、新鲜牛奶 100 mL，混合拌匀，置于冰箱内冻结备用。

用法：食用时以小勺慢慢送服，次数和用量不限，可根据患者胃口调节。

(十九)桃花

$1.$ **桃花有何药用价值？**

答：桃花，性微温，味甘、辛。归心经、肺经、大肠经。具有利水，活血，通便的功效。主治水肿，积滞，二便不利，痰饮，脚气，闭经。

$2.$ **饮用桃花茶可以减肥瘦身吗？怎样自制桃花茶？**

答：桃花可以荡涤痰浊，使其通过大便排出。这个功效，使它在减肥上有奇效。

那么,怎样自制桃花茶呢?

用料:阴干的桃花 10 g。

做法:沸水冲后,当茶饮用。

这个方法不但能减肥,还可使脸色红润有光泽。但是,桃花茶虽好,也不能无节制地饮用,以免耗伤阴血,损人体元气。

3. 食用桃花粥也能养颜吗?怎样自制桃花粥?

答:桃花中含有山奈酚、香豆精、三叶豆苷和维生素 A、维生素 B、维生素 C 等营养物质。这些物质能疏通经络,润泽肌肤,促进使人体衰老的脂褐质素加快排泄,并能防止黑色素在皮肤上沉积,从而起到祛斑美白的效果。食用桃花粥不仅可以活血化瘀,还可以美容。

那么,怎样自制桃花粥呢?

用料:干桃花 2 g、粳米 100 g、红糖适量。

做法:先将桃花洗净之后,一种方法是将桃花置于砂锅中,浸泡 30 min,加入粳米,文火煨粥,粥成时,加入红糖,拌匀。还有一种方法是先熬桃花水,然后拿这个水去煮桃花粥。

用法:每日 1 剂,连服 3 d。然后停止,观察自己各方面的状况。也可再过 1 周,再喝 3 d。

在这个食疗药膳方中,需要注意的是:①温则行,热则行,寒则凝。红糖有温性的作用,有助于活血化瘀。②如果有习惯性便秘,可将红糖改为蜂蜜。③不同的米的作用是不同的。现在大家熬各种粥,尤其是花粥,多用粳米。女性如果气血虚弱,可将粳米换成具有补益作用的小米。60 岁以上的老年人,身体没有什么大毛病,但有点头晕,腰酸背痛的症状,就是肾虚,可将粳米换成紫米。

4. 桃花白芷面膜有何功效？怎样自制桃花白芷面膜？

答：桃花白芷面膜可以疏通血络，舒缓神经，滋润皮肤，对面色晦暗、黄褐斑、黑斑有很好的辅助治疗效果。

那么，怎样自制桃花白芷面膜呢？

用料：桃花 5 g、白芷 10 g、红花 1 g、蜂蜜适量。

做法：将桃花、白芷、红花捻成末，然后用少许蜂蜜调和均匀即成面膜。

用法：将脸洗净后外敷面膜。

5. 桃子有何功效？什么人适合吃桃子？

答：现代科学证明，桃子含有较高的糖分，从而能够起到改善皮肤弹性，使皮肤红润的作用。身体瘦弱者，经常食用桃子则可起到丰肌美肤的效果。

除了营养丰富外，桃子的药用功效也不小。桃子有补益气血、养阴生津的作用，食用桃子对于大病初愈、气血两亏的患者来说是很适宜的。并且桃子的含铁量也很高，气血亏虚的女性可多食用一些桃子。此外，中医认为，肺为"娇脏"，喜湿润，恶干燥。桃子含有大量的水分，其中胶质物的含量也很丰富，这类物质到大肠中也能促进水分的吸收，对于肺病患者来说，食用桃子是有好处的。

桃子虽好，但若不加以节制，过量食用的话，反而会起到相反的效果。李时珍曾说："生桃多食，令人膨胀及生痈疖，有损无益。"成天拿桃子当饭吃，是会上火的。

(二十)西红花

1. 西红花有何药用价值？

答：西红花，又称为藏红花，性平，味甘，归心、肝经。具有活血化瘀，散郁开结的功效。主治妇女经闭、产后瘀血腹痛、忧思郁结、惊恐恍惚、胸膈痞闷、伤寒发狂、吐血、跌打肿痛。

2. 红花有何药用价值？

答：红花，又叫草红花、红蓝花、刺红花，性辛、温，归心、肝两经。具有活血通经、祛瘀止痛的效用。

3. 西红花与红花有何区别？

答：西红花最初产于西域，原名"番红花"。后来从地中海传到印度，因此，有了"西红花"一名。之后传入西藏，于是就成了"藏红花"。西红花呈青紫或紫红色，属单子叶植物纲的鸢尾科，多年生草本植物，靠球茎繁殖。西红花药用不是整朵花，而是花柱的上部及柱头。西红花花开时间特别短，往往只有几个小时，之后就会枯萎，而枯萎后花柱就失去药用价值了。一般情况下2 000多朵花也才能产1 g药材，因此，西红花的价格很昂贵。西红花归心经和肝经，"心主血，肝藏血"，也就是说它的主要作用在于血。它具有养血、补血、活血、行血、理血等功能，对血有一个双向调节的作用。此外，西红花还有解郁安神的功效。

红花产于河南、新疆等地，在我国已有2 000多年的栽培历史。红花呈橘红色,属菊科植物,属一年生草本植物,靠种子繁殖,容易种植,也容易成活。因此,红花价格比较低廉。红花只有活血化瘀的功效,没有养血的功效。

4. 怎样辨别真伪西红花?

答:由于西红花的药源紧缺,药价昂贵,因此有些不法商贩经常以假乱真,牟取暴利。那么怎样辨别真伪西红花呢?下面教大家 3 种方法:

①看。真品西红花为细长线形,长 2~3 cm,有特殊芳香。柱头膨大,分 3 支,顶端近缘呈齿状,内侧有一段黄色花柱。

②泡。真正的西红花浸入水中,水的颜色不呈鲜艳的红色,而呈金黄色,并且水面没有油状浮游物,其花呈漏斗状,用针拨动不易碎断。若花入水后呈红色,并且水面有油状浮游物,用针拨动易碎,则为伪品。

③加碘。取少量样品,加碘酒一滴。真正的西红花加碘后不变色。若样品变为蓝色、蓝黑色或紫色,则为伪品。

5. 疲劳、精神压力会对女性朋友造成怎样的影响?

答:女性朋友疲劳、精神压力大,就容易出现焦虑不安、睡眠障碍等问题。最直接的后果就是血液黏稠度增加,毛细血管被堵塞,血流的速度变慢,导致肌肤缺氧,皮肤失去光泽,皮肤的表面出现色素沉淀。长此以往,过于疲劳的话,易损伤气血,滋生内热,导致身体虚弱,抵抗力也下降。从而衍生更多的女性问题,如月经过少、经期混乱、腰酸背痛等。

6 ·西红花对女性有何益处？

答：中医认为，西红花对改善肤质有很好的效果。肌肤之所以会慢慢衰老，是由于血液瘀滞、色素沉淀，水分被挤出血管，以致肌肤失养而失去光泽，从而出现斑点。西红花有活血、养血的作用，可以明显改善皮肤的微循环，让细胞得到充足的血氧、水分和营养。细胞充满活力，皮肤自然就会有光泽、有弹性了。由于西红花能改善血液循环，可以促进黑色素分解，有很强的祛斑美容的功效。

西红花还可以消除体内多余脂肪，对体型偏胖的女性朋友来说，可以起到重塑女性曲线的作用。

此外，西红花中含有大量的铁，对于女性手脚冰冷、因血压异常而引起的头痛也有很好的作用，长期服用还可以大大增加人体的免疫力。

7 ·西红花茶有何功效？怎样自制西红花茶？

答：饮用西红花茶，可以最大限度地发挥其活血耐缺氧的功效，让身体的每一处都得到充分的滋润，肌肤充满弹性、细腻光滑。

那么，怎样自制西红花茶呢？

用料：西红花 3～5 g。

做法：直接用沸水冲泡，闷 2～3 min 即可饮用。

由于西红花的味道不是很好，可以加入适量的蜂蜜，口感更好，营养也更丰富。一定注意喝完水以后，把西红花嚼着吃下去。

8. 西红花银耳羹有何食疗功效?

答:制作西红花银耳羹里用到的主要食材有:西红花、干银耳、莲子、红枣、枸杞子、苦瓜片和冰糖。西红花能活血补血,对消除疲劳有很好的功效。银耳性平,味甘,归肺、胃经,具有滋阴润肺的功效,不仅可以补脑提神,还能美容嫩肤、延年益寿。此外,银耳因为富含丰富的天然植物性胶质,具有滋阴的作用,能有效去除脸部黄褐斑、雀斑等。莲子性平、味甘涩,归心、脾、肾经,对于多梦、失眠、心烦口渴、妇女崩漏带下等均有一定的疗效。红枣具有补气养血、健脾安神的功效。夏天食用苦瓜有利心脾,食用冰糖能清热解暑。食用西红花银耳羹有助于解除疲劳。

9. 怎样自制西红花银耳羹?

答:用料:干银耳 10 g、去核的红枣 5 个、去心莲子 10 个,西红花、枸杞子、苦瓜片、冰糖适量。

做法:先将银耳用凉水冲洗干净,放在温水里浸泡 30 min,等银耳泡发之后,去蒂,把它撕成小块待用。红枣和莲子用水洗净后,浸泡 30 min。在炖汤的锅里注入足够多的水烧开,再依次放入银耳、莲子、红枣、枸杞子、冰糖。西红花先用水蒸 20 min 以后再放入,烧开后就改用小火(很小的火),炖大约 2 h(随时观察,防止汤溢出)。银耳差不多变黏稠的时候,放入苦瓜片。等银耳完全黏稠即可食用。

10. 怎样判断自己是否气血不足？

答：中医说，气血是人的根本。手脚冰凉，睡眠状况差，爱掉头发等小细节，都是气血不足的表现。

那么，怎样判断自己是否气血足不足呢？可以从以下 5 个方面来判断：

①面色。气血足的人脸色红润有光泽；气血虚的人面色发白、发黄。

②头发。气血足的人一般头发都是乌黑亮丽的；气血不足的人头发容易出现发黄、发白的迹象，还容易脱发。

③指甲。正常情况下，人的指甲上都会有半圆形的小月亮。气血不足的人手指上没有半圆形的小月亮，并且指甲发白。

④睡眠。气血不足，在睡眠上则表现为睡不安神，难以入睡。

⑤声音。中气足的人说话声音洪亮有气势；气虚的人说话则有气无力，无精打采。

11. 清汤鸡豆花有何食疗功效？怎样自制清汤鸡豆花？

答：清汤鸡豆花是汤中极品，国宴汤菜之一。将具有通经活络、活血化瘀、改善血液循环的作用的西红花加入鸡汤中，可以起到健脾胃、强筋骨、祛风、补气、养血、活血祛瘀、通络等效果。非常适合消化弱、营养不良、产后瘀血腹痛以及气血不足的人食用，老人和小孩也可以食用。

那么，怎样自制清汤鸡豆花呢？

用料：老母鸡的鸡脯肉 200 g、清汤 1 500 mL、西红花 5 g、鸡蛋清 50 g、玉米粉、鸡油、精盐、味精、胡椒粉、葱、姜、料酒、水等各适量。

做法：①把鸡脯肉清洗干净，去掉筋、膜，用刀背砸成细泥，或者用绞肉机绞成泥也行，放在容器里备用。在碗里面加开水，把西红花放入碗中浸泡。

②在搅碎的鸡肉泥中，加入葱、姜、水调开，再放少许清汤、鸡蛋清、淀粉、鸡油、鸡精、精盐、料酒、胡椒粉搅成稀糊状。将之前浸泡着的西红花放入蒸屉里蒸 10 min 左右，蒸透后备用。

③在锅里加入清水烧开之后，将搅拌好的鸡肉泥放进锅里氽熟，再用勺子将其舀出来盛进碗里。把蒸好的西红花连同它的汤汁，一起浇在碗里。之前准备好的清汤，重新加热烧开，里面放入精盐、味精等调料，调好之后也浇在盛鸡汤的碗里，即可食用。

12. 西红花白芷水有何功效？怎样自制西红花白芷水？

答：女性气血不足，脸色也会不好。西红花白芷水，对于一般的女性就可以起到养血、补血、活血、美容的作用。

那么，怎样自制西红花白芷水呢？

用料：西红花 0.5～1 g，白芷 10 g。

做法：取西红花，白芷，一起煮水饮用。

13. 用红花艾叶泡脚可以暖身吗？怎样操作？需要注意什么？

答：临睡觉之前泡脚，是被大家推崇的暖身方法之一。红花性温，味辛，能活血化瘀，促进血液循环。艾叶，能散寒止痛，温经止血，有抗菌、抗病毒、抗过敏和增强免疫力等功能，还能用来祛除脚气和脚癣。用这两样药材泡脚，既能温暖全身，还对睡眠有帮助。此外，它还适用于各种静脉曲张、血液循环不好，或者是腿脚麻木、青紫等症状。可以说，用红花艾叶泡脚，有着很好的保健效果。

那么,怎样操作呢?

用料:红花一小把、艾叶 50 g。

做法:将红花和艾叶用纱布包好并且捆紧,放在水里一起用大火把水烧开,然后改成小火熬煮 5~10 min,取其汁液。若没有艾叶,也可直接拿红花用纱布包好煮水。将这个药汁直接对在温度45℃左右的热水里,泡上 30 min 即可。一般情况下,这个汁可用 2~3 d,用容器装好就可以了。

红花艾叶泡脚很适合那些体质弱的女性(如有痛经、月经不调等症状),或是脸色发紫的人。但是患有高血压病的人不适合红花艾叶泡脚。从中医角度看,红花和艾叶都有温经散寒、活血通络的作用,一旦泡时间久了,高血压患者易发生脑部缺血,很多患者会出现头晕的症状。

14. 泡脚有何注意事项?

答:要选择中药泡脚,最好在医生的指导下,对症下药,才能起到更好的辅助作用。泡脚之前,有时候水温会很热。这时,可以用热气把脚先熏蒸一下,之后待水温合适的时候再泡。泡脚的时间不要过长,时间过长反而会加重心脏的负担。此外,现在多数家庭使用塑料盆或金属盆泡脚,这类盆中的化学成分不稳定,容易发生反应,药效会打折扣。因此,若用中药泡脚,最好选择木盆或者搪瓷盆。泡完脚之后,可以补补气血,吃点枣、桂圆,女性可以喝点红糖水等。

15. 什么原因会导致月经过少?

答:中医将月经不足两天且经量稀少的称之为月经过少。造成月经过少的原因主要有以下4种：

①血虚。女人天生敏感和思虑过多，容易伤肝。肝为"血库"，负责血液的贮藏、调节和分配。肝脏受损，人体气血势必也会受到影响。女人怀孕、生产都需要气血。当了母亲后还要哺乳，而乳汁也是由气血化成的。再加上女人比较情绪化、爱哭，而眼泪也是由气血化成的，所以女人气血亏虚比较常见。

②血瘀。身体受寒，血被寒凝，也会导致月经量减少。此外，女人情绪波动较大，易生闷气，这样也易导致气滞血瘀，从而使经血运行不畅。

③肾虚。先天禀赋不足，身体发育障碍，以致胞宫发育迟缓，也会导致经血量少。另外，女子如果意外怀孕，选择流产手术，这样也易损伤冲任，以致经量减少。

④痰湿。这种情况多见于属痰湿性体质的肥胖女性。痰湿会阻塞经脉，使经血运行不畅，从而发生月经过少。

对于月经过少的状况，一定要引起警惕，否则很有可能会导致不孕，或是发展成为闭经。

但是并不是所有的月经过少都是疾病。如少女初潮时，月经量通常不多，大可不必在意。还有到了更年期的妇女月经量也会减少，这些都是正常的生理现象，并不需要进行特别的治疗。

16. 红花山楂酒可以治疗月经过少吗？怎样自制红花山楂酒？

答：中医认为，山楂活血化瘀的作用特别显著，所以经常用来治疗痛经、月经不调等症。此外，这酒里用的是红花，而不是西红花。西红花凉血的作用反而会阻碍活血的力量。红花性味较温，从这个角度来讲，用红花效果更好些。

那么，怎样自制红花山楂酒呢？

用料:红花 15 g、山楂 30 g、白酒 250 mL。

做法:将红花和山楂洗净,然后浸入白酒之中,将瓶口密封起来。每日记得摇一摇,泡上 1 周,即可饮用。

用法:每日 2 次,每次 15～30 mL。可根据自己的酒量适当调节,以不醉为度。

17. 怀孕需要什么条件?

答:关于怀孕的条件,名医王宇泰对此有比较精确的论述,认为:"种子之道有四。一曰择地。地者,母血是也。二曰养种。种者,父精是也。三曰乘时。时者,精血交感之会合也。四曰投虚。虚者,去旧生新之初是也。"意思是说,想要怀孕,一定要符合四个条件。一是有地,所谓的地,也就是母血;有了地还不行,还得有种子,这里的"种子"就是指父亲的精子了。此外,时机也是必不可少的,也就是现代医学中的排卵期。如果没有以上条件,或者其中有一个条件缺乏,就有可能导致不孕。

18. 什么原因会导致不孕? 为何血瘀就会导致不孕呢?

答:不孕分为原发性不孕和继发性不孕。前者是指婚后 2 年从未受孕,中医又将其称之为"无子"、"全不产"、"无嗣"、"绝嗣"。继发性不孕是指曾有过生育或流产,又连续 2 年以上不孕的患者,中医将其称之为"断续"或"断绪"。

一般而言,中医将不孕的原因归为 3 类,主要有"血瘀"、"肝气郁结"和"肾虚"。

其中血瘀的情况比较多见。导致血瘀的状况很多,比如说外伤、月经排出不畅、经血逆流等。此外,如堕胎,妇科手术等也有可能会导致气血瘀阻。

至于为何血瘀就会导致不孕,打个比方,种子埋入地下之后,还需经过一道程序才能发芽,这个程序就是"浇水"。而气血就相当于这个作用。如果受孕以后,胚胎脐带和胎盘的气血凝固,则无法输送营养,这样也会导致流产、死胎、早产等问题。

19. 怎样判断是否有血瘀型不孕?

答:拿一个镜子,看自己的嘴唇的颜色。若唇部颜色不是鲜红而是暗紫,并且舌头上有暗紫色的瘀点或斑块,就有可能是血瘀型不孕了。另外,脸上长黑斑,皮肤上有樱桃般鲜红的小点,或者月经血块黯黑,也有可能是血瘀型不孕。

20. 食用西红花煮蛋可以治疗血瘀型不孕吗? 怎样自制西红花煮蛋?

答:西红花有补血、养血、活血的三重功效。对于已经怀有身孕的女性来说,是不能服用西红花的。但若不孕是由气血瘀阻造成的,那么首先要做的自然就是打通气血了,这种情况是可以服用西红花的。

那么,怎样自制西红花煮蛋呢?

用料:西红花 1.5 g、鸡蛋 1 个。

做法:在蛋皮的上端开一个小洞,然后塞入西红花,拿起来轻轻摇晃。在一个炖盅里放入适量清水,然后将鸡蛋放在里面,隔水蒸。等到鸡蛋熟透后即可使用。

用法:从月经周期的第 2 天开始食用,1 d 1 个,连服 9 d,连服

3 个月经周期。若服食后仍然没有效果,建议您去正规医院接受诊治。

(二十一)杏花

1. **杏花有何药用价值?**

答:杏花,性温,味苦,归脾、肺二经。具有活血补虚的功效。主治女子伤中,寒热痹,厥逆、不孕等。

2. **饮用杏花白芷酒可以祛斑、祛痘吗? 怎样自制杏花白芷酒?**

答:中医认为"肺主皮毛"。肺脏通过它的宣发作用把水谷精微输布于皮毛,以滋养周身皮肤、肌肉。还有,肺与大肠互为表里,若肺失肃降,大肠可能会传导失常,导致大便困难。而便秘又会影响人体排毒,毒素在体内越积越多,各类大大小小的毛病都会接踵而来。如一些女性朋友或是脸色苍白,或是萎黄憔悴,没有光泽,或是色素沉着、又或是年纪轻轻长了皱纹,这都与肺气不足有关。并且肺气不足还易引发风疹、过敏等病症。若肺热上蒸则会引起痤疮、酒糟鼻、牛皮癣等病症。

杏花是归肺经的,运用杏花可有效预防粉刺和黑斑等的产生。而白芷不仅具有治疗痛经的功效,也具有美白效果。饮用杏花白芷酒不但可祛斑祛痘,还可治疗体癣、红肿、瘢痕等皮肤病。

那么,怎样自制杏花白芷酒呢?

用料:鲜杏花花苞 250 g(阴干的也可)、白芷 30 g、白酒 1 000 mL。

做法:密封浸泡 30～49 d。

用法：早、晚饮用 15～30 mL。也可倒在手心搓热，揉面。

3. 用杏花做面膜敷脸可以美容吗？怎样自制杏花面膜？

答：用杏花做面膜敷脸也可起到美容的效果。

那么，怎样自制杏花面膜呢？

用料：阴干的杏花粉末适量、蜂蜜。

做法：用杏花粉和蜂蜜调匀涂敷脸部，3～5 min 后洗净即可。

此外，直接用新鲜的杏花捣烂、取汁，涂于脸部，轻轻按摩片刻，也具有美容的效果。

4. 饮用杏花茶可以美白皮肤吗？怎样自制杏花茶？

答：饮用杏花茶不仅能使皮肤白润，还能使周身散发杏香呢。

那么，怎样自制杏花茶呢？

做法：将杏花去蒂阴干，每餐饭后用白开水调服 5～10 g，饮用。

（二十二）旋覆花

1. 旋覆花有何药用价值？

答：旋覆花，性微温，味苦、辛、咸，归肺、胃、大肠经。具有消痰、行水、降气、止呕的功能。主治喘咳痰多、呕吐噫气、胸隔痞满、心下痞硬。

2. 什么是药物的升降沉浮？

答：药物有升降沉浮四种特性。升就是上升；降就是下达降逆；浮是向外散发；沉是下沉泻利。一般来说，升浮之药主上升而向外有升阳发表、祛风散寒、宣毒透疹的作用；沉降之药主下行而向内，具有降逆止呕、清热泻下、利水渗湿、降气平喘等作用。当然也有一些药物，既能升浮，又能沉降（如川芎就能上行头巅、下达血海、外彻皮毛、旁通四肢）。

药物的升降浮沉趋向性与药物的质地轻重关系密切。花、叶、皮、枝等质轻的药物大多能升浮（如辛夷、薄荷、苏叶），而种子、果实等质地较重者，多数属于沉降药（如苏子、枳实、熟地等）。

3. 旋覆花有何特性？

答：旋覆花的沉降特性是医学界所一致认同的。旋覆花性善下降，能入脾胃，善于降胃气而止呕噫气，又能入肺经，可化痰饮、下肺气。旋覆花是降气止呕、止咳平喘、消痰行水的要药，临床上常用来治疗呕吐、呃逆、胸胁疼痛、风寒咳嗽、头痛、痰饮蓄结等症。

旋覆花入药有生品和蜜炙两种。旋覆花的生品长于降气、止呕、化痰，止咳作用较弱。蜜炙旋覆花是取旋覆花加入适量蜂蜜和开水，用文火炒成黄色。蜜炙后，因为加入了蜂蜜，更侧重于润肺止咳、降气平喘。

4. 旋覆花可否泡水饮用？

答：旋覆花不能泡水饮用。因为旋覆花有细毛，泡水后很难澄

净下来。用旋覆花治病,一般取的是旋覆花的药汁。煎药时,必须将旋覆花用布包着。包好后,检查一下布外面是否遗留细毛,如有遗留需清洗干净才能入煎。避免服用后细毛刺激喉咙,加重咳嗽,或刺激脾胃引起呕吐。

5. 用旋覆花治疗咳嗽需要注意什么?

答:旋覆花治疗咳嗽一般是采用内服的方式,用量为 3～5 g 即可。

需要大家注意的是,旋覆花多用于治疗风寒咳嗽。若因燥邪伤津、阴虚、受风热等引发的咳嗽则不适宜。

6. 食用款冬旋覆膏可以治疗咳嗽吗?

答:款冬旋覆膏是由款冬花、旋覆花和蜂蜜制成的。旋覆花归肺经,具有止咳的功效。款冬花性温,味辛、甘,入肺经气分,兼入血分;温而不热,辛而不燥,甘而不滞,为润肺化痰止嗽的良药。由具有化痰止咳、润肺平喘的功效的旋覆花和款冬花,搭配具有益气养肺功效的蜂蜜,对付咳嗽,自然是绰绰有余。

7. 怎样自制款冬旋覆膏?

答:用料:干燥的旋覆花 200 g、干燥的款冬花 200 g、蜂蜜 400 g。

做法:将旋覆花、款冬花用质地细密的纱布包裹好,放入清水中浸泡 1 h,然后清洗掉粘在布包上的细毛。洗净后将布包放入锅中,加入适量的水煎取汁液,煮上 30 min 后,倒出汁液。布包留锅内,再加水煎后取汁。共煎取 3 次后,弃去布包和锅中的药渣,将煎取的汁液放在一起倒入锅内。用武火煮沸 15 min 后,改用文火,等到汁液浓缩呈黏稠状时,倒入蜂蜜(也可用冰糖代替)不断搅拌,约 15 min 后,关火。等完全变凉后,装入干净的瓶中即可。

用法:每次服用时,用汤匙挖上 2 勺直接服用。或放入适量的温开水中泡水饮用。

8. 何为胁痛? 为何生气会引发胁痛?

答:胁痛在中医上又称肋痛、胁肋痛。胁,指的是侧胸部。其两侧自腋而下,至肋骨之尽处,统名曰胁。肝脏位于整个胸腔的右下角,大部分隐藏在肋骨里,肝胆经脉又行经两胁,因此《医方考·胁痛门》记载:"胁者,肝胆之区也。"

气是在体内按照一定的规律运行不息。肝气,正常是向下运行的;若上行,则是逆向。肝气上逆,会导致气滞于上半身。中医上有"肝主疏泄"的说法,若经常生气、动怒,会导致肝气不疏,郁结不畅。"气为血之帅",气行到哪儿,血也就跟到哪儿。肝气郁滞了,血也就会跟着堵在那里,久而久之就会因血行不畅形成血瘀。瘀血阻滞肝经,肝经走两胁,肝经不通则发为胁痛。

除了生气这种情志因素外,像湿热蕴结肝胆、肝阴不足也会引起胁痛。

9. 食用旋覆花粥可以治疗肝郁胁痛吗?

答:旋覆花粥是由旋覆花、郁金、丹参、葱白和粳米制成的。旋覆花性沉降,引药入阴,和解肝郁由里向外,缓而透发,达到散结通络止痛之功效。丹参集化瘀、止痛、活血、养血、生新血于一体,在治疗胸胁疼痛、风湿痹痛、瘕瘕结块及月经不调、痛经、闭经等方面都能收到良好效果。郁金又叫毛姜黄,因为有姜香气而得名。郁金可以开花,但临床上药用的则多是它的根。郁金药性偏寒,味苦、辛,既入血分,又入气分,善活血止痛,行气解郁,长于治疗气滞血凝引起的胸脘痞痛、胁肋胀满、痛经、闭经等症。旋覆花加上丹参、郁金的助力,就能轻松消除胁痛。

10. 怎样自制旋覆花粥?

答:用料:旋覆花 10 g、丹参 15 g、郁金 10 g、葱白 5 段、粳米 100 g。

做法:在锅中放入 2 000 mL 清水,并将旋覆花、丹参和郁金用布包好后放入锅内。先用武火煎 30 min,然后改用文火,待锅中水量煎煮成 1 000 mL 时停火。弃去药渣和布包,将药液倒于碗内。锅置火上,粳米入锅,武火熬粥。煮开后,倒入药液,等粥快熟时,放入葱白搅匀,再熬上几分钟即可。

(二十三)月季花

1. 月季花有何药用价值?

答:月季花,性温,味甘,归肝经。具有活血调经,疏肝解郁,消肿解毒的功效。主治月经不调,经来腹痛,跌打损伤,血瘀肿痛,痈疽肿毒。

$2.$ 肝脏的疏泄功能发生问题会出现什么症状？食用月季花可以疏肝吗？

答：肝，主疏泄。"疏泄"的意思是疏通、发泄、升发。肝的疏泄功能，能够调理全身的气机，使气的活动、运动正常。若肝的疏泄功能发生问题，升发不足，则会气机郁滞，出现胸胁、乳房或少腹等处的疼痛；若升发太过，则会导致"肝气上逆"，使人感到头目胀痛，面红目赤，急躁易怒等。

中医认为，月季性温，味甘，归肝经，具有疏肝解郁的功效。经常食用月季花，可治疗胸胁胀闷、失眠多梦等病症，使人精神愉快、心情舒畅。

$3.$ 为何说月季花是调理月经的良药？

答：说到月季花的调经功能，首先，和它的疏肝功能有关。肝气不疏泄，郁结不畅，常常导致女性情绪抑郁。经常生气发怒，会导致气血瘀滞不畅，周身气血运行紊乱，从而引发月经不调、痛经、经闭。食用月季花能使肝疏泄畅通，改善月经不调、痛经、经闭的病症。其次，月季花具有活血的功效。活血是指血行流畅。月季花能改善月经血行不畅、经脉阻滞的病症，治疗经行不畅、小腹疼痛。再次，月季花味甘，味甘的食物具有缓解疼痛的作用，能治疗月经时的腹痛。因此，我们说月季花是调理月经的良药。

$4.$ 食用月季花炒猪肝可以疏肝养肝吗？怎样自制月季花炒猪肝？

答：月季花入肝经，具有疏肝解郁之功效。猪肝同样具有医治、补养人体内脏虚弱之症的功效。二者配伍可起到很好的疏肝养肝之功效。

那么,怎样自制月季花炒猪肝呢?

用料:月季花 3~5 朵,猪肝 250 g,葱 1 根,湿淀粉、食盐、胡椒粉、酱油、油各适量。

做法:①将月季花洗净、取瓣,放入开水锅中焯一下、捞出,把水控干,放入盆中,加湿淀粉、食盐、胡椒粉、酱油拌匀。

②将猪肝切成薄片,加入湿淀粉、酱油和匀。

③将葱切成段,在锅中放入油,将葱段爆香。后加入猪肝快炒,加盐炒至棕红色,撒入月季花瓣,炒匀出锅即成。

用法:佐餐食用。

需要注意的是:由于月季花炒猪肝具有疏肝解郁、活血养筋、解毒消肿、止痛等功效,孕妇和月经过多的女性,以及脾胃虚弱者禁用。

5. 饮用月季蒲黄酒可以调理月经吗?

答:女性朋友判断自己的月经是否规律,可通过以下 4 个方面进行检测:

①每次来月经的日子是否规律。偶尔延误 1~2 次,或错后 1 周都属于正常情况。

②经血的颜色是怎样的。经血最好是鲜红色的。

③血量的多少。太多太少都不好。

④是否有不好闻的气味。

如果女性朋友出现月经不调的症状,可能的原因有很多。其中一种是由于肝气郁结而引发的。肝具有疏泄作用,喜舒畅而恶抑郁。若肝失疏泄或情绪抑郁不舒,会引起肝气郁结,引发妇女月经不调。此外,肝经主要由人体的小腹向上经过胸肋两侧和乳房,从颈项两侧向上到头顶,乳房也是肝经所走的部位,若肝气郁结,气血不畅,还会引发乳腺疾病。

月季花蒲黄酒是由月季花、蒲黄和米酒三味搭配而成。中医认为,月季花,入肝经,有疏肝解郁、消肿散结、活血调经的功效,适用于肝郁气滞所致的胸胁胀痛、乳痈肿痛、月经不调、血瘀闭经、痛经等症。蒲黄也是妇科常用药物,具有治疗"月经不匀,血气心腹痛"的功效。此外,妇科症里有些病需要用酒。米酒,则具有补养气血的功能。三者配伍可以调理月经。

6. 怎样自酿月季花蒲黄酒?

答:用料:月季花 10 g、蒲黄 9 g、米酒适量。

做法:将月季花、蒲黄、米酒同入砂锅中,再加入与米酒等量的水,小火慢慢煎熬,去渣取汁即可。

用法:月经前连服,每日 1 次。经期停用。

7. 月季花竹荪汤有何功效?

答:月季花竹荪汤具有滋阴补虚、活血健脾的功效。经常食用这道汤可以调理月经、美容养颜、减肥瘦身、预防癌症。为何这样说呢?这道汤的主要食材有月季花、竹荪、鸡蛋和牛奶。月季花具有活血调经的功效。竹荪,又名竹参,是寄生在枯竹根部的一种隐花菌类,被列为"草八珍"之一。它营养丰富,对减肥、降血压、防癌等具有明显的疗效。鸡蛋具有滋阴养血的功效,能治疗女性气血不足。牛奶具有补气血、益肺胃、生津、润肠的功效,适用于久病体虚,气血不足的女性,并且牛奶是非常好的天然护肤品。因此,经常食用这道汤对女性朋友是很有好处的。

8. 怎样自制月季花竹荪汤？

答：用料：月季花 3 朵、水发竹荪 40 g、鸡蛋 2 只、牛奶 250 g、熟豌豆 100 g、面粉 50 g、鲜汤 500 g、精制植物油 50 g，精盐、味精、胡椒粉、麻油各适量。

做法：将月季花洗净、分瓣、控干，待用。将竹荪洗净去沙，切成长方块。将鸡蛋打在碗中，搅拌均匀，再放入少许精盐调匀。将炒锅放在火上，加入少许油，当油热后，倒入鸡蛋，摊成圆形的薄片，取出，切成细丝。炒锅上火，放油烧热，放入面粉炒出香味，冲入热鲜汤拌匀，加牛奶搅拌后放入麻油，烧开。放竹荪、鸡蛋丝、熟豌豆、精盐、味精、胡椒粉，烧开，最后撒入月季花瓣，微开即成。

9. 食用冰糖炖月季花可以清咳止血吗？怎样自制冰糖炖月季花？

答：月季花，具有清肺、止咳、止血的功效。冰糖，是泡制药酒、炖煮补品的重要辅料，归肺、脾经，具有润肺、止咳、清痰和去火的作用，能够治疗肺燥咳嗽，干咳无痰，咯痰带血。月季花与冰糖两者合用，共成润肺、止咳、止血之方。

那么，怎样自制冰糖炖月季花呢？

用料：新鲜月季花 30 g、冰糖 30 g。

做法：将月季花冲洗干净，放入碗中。加入冰糖，清水，隔水炖约 15 min 即可食用。

此外，冰糖炖月季花还具有活血调经的功效，同样适用于月经不调、痛经等病症。

10. 食用月季花西米粥可以治疗跌打损伤吗？怎样自制月季花西米粥？

答：制作月季花西米粥所用到的食材有月季花、桂圆和西米。月季花具有活血消肿的功效，可治疗跌打损伤，筋骨疼痛，肢膝肿痛。桂圆（龙眼），有养血安神的功效，可在治疗跌打损伤时，防止因疼痛而失眠。而西米特别适合体质虚弱、神疲乏力的人食用。三者配伍可以起到活血化瘀、消肿解毒的功效。

那么，怎样自制月季花西米粥呢？

用料：月季花 15 g、桂圆肉 50 g、西米 50 g。

做法：将月季花洗净、切丝。将桂圆肉切碎。将西米用凉水浸泡 30 min，捞起待用。在锅中加入适量清水，置火上烧开，放入桂圆肉末和西米。在煮的过程中，要不停地用勺子搅拌，防止西米粘锅。待粥将成时，加入月季花，拌匀即可。

用法：每日 2 次，早、晚餐时食用。

三、药、食两用植物—果实类

（一）佛手

1. 佛手有何药用价值？

答：佛手，性温，味辛、苦，具有疏肝理气，和胃化痰等功效。主治肝气郁结之胁痛、胸闷，肝胃不和，脾胃气滞之脘腹胀痛、嗳气、恶心、呕吐，胃腹寒痛，慢性胃炎，久咳、哮喘、多痰等症，对饮酒过量及醉酒也适用。

从佛手中提炼出的佛手柑精油，是良好的美容护肤品。佛手中含有的柠檬素具有平喘、祛痰的功效，可用于治疗过敏性哮喘。其提取物具有解痉作用，能迅速缓解氨甲酰胆碱所致的胃、肠及胆囊的张力增加；还具有中枢神经抑制作用，起到一定的抗惊厥功效。佛手中还含有香叶木苷、橙皮苷具有抗炎消肿的作用，可用于抗炎、抗病毒。橙皮苷还对因缺乏维生素 C 而致的眼睛球结膜血管内血细胞凝聚及毛细血管抵抗力降低有改善作用。

需要注意的是：凡阴虚火旺、肝阳上亢或肝火上炎、胃阴不足、无气滞者慎用。

2. 佛手与佛手瓜有何区别?

答:佛手与佛手瓜有很大不同。佛手是芸香科植物佛手的果实,又名福寿柑、佛手柑,气香,味微甜而后苦。佛手瓜是葫芦科植物,果实不具香气,味甜,是北方补时之蔬菜,不作药用。

3. 玫瑰佛手茶有何食疗功效? 怎样自制玫瑰佛手茶?

答:玫瑰佛手茶具有理气解郁的功效,用于胁肋胀痛,肝胃不和,嗳气少食,胃脘疼痛。

那么,怎样自制玫瑰佛手茶呢?

用料:佛手 10 g、玫瑰花 6 g。

做法:将佛手切片,与玫瑰花一同用沸水冲泡 5 min 即可,代茶饮。

用法:温服,每日 1 剂。

4. 佛手粥有何食疗功效? 怎样自制佛手粥?

答:佛手粥具有健脾养胃、理气止痛的功效,适用于年老胃弱、胸闷气滞、消化不良、食欲不振、嗳气呕吐等患者。

那么,怎样自制佛手粥呢?

用料:佛手 15 g、粳米 100 g、冰糖适量。

制作:将佛手煎汤去渣,再加入粳米、冰糖适量同煮为粥。

用法:可早、晚餐食用。

5. 当归佛手炖黄鳝有何食疗功效？怎样自制当归佛手炖黄鳝？

答：当归佛手炖黄鳝具有行气祛瘀的功效，可用于治疗肋间神经痛、肝郁气滞瘀血内阻。

那么，怎样自制当归佛手炖黄鳝呢？

用料：佛手 6 g、当归 10 g、黄鳝 300 g，大葱、生姜、食盐、绍酒适量。

做法：①将佛手、当归洗净切片。将黄鳝去骨和内脏，切片，加入食盐、绍酒腌渍 20 min 待用。将葱切段，姜切片。

②将黄鳝置炖锅内，放入佛手、当归、葱、姜，加清水 600 mL，置大火上烧沸。加入食盐，用小火炖煮 35 min 即可。

用法：每日 1 次，每次食用黄鳝 50 g，随意饮汤。

6. 佛手炖猪肠有何食疗功效？怎样自制佛手炖猪肠？

答：佛手炖猪肠具有健脾行气，收敛止带的功效。适用于妇女脾虚湿盛而引起的白带过多。

那么，怎样自制佛手炖猪肠呢？

用料：佛手 20 g、猪小肠 100 g、食盐适量。

做法：将猪小肠洗净切段，与佛手共放锅中，加适量水用小火炖熟，加盐调味即可。

用法：食肉饮汤。每日 1 剂，分 2 次食用。

(二)枸杞子

1. 枸杞子有何药用价值？

答：科学研究表明，枸杞子含蛋白质、脂肪、糖、胡萝卜素、核黄素及铁、钙、磷等多种矿物质和 18 种氨基酸。具有增强免疫功能、抗肿瘤、降血脂等药理作用。枸杞子有抑制脂肪在肝细胞内沉积和促进肝细胞新生的作用，能保护肝脏。有降低血中胆固醇的作用，能防止动脉粥样硬化的形成。此外，枸杞子还可降低血糖，有利于糖尿病人的治疗和康复。能促进造血功能，预防贫血。

需要注意的是：胸闷脘腹胀满者，高血压且性情急躁者，或平日大量摄取肉类导致面泛红光者忌食。

2. 枸杞子炖银耳有何食疗功效？怎样自制枸杞子炖银耳？

答：枸杞子炖银耳具有滋补健身的功效，对虚劳瘦羸、头晕目眩之人尤为适宜。

那么，怎样自制枸杞子炖银耳呢？

用料：枸杞子 25 g、水发银耳 150 g、冰糖 25 g、白糖 50 g。

做法：①将银耳洗净入温水中涨发 1 h 后，除去杂质泡入清水中。

②汤锅置旺火上添水烧沸，放入冰糖、白糖，烧沸后撇去浮沫。待糖汁清白时将银耳、枸杞子放入锅中，炖至银耳有胶质时，倒入大汤碗内即可食用。

3. **枸杞子红枣煲鸡蛋有何食疗功效？怎样自制枸杞子红枣煲鸡蛋？**

答：枸杞子红枣煲鸡蛋可改善体虚之人头晕眼花，心慌心跳，健忘失眠的症状，对肝肾亏损、脾胃虚弱之肝硬化病人，疗效颇佳。

那么，怎样自制枸杞子红枣煲鸡蛋呢？

用料：枸杞子 30 g、红枣 10 枚（去核）、鸡蛋 2 个。

做法：将枸杞子、红枣放入锅中，加水适量，小火炖 30 min。将鸡蛋敲开放入，再煮片刻即可。

用法：食蛋饮汤。每日或隔日吃 1 次。

4. **枸杞子油爆河虾有何食疗功效？怎样自制枸杞子油爆河虾？**

答：枸杞子油爆河虾具有温补肝肾，助阳益气的功效。对肝肾虚寒、遗精、早泄、小便频数或失禁有辅助治疗作用。

那么，怎样自制枸杞子油爆河虾呢？

用料：枸杞子 30 g、河虾 500 g，葱末、姜末、食盐、味精、植物油、香油、白糖、料酒适量。

做法：①将枸杞子洗净，加水 1/2 煎煮，提取枸杞子浓缩汁 15 mL，余下部分置小碗内，上笼蒸熟。

②选取大的河虾，剪去虾须，洗净，沥干水分。

③将炒锅烧热，倒入植物油，烧至八成热时，分两次投入河虾，炸至虾壳发脆，用漏勺捞出，沥干油。

④锅内留适量余油，投入葱末、姜末、食盐、味精、白糖、料酒、枸杞子浓缩汁和清汤，煮沸。稍稠后，投入虾和熟枸杞子，翻炒片刻，加入香油即可食用。

(三)罗汉果

1. 罗汉果有何药用价值?

答:罗汉果又名拉汉果、假苦瓜、青皮果,为葫芦科植物罗汉果的成熟果实。

罗汉果性凉、味甘,具有清热润肺、止咳化痰、润肠通便的功效。常用于防治呼吸道感染及胃肠保健。主治咽喉炎、百日咳、急慢性支气管炎、扁桃体炎等症,对鼻咽癌、喉癌、肺癌患者放疗后出现的咽干、口渴、干咳、低热亦有缓解效果。

罗汉果含有亚油酸、油酸等多种不饱和脂肪酸,可降低血脂、减少脂肪在血管内的沉积,对防治高脂血症、动脉粥样硬化有一定疗效。罗汉果还含有人体所需要的多种营养成分,能提高人体的抗病和免疫能力。

罗汉果中含有1‰三萜糖苷类 S-5 的强甜物质——罗汉果甜苷。它的甜度相当于蔗糖的 300 倍,比甜菊苷(甜度相当于蔗糖的100～150 倍)和甘草素(甜度相当于蔗糖的 50 倍)要甜,并且没有甜菊苷的苦异味。罗汉果对各种疾病起主要效果的就是罗汉果甜苷。罗汉果甜苷不会被小肠吸收,只会被排出体外,故不会转化为热量,是糖的最佳替代品。适合缺糖患者和糖尿病患者食用。

需要注意的是:风寒咳嗽者忌食罗汉果。

2. 罗汉果烧兔肉有何食疗功效? 怎样自制罗汉果烧兔肉?

答:罗汉果烧兔肉具有润肺、止咳、美容的功效。适用于肺热干咳、肌肤不润、面色无华等症。

那么,怎样自制罗汉果烧兔肉呢?

用料:罗汉果 1 个、兔肉 300 g、莴苣 100 g、鲜汤 300 mL,葱、姜、食盐、味精、酱油、素油、料酒、白糖适量。

做法:①将罗汉果洗净,打破。将兔肉洗净,切成 3 cm 见方的块。将莴苣去皮,切成 3 cm 见方的块。将葱切段、姜切片。

②将炒锅置火上烧热,加入素油,烧至六成热时,下入葱、姜爆香,再下入罗汉果、兔肉、莴苣、食盐、味精、酱油、料酒、白糖、鲜汤烧熟即可食用。

3. 罗汉果猪蹄汤有何食疗功效?怎样自制罗汉果猪蹄汤?

答:罗汉果猪蹄汤具有清肺热,祛痰火的功效。可作为解秋燥的食疗煲汤。

那么,怎样自制罗汉果猪蹄汤呢?

用料:罗汉果半个、猪蹄 500 g、白菜 500 g、菜干 50 g、南杏仁 20 g、生姜 2～3 片、柿饼 2 个(可不用),食盐、生油适量。

做法:①将罗汉果洗净,稍浸泡。将猪蹄肉洗净,不用切。将白菜洗净、切短段。将菜干浸泡后,洗净、切短段。将南杏仁洗净,稍浸泡。将柿饼稍洗,切片状。

②将上述用料与生姜一起放入瓦煲内,加入清水 3 000 mL(约 12 碗水量),先用大火煮沸后,改用小火煲约 150 min,调入适量食盐、生油即可。

用法:猪蹄肉可捞起,拌入酱油佐餐用。

4. 罗汉果煲猪肺汤有何食疗功效？怎样自制罗汉果煲猪肺汤？

答:罗汉果煲猪肺汤具有润肺止咳、清热化痰的功效。适用于口干咽燥、肺热咳嗽、百日咳及小儿痰核(即颈淋巴腺炎)等症。

那么,怎样自制罗汉果煲猪肺汤呢?

用料:罗汉果 50 g、猪肺 100 g、白菜叶 200 g,陈皮、葱花、姜片、食盐、味精、料酒适量。

做法:①将罗汉果去壳后分成小块。将准备好的猪肺切成小块,过水焯一下。

②将焯好的猪肺放入装有清水的煲内,加入罗汉果、陈皮、葱花、姜片,滴入料酒,搅拌均匀后用中火加热。1 h 后加入白菜叶,续煮 5 min,加入食盐、味精调味即可食用。

5. 罗汉果麦冬粥有何食疗功效？怎样自制罗汉果麦冬粥？

答:罗汉果麦冬粥适用于肺热咳喘、咽喉肿痛、咳痰、潮热、盗汗、自汗、口渴心烦等症。常食此粥对喉癌、肺癌有一定辅助治疗作用。

那么,怎样自制罗汉果麦冬粥呢?

用料:罗汉果(打碎)20 g、麦冬 20 g、粳米 100 g,红糖适量。

做法:将罗汉果、麦冬水煎 3 次,取汁备用。将粳米洗净,加清水适量煮粥。待粥煮至浓稠时,放入药汁稍煮片刻,用红糖调味即可。

用法:每日 2 次,早、晚食用。

(四)桑葚

1. 桑葚有何药用价值?

答:桑葚又名桑果、桑实、桑子、桑枣等,是桑科落叶乔木桑树的成熟果穗。中医认为,桑葚性微寒,味酸、甘,具有生津止渴、润肠燥、补血滋阴等功效。主治阴血不足而致的头晕目眩、耳鸣心悸、烦躁失眠、须发早白、消渴口干、腰膝酸软、大便干结等症。

桑葚中含有丰富的活性蛋白、氨基酸、葡萄糖、蔗糖、果糖、维生素、胡萝卜素、矿物质、鞣质、苹果酸、尼克酸等成分。其营养是苹果的 5～6 倍,葡萄的 4 倍,常吃能显著提高人体免疫力,具有延缓衰老、美容养颜的功效,被医学界誉为"21 世纪的最佳保健果品"。

研究发现,不少儿童由于锰和锌的缺乏,造成智力发育迟缓,出现学习能力降低、迟钝和嗜睡等症状。桑葚中含有丰富的锰。中药白术含丰富的锌,用桑葚配合白术食用,对纠正儿童智力降低有重大意义。此外,锰对心血管系统具有保护作用,患有动脉硬化的中老年人,常食桑葚颇宜。

需要注意的是:脾胃虚寒、腹泻者忌食桑葚。

2. 桑葚柠檬茶有何食疗功效? 怎样自制桑葚柠檬茶?

答:桑葚柠檬茶具有消暑解热之功。坚持每日饮用 1 杯,可美肤、淡斑、祛粉刺。

那么,怎样自制桑葚柠檬茶呢?

用料:桑葚罐头适量、柠檬 1 片、冷开水 500 mL。

做法:将柠檬片放入杯中,注入冷开水(冰水更佳),放入数颗桑葚粒,再舀入几汤匙桑葚汁调匀即可饮用。桑葚粒为精华部分,一定要嚼碎吃掉。

3. 桑葚牛骨汤有何食疗功效?怎样自制桑葚牛骨汤?

答:桑葚牛骨汤具有滋阴补血,益肾强筋的功效。适用于骨质疏松、神经衰弱、更年期综合征等。

那么,怎样自制桑葚柠檬茶呢?

用料:桑葚 250 g、牛骨 250 g,葱、姜、白糖、白酒适量。

做法:①将桑葚洗净,加白糖、白酒少许蒸制。

②将牛骨置砂锅中,大火煮沸,撇去浮沫,加入葱、姜改小火炖轰,至牛骨发白,捞出。

③加入蒸制好的桑葚,煮 20 min,调味后即可食用。

4. 桑葚瘦肉汤有何食疗功效?怎样自制桑葚瘦肉汤?

答:桑葚瘦肉汤明目清肝、润肠、降血压。对便秘、高血压有辅助治疗作用。

那么,怎样自制桑葚瘦肉汤呢?

用料:桑葚 12 g、瘦肉 250 g、柚皮 60 g、冰糖 20 g。

做法:将桑葚、瘦肉分别洗净。将柚皮去外皮留囊,晒干后留用。在煲内加入 1 000 mL 水,放入用料。约煮 3 h 后加入冰糖,再煮片刻即可。

用法:食肉饮汤。

5. 桑葚补肾膏有何食疗功效？怎样自制桑葚补肾膏？

答：桑葚补肾膏具有补肝益肾的功效。适用于肝肾不足，精血亏虚之人秋冬时节食用。

那么，怎样自制桑葚补肾膏呢？

用料：桑葚 10 g、熟地 10 g、枸杞子 10 g、炒女贞子 10 g、车前子 6 g、菟丝子 6 g、肉苁蓉 6 g、猪肝 250 g、鸡蛋清 2 个、桑葚酒 10 g、熟鸡油 8 g、葱节 15 g、姜片 10 g、鸡精 1 g、胡椒粉 1 g、上汤 700 mL、食盐适量。

做法：①将桑葚、熟地、女贞子、车前子、菟丝子、肉苁蓉烘干研成细末。将枸杞子温水泡发。

②将猪肝去白筋、洗净，用刀背捶成茸，盛入碗中，加清水 150 mL 调匀，去肝渣。将姜片、葱节入肝汁中浸泡 15 min，去葱、姜，留肝汁备用。

③将肝汁、蛋清、桑葚酒、胡椒粉、精盐及中药粉搅拌均匀，入笼旺火蒸 15 min，成膏至熟。

④用上汤调味，注入砂锅中。再将猪肝膏取出划成片状入汤锅，撒上枸杞子，淋上鸡油。

用法：食肉膏，饮汤汁。

（五）沙棘

1. 沙棘有何药用价值？

答：沙棘果、种子、叶片，可用于治疗烧伤、烫伤、辐射损伤、褥疮及其他皮肤病。还可治疗胃肠疾病、静脉曲张，甚至对缓解动脉粥样硬化、病毒性肝炎、治疗癌症的疗效也比较显著。

沙棘富含生物活性成分,目前已发现的生化成分达 190 多种。专家赋予它"维生素宝库"的美称,认为沙棘是 21 世纪最有希望的保健和医药品之一。

2. 沙棘汁有何食疗功效? 怎样自制沙棘汁?

答:沙棘汁具有生津止渴,利咽化痰的功效。可用于治疗咽喉干燥、疼痛等病症。

那么,怎样自制沙棘汁?

用料:新鲜沙棘 100 g、白糖 20 g。

做法:将沙棘洗净,以杵捣烂如泥,并用干净消毒纱布绞取果汁。在果汁中加入白糖及适量温开水,搅匀即可饮用。

3. 沙棘末有何食疗功效? 怎样自制沙棘末?

答:沙棘末具有清肺止咳化痰的功效。适用于咳嗽痰多之症。

那么,怎样自制沙棘末?

用料:沙棘干 10 g、白葡萄干 10 g、甘草 10 g。

做法:将沙棘干、白葡萄干、甘草碾成粉末,贮罐中。

用法:每日 2 次,每次 3 g。

4. 沙棘粥有何食疗功效? 怎样自制沙棘粥?

答:沙棘粥适用于腹泻、急性胃炎及月经不调患者。

那么,怎样自制沙棘粥呢?

用料:沙棘 30 g、粳米 100 g、食盐或白砂糖适量。

制作:①将沙棘洗净,加水煎取汁液约 100 mL。

②将粳米洗净,加清水煮粥。粥成加入沙棘汁。煮至稀稠适宜,加入食盐或白砂糖调味即可食用。

5. 沙棘膏有何食疗功效？怎样自制沙棘膏？

答:沙棘膏可治疗消化不良、胃痛、胃溃疡、皮下出血、月经不调、闭经等病症。

那么,怎样自制沙棘膏呢？

用料:新鲜沙棘 50 g。

制作:将沙棘洗净,以杵捣烂如泥,放入瓦罐中。在瓦罐加入清水 1 000 mL,先以大火煮沸,后改小火续煎 30 min,滤去果渣。将果汁重新放回瓦罐中,以小火慢慢浓缩为膏。

(六)山楂

1. 山楂有何药用价值？

答:山楂性微温,味酸、甘,归脾、胃、肝经。

每 100 g 山楂中含钙约为 85 mg,维生素 C 89 mg,维生素 B_2 的含量可与香蕉媲美。此外,碳水化合物、蛋白质、铁、磷、有机酸等的含量也相当可观。

山楂对进食油腻过多所引起的消化不良有较好的疗效。焦山楂(炒焦的山楂)还有止泻的作用。焦山楂的炭化部分到达肠道后,可吸附肠中的有害毒素,减轻这些物质对肠壁的刺激,使肠道蠕动减缓,能够止泻。

山楂还可"减脂"。山楂中膳食纤维丰富,可缩短食物通过小肠的时间,从而减少胆固醇的吸收,起到减脂的效果。此外,山楂可丰富肝脏中维生素 C 的含量,起到加速血液胆固醇转化为胆酸,降低血液中甘油三酯的作用。新鲜山楂中所含有的大量的果胶(含量高达 6.4%),也可降低血液胆固醇水平。

山楂还具有活血化瘀的功效。妇女闭经、血瘀经痛、产后瘀滞腹痛、恶露不尽等症用山楂配当归、红糖等,能收到良好效果。

此外,山楂所含的牡荆苷、杏仁苷等化合物的综合作用,能增强人体抵抗力,抑制癌细胞去氧核糖核酸的合成。

2. 何为"北山楂"? 何为"南山楂"?

答:山楂有"北山楂"和"南山楂"之分。

将采得的山楂横切成 1.5～3 mm 厚的薄片晒干,称为"北山楂"。北山楂以个大、皮红、肉厚者为佳。

将野山楂晒干或压成饼状后再晒干,称为"南山楂"。南山楂以个匀、色红、质坚者为佳。

3. 食用山楂有何注意事项?

答:①脾胃虚弱者忌食山楂。

②孕妇应慎食山楂。山楂具有收缩子宫的作用,孕妇要谨慎食用。

③儿童戒贪食山楂。贪吃山楂或山楂片、山楂糕点,对儿童牙齿生长不利。食用山楂后要刷牙,以免引起牙病。此外,山楂片含糖量高,儿童进食过多会使血糖保持在较高水平,没有饥饿感,影响进食。长期大量食用山楂会导致营养不良、贫血等。

④山楂不可与猪肝一同食用。山楂富含维生素 C。猪肝中含

有铁、铜、锌等金属元素。维生素C遇到金属元素会加速氧化而破坏、降低食物的营养价值。

⑤山楂不可与海味一同食用。山楂与海味一同食用会发生化学反应生成鞣酸蛋白。这种物质有收敛作用,增加肠壁对毒素的吸收,易导致便秘,并引起恶心、呕吐、腹痛等症状。

4．山楂糕有何食疗功效？怎样自制山楂糕？

答:山楂糕具有解酸消食、降压醒脑、软化血管等功效。特别适宜老人、儿童食用。

那么,怎样自制山楂糕呢?

用料:山楂1 000 g、琼脂3 g、白糖800 g、冷水3 000 mL。

做法:①将九成熟的山楂洗净、去核。

②把琼脂放入碗内,用开水浸泡2 h,备用。

③将山楂、浸软的琼脂和冷水一同放入锅内,置于大火上煮至山楂烂、琼脂溶化。

④用捣白将山楂捣成糊状,去籽。加入白糖,搅拌均匀。用小火煮20~30 min,可离火。

⑤将煮好的山楂糊趁热倒入3~4 cm厚的盘中,晾凉后即可食用。

5．山楂肉干有何食疗功效？怎样自制山楂肉干？

答:山楂肉干适宜脾虚食滞,高血脂、高血压等中老年人春季食用。

那么,怎样自制山楂肉干呢?

用料:山楂100 g、猪瘦肉1 000 g,葱、姜、花椒、味精、酱油、植物油、香油、料酒、白糖各适量。

做法：①用山楂 50 g 加水适量。在火上烧沸后，下猪瘦肉煮至六成熟，捞出肉晾凉后切成 5 cm 长的粗条。

②用葱、姜、花椒、酱油、料酒将肉条拌匀、腌约 1 h，沥去水分。将肉条炸熟呈黄色，捞起，沥去油。将余下的山楂 50 g 略炸后，再把肉干倒入锅内，反复翻炒，微火焙干。放入味精、香油、白糖和匀起锅装盘即可食用。

6 · 山楂梨丝有何食疗功效？怎样自制山楂梨丝？

答：山楂梨丝能润肤养颜，延年益寿。适用于邪热伤阴、胸中积热、食积不化、精亏液少、高血压等。

那么，怎样自制山楂梨丝呢？

用料：山楂 200 g、梨 500 g、白糖适量。

做法：将山楂洗净、去核，将梨去皮、核，切丝。在锅内放入糖，加入适量水熬至糖起丝。再放入山楂炒至糖汁浸透时起锅，与梨丝共用。

7 · 山楂粥有何食疗功效？怎样自制山楂粥？

答：山楂粥适用于食积停滞、肉食不消；小儿乳食不消；妇女痛经、产后瘀血腹痛、恶露不尽；高血脂、高血压、冠状动脉供血不足、心绞痛等症。

那么，怎样自制山楂粥呢？

用料：山楂 50 g、粳米 50 g、冰糖适量。

做法：将山楂切片、去核，与粳米共煮粥。粥将熟时加入冰糖，调匀即可。

用法:每日2次,可作早、晚餐食用。

(七)小茴香

1. 小茴香有何药用价值?

答:小茴香,性温,味辛,归肝、肾、膀胱、胃经。具有行气止痛、和胃、温肾暖肝的功效。主治食少吐泻、脘腹冷痛、寒疝腹痛、胁痛、肾虚腰痛、睾丸偏坠、妇女痛经等症。由于其辛散温通,善暖中下二焦,尤以疏肝、散寒、止痛见长,对寒疝的治疗效果颇佳。

小茴香的主要成分是茴香油(挥发油)、脂肪油、棕榈酸、花生酸、豆甾醇等。现代药理研究表明,小茴香具有抗溃疡、松弛气管平滑肌、促进肝组织再生、利胆、性激素样作用等。茴香油有不同程度的抗菌作用,能刺激胃、肠神经血管,促进唾液和胃液分泌,起到增进食欲,帮助消化的功效。适合脾胃虚寒、肠绞痛、痛经患者的食疗。

需要注意的是:干燥综合征、结核病、糖尿病、更年期综合征等阴虚内热者忌食小茴香。

2. 茴香鲫鱼有何食疗功效? 怎样自制茴香鲫鱼?

答:茴香鲫鱼具有理气、止痛、健脾的功效。尤其适用于男子疝气。

那么,怎样自制茴香鲫鱼呢?

用料:小茴香5g,鲫鱼2条,食盐、植物油适量。

做法:①将鲫鱼去鳞和内脏,洗净,两面各划上三条斜刀。将小茴香冲净,浸泡一会儿,备用。

②将鲫鱼放入盘子中,撒上茴香、食盐、植物油,再将盘子放进锅内,隔水用小火蒸熟即可食用。

3. 茴香米粥有何食疗功效?怎样自制茴香米粥?

答:茴香米粥适应于食欲减退、胃寒呕吐、脘腹胀气、慢性胃炎、小肠疝气、睾丸肿胀偏坠及鞘膜积液等症。

那么,怎样自制茴香米粥呢?

用料:小茴香 30 g、粳米 50 g,食盐、红糖适量。

做法:①取小茴香加食盐 3～5 g,炒至焦黄,研为细末,作为 1 疗程用量。

②用粳米加水 450 mL,用砂锅煮为稀粥。调入小茴香粉 5～6 g,红糖适量,改用小火稍煮片刻,待粥稠即可。

用法:每日 1 次,每晚睡前温服食。连服 5 d 1 疗程。若需再服,以隔 3～5 d 为好。

4. 茴香酒有何食疗功效?怎样自制茴香酒?

答:茴香酒适用于不思饮食、呕吐、脘腹、疼痛胀闷、寒疝少腹痛、睾丸偏坠牵引腹痛,妇女带下等症。

那么,怎样自制茴香酒呢?

用料:小茴香 120 g、黄酒 500 g。

做法:将小茴香炒黄,置于干净容器中,加黄酒煮数沸,候凉,放入瓶中备用。

用法:每日 3 次,每次餐前温饮 1～2 盅。

(八)益智仁

1. 益智仁有何药用价值?

答:益智仁是姜科植物益智的干燥成熟果实,为我国四大南药之一。

益智仁性温、味辛,具有温脾、暖肾、固精、缩尿的作用。主治口淡多涎、寒性胃痛、脾虚吐泻、小便频数、尿有余沥。

现代研究发现,益智仁含挥发油,主要成分为萜烯、倍半萜烯、倍半萜烯醇,能调节动物神经的功能紊乱,对性神经有兴奋作用。对遗精、遗尿有疗效。此外,益智仁还有升高白细胞及血小板、强心、扩张冠状动脉的作用。

需要注意的是:阴虚火旺或因热而患遗精、滑泄、崩带者忌服益智仁。

2. 茯苓益智仁粥有何食疗功效? 怎样自制茯苓益智仁粥?

答:茯苓益智仁粥具有益脾、暖肾、固气的功效。适用于小儿流涎及小儿遗尿。

那么,怎样自制茯苓益智仁粥呢?

用料:益智仁 30 g、茯苓 30 g、大米 50 g。

做法:将益智仁、白茯苓烘干后,一并研为粉末。将大米洗净后加水适量,煮成稀薄粥。待粥将熟时,每次调入药粉 3~5 g,稍煮即可。

用法:空腹趁热服食,每日早、晚 2 次,连用 5~7 d。或用米汤调药粉 3~5 g,温热空腹服食。

3. 益智仁炖牛肉有何食疗功效？怎样自制益智仁炖牛肉？

答:益智仁炖牛肉具有健脾、益气、养血的功效。适用于小儿多动症及智力发育不健全、注意力不集中。

那么,怎样自制益智仁炖牛肉呢?

用料:益智仁 10 g、牛肉 50 g,食盐、味精、酱油各适量。

做法:①将益智仁洗净。将牛肉洗净,切小块。

②将益智仁、牛肉一同放入炖盅内,加入酱油,隔水炖至牛肉熟烂,加入食盐、味精调味即可食用。

4. 益智仁猪肚汤有何食疗功效？怎样自制益智仁猪肚汤？

答:益智仁猪肚汤具有补虚损、健脾胃、益心肾的功效。适用于心烦口渴、心悸失眠,不思饮食、泄泻日久,或心及胃虚所致的小便频数、夜尿增多等症,对胃、十二指肠溃疡亦有疗效。

那么,怎样自制益智仁猪肚汤呢?

用料:益智仁 30 g、瘦肉 200 g、猪肚 1 个、薏苡仁 30 g、莲子 30 g、芡实 30 g、补骨脂 30 g、红枣 10 枚、胡萝卜 1 根、花菇 10 个、马蹄(荸荠)10 个、腐竹 50 g,食盐适量。

做法:①把猪肚翻转洗净,放入锅中,加适量清水,煮开后捞起,去水,再用刀轻刮内层洗净。将莲子、腐竹用清水浸泡 1～2 h 后,将腐竹切段。把胡萝卜、花菇、马蹄切丁,备用。

②将益智仁、薏苡仁、芡实、红枣、胡萝卜、花菇、马蹄一起填入猪肚内,用线缝合,放入锅内。加入泡发的莲子、腐竹和适量清水,大火煮沸后,放入瘦肉,小火煲 2～3 h,加入食盐调味即可食用。

5. 益智仁粥有何食疗功效？怎样自制益智仁粥？

答:益智仁粥具有补肾助阳,固精缩尿的功效。适用于妇女更年期综合征及老年脾肾阳虚、腹中冷痛、尿频、遗尿等。

那么,怎样自制益智仁粥呢?

用料:益智仁 5 g、糯米 50 g,食盐少许。

制作:将益智仁研为细末。用糯米煮粥,调入益智仁末,加入食盐少许,稍煮片刻,粥稠即可。

用法:每日早、晚餐温热服。

(九)紫苏籽

1. 紫苏籽有何药用价值？

答:紫苏籽,也称紫苏子,为唇形科植物紫苏的干燥成熟果实。

紫苏籽性温、味辛,归肺经,具有止咳平喘,降气消痰,润肠通便的功效。适用于痰壅气逆,咳嗽气喘,肠燥便秘等症。

现代研究发现,紫苏籽含有的紫苏籽油,可增强学习记忆功能。0.1%的紫苏籽油对变形杆菌、酵母菌、黑面霉菌、青霉菌及自然界中的多种霉菌均有抑制作用。紫苏籽中的 α-亚麻酸具有降血压、抑制血小板聚集的作用。此外,紫苏籽还有降血脂、抗癌等作用。

需要注意的是:气虚、阴虚久咳、脾虚便溏者忌食紫苏籽。

2. 紫苏籽酒有何食疗功效？怎样自酿紫苏籽酒？

答：紫苏籽酒具有止咳平喘、降气消痰的功效。适用于痰涎壅盛、肺气上逆而致的慢性气管炎、急性支气管炎、胸闷短气等症。

那么，怎样自制紫苏籽酒呢？

用料：紫苏籽 60 g、黄酒 2 500 mL。

做法：将紫苏籽微炒，装入布袋，置容器中。加入黄酒，密封浸泡 7 d。弃药袋即可。

用法：每日 2 次，每次服 10 mL，可开水对饮之。但热性咳嗽忌服。

3. 紫苏籽粥有何食疗功效？怎样自制紫苏籽粥？

答：紫苏籽粥用于治疗气粗息高，咳嗽痰喘，大便不通，燥结难解等症。

那么，怎样自制紫苏籽粥呢？

用料：紫苏籽 10 g、粳米 100 g。

做法：①将紫苏籽捣碎、装入纱布袋内，置于锅中。加水 150 mL，煮沸 30 min，滤得药液。

②将粳米淘洗干净后，置于锅中，加水适量煮成粥。

③粥成后，加入药液，煮沸约 5 min 即可食用。

4. 紫苏麻仁粥有何食疗功效？怎样自制紫苏麻仁粥？

答：紫苏麻仁粥具有润肠通便的功效。适用于体质虚弱者、产妇、老人、体虚肠燥、大便干结难解。

那么,怎样自制紫苏麻仁粥呢?

用料:紫苏籽 10 g、火麻仁 15 g、粳米 50~100 g。

做法:先将紫苏籽和火麻仁捣烂、加水研碎,滤取汁。再与粳米同煮成粥。

5. 紫苏籽汤圆有何食疗功效? 怎样自制紫苏籽汤圆?

答:紫苏籽汤圆具有宽中开胃、理气利肺的功效。适用于咳喘痰多、胸膈满闷、食欲不佳、消化不良、便秘等病症。

那么,怎样自制紫苏籽汤圆呢?

用料:紫苏籽 300 g、糯米粉 1 000 g,白糖、猪油适量。

做法:①将紫苏籽洗净、沥干,放入锅内炒熟,出锅晾凉、研碎,放入白糖、猪油拌匀成馅。

②将糯米粉用开水和匀,做成粉团包入馅(即成生汤团),入沸水煮熟,出锅即可食用。

需要注意的是:脾胃虚弱泄泻者忌食。

四、药、食两用植物——叶子类

(一)荷叶

1. 荷叶有何药用价值？

答：荷叶性平、味苦，归肝、脾、胃经，具有清热解暑、升发清阳、凉血止血的功效。主治暑热烦渴、暑湿泄泻、脾虚泄泻及血热引起的各种出血症。鲜用干用均可。制成荷叶炭后收涩、化瘀、止血，可用于多种出血症及产后血晕。

需要注意的是：①胃寒冷痛、体弱气虚之人忌用荷叶。

②荷叶不宜与桐油、茯苓、白银一同食用。

2. 饮用山楂荷叶茶可以减肥瘦身吗？

答：在我们的五脏六腑中，脾胃是负责运化水湿的。脾胃功能健旺，水湿就能很好地被运化出去；如果脾胃功能变弱，那么水湿就会在体内停滞。在中医看来，人之所以肥胖，是因为体内有湿。湿气在体内滞留，不能随气血流动，造成脂肪堆积。

那么，为何说饮用山楂荷叶茶能减肥瘦身呢？

山楂，有健胃、补脾、消积食、散瘀血等多种功效。山楂可使脾

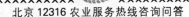

胃健运,运化水湿的效率加强。并且山楂的消积化食作用能帮助加速排解体内的废物,清除脂肪。因此,山楂是很好的减肥食品。

荷叶,具有利尿祛湿、消水肿的功效,能帮助祛除滞留在体内的湿气,从而达到消肿减肥的目的。

决明子,具有清肝明目、利水通便、降脂降压的功效。在这道茶中,之所以用到决明子,是因为它有利水的功效,能帮助人们排除脾胃水湿,从而达到瘦身的目的。

利用山楂、荷叶、决明子制成的山楂荷叶茶,常饮可达到瘦身的效果。

3．怎样自制山楂荷叶茶?

答:用料:山楂 15 g、荷叶 15 g、决明子 10 g。

做法:先将决明子加水用小火煎汁,煎 20 min 后倒出汁液备用。再将山楂和荷叶洗净,锅中倒入适量的清水,加入山楂和荷叶后用小火熬 20 min 左右,倒入决明汁液,再煮沸 3 min 即可停火服用。如果没有时间煮茶,也可以改用开水冲泡。但只有冲泡的第一遍茶水有较好的瘦身效果。

山楂荷叶茶,每天饭前饭后都可以当茶水饮用,但饭前空腹饮用的瘦身效果更佳。经期和怀孕的女性朋友最好不要饮用。

4．食用荷叶汤可以瘦身吗? 怎样自制荷叶汤?

答:荷叶多用于治疗暑热病症,也是女性常用的瘦身原料,荷叶汤一直受到瘦身一族的追捧。这道汤不仅能解暑,还能降脂去腻,适合在夏季女性瘦身饮用。

那么,怎样自制荷叶汤呢?

用料:荷叶 1 张、白扁豆 50 g。

做法:将荷叶洗净切丝,然后将扁豆下锅,扁豆煮至黏软时,下入荷叶,再煮上 20 min 即可食用。

5. 荷叶冬瓜粥有何食疗功效?怎样自制荷叶冬瓜粥?

答:荷叶冬瓜粥具有清心祛暑、生津止渴、消食利尿的功效。

那么,怎样自制荷叶冬瓜粥呢?

用料:鲜荷叶 1 张、冬瓜 50 g、大枣 10 枚、粳米 50 g,白糖适量。

做法:①将荷叶洗净,切粗丝。将大枣洗净,去核。将荷叶和大枣放入瓦煲中煎取汁液约 100 mL。

②将冬瓜、粳米洗净,放入锅中,加入适量水,小火煮粥至将成,加入荷叶和大枣的煎汁,再煮至粥稀稠,调入白糖,拌匀即可。

用法:每日 1 剂,分 2 次服。

6. 香芋荷叶饭有何食疗功效?怎样自制香芋荷叶饭?

答:香芋荷叶饭具有健脾开胃、补虚养身的功效。适合消化不良者食用。

那么,怎样自制香芋荷叶饭呢?

用料:鲜荷叶 1 张、粳米 500 g、猪肉(肥瘦)300 g、芋头 200 g、玉米淀粉 100 g,食盐、胡椒粉、植物油、猪油(炼制)适量。

做法:①将粳米淘净后放入盆中,加入适量猪油和水。上笼用大火蒸熟,取出晾凉,拌入食盐、胡椒粉、鲜肉馅待用。

②将香芋去皮蒸粉剁成小砣,加入肉馅、淀粉、食盐、植物油,与米饭拌匀。

③用荷叶将其包成包袱状,上笼用旺火蒸 10 min 即可食用。

7. 荷叶米粉肉有何食疗功效？怎样自制荷叶米粉肉？

答:猪肉的脂肪含量较高。而荷叶对于血压、血脂、血黏、血糖和轻度的脂肪肝都有一定的调理作用。因此,若用荷叶来包肉食用,可以减少脂肪的吸收,促进脂肪的代谢。荷叶米粉肉具有升清降浊、健脾养胃的功效,适合高血压、高脂血症患者食用。

那么,怎样自制荷叶米粉肉呢？

用料:荷叶 1 张、猪瘦肉 250 g、粳米 250 g,豌豆淀粉、食盐、酱油适量。

做法:①将粳米洗净、捣成米粉。将猪肉切成厚片,加入淀粉、酱油等抓匀。

②将荷叶洗净,裁成 10 块,把肉和米粉包入荷叶内,卷成长方形,放蒸笼中蒸 30 min,取出即可食用。

8. 荔荷炖大鸭有何食疗功效？怎样自制荔荷炖大鸭？

答:荔荷炖大鸭具有益气健脾、利水消肿、滋阴养血的功效。适宜阴血亏虚或气阴两虚者食用。

那么,怎样自制荔荷炖大鸭呢？

用料:鲜荷叶 1 张、荔枝 250 g、鸭子 1 只、猪瘦肉 100 g、熟火腿 25 g,葱、姜、食盐、味精、料酒、清汤适量。

做法:①将荷叶洗净,剪齐两端,入沸水中氽过,取出。将荔枝去壳、核,洗净,切两半。将鸭子宰杀,去毛、肠杂,洗净。将瘦肉洗净,切小块。将火腿切丁。将葱切段、姜切片。

②将鲜荷叶放入蒸盆铺底,依次放入火腿丁、瘦肉块、鸭子、姜

片、葱段、盐和料酒,再加入适量沸水,上笼蒸至鸭肉熟烂,去掉葱、姜浮沫,加入荔枝肉、清汤,稍蒸片刻即可食用。

(二)桑叶

1. 桑叶有何药用价值?

答:桑叶为桑科植物。桑树的叶,药用时须经霜后采收。

桑叶性寒,味甘、苦,归肺、肝经,具有疏散风热、清肺润燥、清肝明目的功效。主治风热感冒,头晕头痛,目赤昏花,肺热燥咳。此外,桑叶还有生发、止汗和治疗糖尿病的功效。处方时常写作"冬桑叶"、"霜桑叶"。

需要注意的是:桑叶不宜用于寒症。

2. 炸桑叶有何食疗功效? 怎样自制炸桑叶?

答:炸桑叶具有清心明目、发汗解表、祛风清热的功效。

那么,怎样自制炸桑叶?

用料:桑叶 300 g、小麦面粉 50 g、鸡蛋 2 个,食盐、味精、椒盐、菜籽油适量。

做法:①选手掌大的嫩桑叶洗净,揩干水汽。将面粉、鸡蛋、食盐、味精调成蛋面糊,备用。

②将桑叶于面糊中拖过,使两边都粘上面糊(面糊不宜调得太稠,以能在面糊之中露出桑叶的本色为宜),放入热油锅中炸至微黄色时起锅,装盘,带椒盐碟上桌即可。

3. 桑叶薄菊枇杷茶有何食疗功效？怎样自制桑叶薄菊枇杷茶？

答：桑叶薄菊枇杷茶具有疏风清热、解表清肺的功效。适用于风热感冒初起。

那么，怎样自制桑叶薄菊枇杷茶呢？

用料：桑叶 500 g、黄菊花 250 g、枇杷叶 250 g、薄荷 250 g。

做法：将桑叶、黄菊花、枇杷叶和薄荷共制成粗末，用洁净的纱布袋分装，每袋 10～15 g。每次取 1 袋，放入茶杯中，用沸水冲泡，盖闷 10 min 即可。

用法：代茶频饮。

4. 桑叶粥有何食疗功效？怎样自制桑叶粥？

答：桑叶粥具有祛风清热的功效。适用于小儿外感风热、发热头痛、肺热咳嗽、目赤口渴、麻疹、风疹等症。

那么，怎样自制桑叶粥呢？

用料：桑叶 10 g、粳米 50 g。

做法：将桑叶水煎取汁，备用。将洗净的粳米入锅，加水 500 mL，用旺火烧开，然后用小火熬煮成稀粥。加入桑叶汁，稍煮即可。

用法：温热食用，每日 2～3 次。

需要注意的是：小儿外感风寒、发热恶寒不宜服用。

5. 桑叶猪肝汤有何食疗功效？怎样自制桑叶猪肝汤？

答：桑叶猪肝汤适用于眼结膜炎、夜盲、肝热头目疼痛等症。

那么,怎样自制桑叶猪肝汤呢?

用料:桑叶 15 g、猪肝 100 g,食盐适量。

做法:①将猪肝洗净,切成片,放入汤锅中,加入适量清水,用大火煮沸撇去浮沫。

②改用小火煮至七成熟,放入桑叶,用食盐调好味即可食用。

(三)紫苏

1. 紫苏有何药用价值?

答:紫苏的入药部分是夏秋采收的叶片及梗。

紫苏性温,味辛,能散风寒,对秋冬季感冒出现的头痛、鼻塞、恶寒、发热、无汗兼有咳嗽者有一定疗效。

此外,新鲜的紫苏叶营养成分比一些蔬菜还高。紫苏叶片中的粗蛋白超过 22%,粗纤维含量也很丰富。还含有丰富的铁质、各种人体成长所需的维生素与多种氨基酸,有机化学物质(如:紫苏醛)等成分。

需要注意的是:气虚、表虚汗多者不宜服用紫苏。

2. 紫苏炖老鸭有何食疗功效? 怎样自制紫苏炖老鸭?

答:紫苏炖老鸭具有滋阴、补虚、养胃、利水的功效,是秋冬时节的滋补佳品。

那么,怎样自制紫苏炖老鸭呢?

用料:紫苏叶 10 g、老鸭半只、萝卜 200 g、啤酒半瓶、老姜 20 g,食盐、生抽酱油、植物油适量。

做法:①将鸭肉切小块,泡去血水。

②在锅中加入少量油,爆炒鸭块,待鸭肉收紧时,倒入半瓶啤酒,煮沸后移入高压锅,放入老姜、食盐、生抽。

③20 min后,打开高压锅,放入切好的紫苏叶和萝卜,重新煮沸 10 min即可食用。

3. 紫苏生姜红糖饮有何食疗功效? 怎样自制紫苏生姜红糖饮?

答:紫苏生姜红糖饮适用于风寒感冒,头痛发热,恶心呕吐。

那么,怎样自制紫苏生姜红糖饮呢?

用料:鲜紫苏叶 3 g、生姜 3 g、红糖 15 g。

做法:将紫苏洗净,姜切丝,一同放入茶杯中,冲沸水 200～300 mL,加盖浸泡 5 min,加入红糖即可。

用法:趁热顿服。

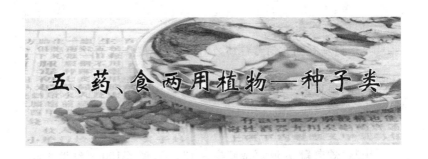

五、药、食两用植物—种子类

（一）白扁豆

1. 白扁豆有何药用价值？

答：白扁豆，又名南豆、藤豆、蛾眉豆，为豆科植物扁豆的种子。

白扁豆甘淡温和是消暑、健脾、化湿良药。主治夏季暑湿引起的呕吐、泄泻、胸闷及饮食减少，脾胃虚弱，便溏腹泻，白带过多等症。

药理学证实，白扁豆富含碳水化合物、蛋白质、脂肪、铁、钙、锌、磷等营养成分。还含有病毒抑制成分，淀粉酶抑制物，血细胞凝集素 A、B 等物质，具有抗病毒，降血糖，增强细胞免疫功能，抗癌、防癌等功效。适宜青少年和糖尿病、癌症患者食用。

需要注意的是：①扁豆必须炒熟、煮透。扁豆荚上有 1 种溶血素，扁豆中也含有 1 种毒蛋白，此 2 种须经高温方能破坏。加热不够，食用后会发生头痛、头晕、恶心、呕吐、腹痛等中毒症状。

②患疟疾、寒热病者忌服扁豆。

2. 白扁豆粥有何食疗功效？怎样自制白扁豆粥？

答：白扁豆粥适用于夏季烦渴、暑湿泻痢、食少呕逆、脾胃虚弱、慢性腹泻等症。也适用于妇女赤白带下。

那么，怎样自制白扁豆粥呢？

用料：炒白扁豆 60 g（或鲜扁豆 120 g）、粳米 100 g、红糖适量。

制作：将白扁豆用温水浸泡 1 夜，再与粳米、红糖同煮为粥。

用法：温服，每日 2～3 次。可夏、秋季早、晚餐食用。

3. 白扁豆桂花糕有何食疗功效？怎样自制白扁豆桂花糕？

答：白扁豆桂花糕具有消暑和中、健脾化湿的功效。适用于脾胃虚弱导致的食欲不振、呕吐、腹泻、妇女白带多等。

那么，怎样自制白扁豆桂花糕呢？

用料：白扁豆 250 g、山楂糕 15 g、葡萄干 15 g、白糖 100 g、糖桂花少许。

做法：将白扁豆用淘米水浸泡去皮，加水煮酥。再加白糖煮化。撒上山楂糕丝、葡萄干、糖桂花即可。

用法：空腹食用。每日分 3 次食完。

4. 山药扁豆红枣糕有何食疗功效？怎样自制山药扁豆红枣糕？

答：扁豆、山药、红枣具有健脾止泻、和胃调中的功效，山药扁豆红枣糕非常适合老年人食用。

那么，怎样自制山药扁豆红枣糕呢？

用料：白扁豆 200 g、山药 400 g、红枣 200 g、白糖适量。

做法:①将白扁豆洗净,用温水浸泡4 h。将山药洗净,去皮,切成小块或小片。将红枣洗净,去核,切成碎果肉。

②将白扁豆放入搅拌器打成带渣的糊状,倒入平底圆盘内。依个人口味加入适量白糖于白扁豆糊中搅匀。再加入切好的山药拌匀。在最上面均匀摆上红枣肉做装饰。

③在带蒸格的电饭煲中注入1/3热水,套上蒸格。将装有白扁豆的圆盘平整地放入蒸格,按下煮饭开关。20 min后取出,晾凉,切块,装盘,即可食用。

5. 白扁豆炖猪脚有何食疗功效? 怎样自制白扁豆炖猪脚?

答:白扁豆炖猪脚具有滋阴补肝,益气补虚的功效。适宜腰膝酸软等体虚之人食用。

那么,怎样自制白扁豆炖猪脚呢?

用料:白扁豆15 g、猪脚2只、旱莲草15 g,葱、生姜、食盐、胡椒粉、料酒各适量。

做法:①将白扁豆洗净。将猪脚去毛洗净,切块,入沸水中氽去血水,捞出。将旱莲草洗净,切寸许长的段。将葱挽结、姜拍松。

②将诸料入锅,淋料酒,加水3 000 mL。大火烧沸后,改小火炖至猪脚熟烂。加入食盐、胡椒粉,拌匀,稍炖即可食用。

(二)莱菔子

1. 莱菔子有何药用价值?

答:莱菔子,即俗称的萝卜籽。

莱菔子性平,味辛、甘,具有消食、降气、化痰的功效。擅长消食化积、除胀行滞,凡食积气滞而见嗳腐吞酸,腹胀疼痛者尤为适宜。能行能散,降气化痰,对肺气不降之咳喘尤为适宜。

现代研究发现,莱菔子有抗炎作用,对链球菌、大肠杆菌、肺炎球菌、葡萄球菌、痢疾杆菌、伤寒杆菌及多种致病性皮肤真菌均有抑制作用。还可用于治疗骨质增生、湿疹、小儿疳积、功能性子宫出血等症。

需要注意的是:①大便溏泄者忌用莱菔子。

②无食积、气虚、痰滞者慎用莱菔子。

③人参、莱菔子不能同用。

④莱菔子与何首乌、熟地配伍可致皮疹。

2．鸡内金莱菔粥有何食疗功效？ 怎样自制鸡内金莱菔粥？

答:鸡内金莱菔粥具有消食除胀的功效。适用于食积内热、呕吐腹胀、大便秘结等症。

那么,怎样自制鸡内金莱菔粥呢？

用料:莱菔子 5 g、鸡内金 6 g、粳米 50 g、白糖或食盐适量。

做法:将莱菔子炒黄,鸡内金焙干,共研细末。粳米按常法煮粥。粥将熟前放入莱菔子、鸡肉金末,再煮至粥烂熟,调入白糖或食盐即可。

用法:早、晚食用。

3．莱菔子粥有何食疗功效？ 怎样自制莱菔子粥？

答:莱菔子粥具有化痰平喘,行气消食的功效。适宜老年慢性气管炎、肺气肿者食疗。

那么,怎样自制莱菔子粥呢？

用料:莱菔子末 15 g、粳米 100 g。

做法:将莱菔子末与粳米同煮为粥。

用法:早、晚温热食用。

(三)莲子

1. 莲子有何药用价值?

答:莲子为睡莲科植物。莲子干燥成熟种子,药用时去皮、心,中医处方叫"莲肉"。具有养心、益肺、补脾、益肾和涩肠等功效,适用于心悸、失眠、体虚、遗精、慢性腹泻及妇人崩漏、带下等症。

还有一种莲子称"石莲子",是莲子老于莲房后,堕入淤泥,经久坚黑如石质而得名。用于治疗口苦咽干、烦热、慢性淋病和痢疾等症。

需要注意的是:①食不运化,气郁痞胀,溺赤便秘及新产后忌用莲子。

②感冒前后忌用莲子。

③大便燥结者不宜服用莲子。

④莲子不可与蟹、龟一同服用。

2. 何为莲子心? 莲子心有何药用价值?

答:莲子中间青绿色的胚芽,叫莲子心。具有清热、安神、强心、降压、固精的功效。可治疗高烧引起的烦躁不安、神志不清和梦遗滑精等症。泡水代茶饮,可清心火。

3. 何为莲房？莲房有何药用价值？

答:莲子居住的"房子"叫莲房,又叫莲蓬壳。能治疗崩漏带下、子宫出血、产后胎衣不下、瘀血腹疼等症。

4. 何为白带异常？何为脾虚型白带异常？

答:女性从青春期开始,就会有少量白色透明而无异味的黏液从阴道流出来滋润阴部,这是生理的需要。但如果白带明显增多(妊娠初期或月经前后白带增多,属正常现象,不作病论),颜色异常,或带有一股浓浓的腥臭味,有时全身也有一些不适之症,那就属于白带异常了,中医称之为"带下病"。其病因主要在于脾、肾二脏的功能失调,尤以脾虚为主。脾脏虚弱,水湿就无法运化出去而在体内停留,水湿注于下焦,使带脉约束无力,就会引发带下;或水湿郁久生热,湿热下注,伤及任带二脉,而成带下。当然,经常生活在潮湿的环境中,也容易引发外界湿气入侵人体而导致白带异常。另外,工作压力大、休息不足也会引起白带增多和颜色变异。

而脾虚型白带异常的主要症状有哪些呢?白带量多,色白无臭味,终日淋漓不断,并且伴有面色苍白、精神倦怠等。

5. 食用三味莲子羹可以治疗脾虚型白带异常吗？

答:三味莲子羹是由莲子、山药、薏米熬煮而成。

莲子具有补脾止泻,益肾涩精等功效,对于心悸失眠,脾虚久泻,遗精带下等病症都有很好的治疗效果。山药入药,具有"益肾气、健脾胃、止泄泻、化痰涎、润皮毛"的功效,是补虚佳品,对于病后虚弱体质、妇女产后调养、小儿腹泻等都有显著效果。薏米,在中药里又称为"薏苡仁",具有健脾渗湿,除痹止泻,清热排脓等功效。不仅能健脾,还能帮助去除体内多余的湿气。

莲子、山药、薏米三者相配伍,对于脾虚型白带异常的治疗有着很好的效果。

6. 怎样自制三味莲子羹?

答:用料:莲子 60 g、薏米 60 g、山药 60 g。

做法:将莲子、薏米洗净,山药去皮,一同放入锅中,加水 500 mL,用文火熬煮成羹。

用法:每日 1 次。7 d 为 1 个疗程。

7. 老年人脾胃虚弱,可否饮用莲子薏米粥缓解症状? 怎样自制莲子薏米粥?

答:中医上说,人体的脾胃是后天之本。但随着年龄的增长,脾胃会慢慢虚衰。

莲子又名为藕实,《本草纲目》认为莲子"享清芳之气,得稼穑之味,乃脾之果也"。而薏米有利湿的作用。莲子薏米粥,可以养脾胃、除湿气,对老年人来说是再好不过了。

那么,怎样自制莲子薏米粥呢?

用料:莲子 30 g、薏米 50 g。

做法:将薏米淘洗干净,用冷水浸泡 3 h。锅中加入 1 000 mL 冷水,放入薏米,用旺火烧沸,然后加入莲子一起焖至熟透即可食用。

8. 牛奶窝蛋莲子汤有何食疗功效？怎样自制牛奶窝蛋莲子汤？

答：牛奶窝蛋莲子汤营养丰富，具有益智补脑、美容养颜的功效，对神经衰弱大有裨益。

那么，怎样自制牛奶窝蛋莲子汤呢？

用料：莲子 100 g、牛奶 500 g、鸡蛋 2 个、西米 50 g，冰糖、姜适量。

做法：①将莲子去心、洗净。将西米用清水浸 15 min 后略洗，沥干水分，备用。

②将适量清水注入煲中，放入莲子和姜片，慢火煮软莲子。

③捞出姜片弃掉，加入冰糖煮溶。

④注入牛奶，煮开后将鸡蛋逐个打入，再次开锅即可食用。

9. 莲子猪心汤有何食疗功效？怎样自制莲子猪心汤？

答：莲子猪心汤具有养血安神、补益心脾的功效。适用于精神压力过大、劳神过度等导致的睡眠不安、虚烦心悸、健忘等症。

那么，怎样自制莲子猪心汤呢？

用料：莲子 50 g、猪心 100 g、桂圆 10 g、枣（干）10 g，葱、姜、食盐、味精、酱油、香油、植物油适量。

做法：①将莲子去心。将猪心洗净，除去血管内的积血、切成小块。将桂圆、红枣洗净。

②在锅里放植物油烧热，葱、姜爆香，加入食盐、酱油和清水。放入莲子、猪心、桂圆肉、红枣，大火烧沸，小火煮至莲子酥软。出锅前放入味精、香油调味即可食用。

需要注意的是:感冒发热时不宜食用。

10. 莲子粥有何食疗功效?怎样自制莲子粥?

答:莲子粥具有养心安神,补脾益肾,涩肠止泻,抗衰老的功效。

那么,怎样自制莲子粥呢?

用料:嫩莲子 20 g、粳米 100 g。

做法:①将嫩莲子发胀后,在水中用刷把擦去表层,抽去莲子心冲洗干净后放入锅内,加入清水在火上煮烂熟,备用。

②将粳米洗净放入锅中,加入清水煮成薄粥。粥熟后掺入莲子、搅匀。

用法:趁热服用。

11. 九仙王道糕有何食疗功效?怎样自制九仙王道糕?

答:九仙王道糕为清宫御膳。具有养精神,扶元气,健脾胃,促饮食,补虚损,生肌肉作用。

那么,怎样自制九仙王道糕呢?

用料:莲子(去心)200 g、淮山药 250 g、茯苓 200 g、薏米 200 g、芡实(去壳)100 g、扁豆 100 g、炒麦芽 100 g、柿饼 50 g、粳米粉 3 500 g、白糖 1 000 g。

做法:将上述用料同研细末,加入粳米粉搅匀,蒸糕晒干后即可。

用法:用米汤送服。

12. 心火旺盛,可否饮用莲子心西瓜汁缓解症状? 怎样自制莲子心西瓜汁?

答:莲子心具有清心去火、降压去脂的功效。饮用莲子心西瓜汁,可以起到消暑解热,清心安神的效果。

那么,怎样自制莲子心西瓜汁呢?

做法:将莲子心磨碎,西瓜瓤放入榨汁机中榨成西瓜汁。再将莲子心和西瓜汁按 1∶10 的比例混合在一起即可。

(四)薏苡仁

1. 薏苡仁有何药用价值?

答:薏苡仁,也叫薏米、苡仁、菩提珠、草珠儿,为禾本科植物薏苡的成熟种仁。薏苡仁性凉,味甘、淡,归脾、肺、肾经,属利水渗湿药材。

需要注意的是:① 薏苡仁较难煮熟,在煮之前需以温水浸泡 2~3 h,让它充分吸收水分。

②薏苡仁力缓,宜多服久服。

③脾虚无湿、大便燥结者、老人津液不足者及孕妇慎服薏苡仁。

2. 珠玉二宝粥有何食疗功效? 怎样自制珠玉二宝粥?

答:珠玉二宝粥出自近代名医张锡纯《医学衷中参西录》。具有滋阴、润燥、养肺的功效。适宜饮食懒进,脾肺阴虚,虚热痨嗽者的滋补用,尤其适合秋令食用。

那么,怎样自制珠玉二宝粥呢?

用料:薏苡仁 60 g、山药 60 g、霜柿饼 24 g。

做法:将山药去皮后,切小块(小方丁)。将事先泡好的薏米仁放入锅中,用旺火煮至七成熟时,下山药丁。边煮边搅拌,同时调入柿霜饼碎末,至熟。

用法:随意服食。

3．薏苡仁酿藕有何食疗功效? 怎样自制薏苡仁酿藕?

答:薏苡仁酿藕具有滋阴养颜,消除疲劳的功效,可使人精力充沛。对有消化不良的患者有一定的补益作用。

那么,怎样自制薏苡仁酿藕呢?

用料:薏苡仁 30 g、鲜藕 750 g、莲子 20 g、芡实 20 g、百合 15 g、糯米 30 g,食盐、植物油适量。

做法:①取鲜藕 1 节,洗净削去一头。将泡好的糯米、薏苡仁装入藕孔中,让米尽量充满藕中(可用刀背敲拍孔口,让米压实)。

②将藕放入开水中煮熟。待藕凉后,切成圆片,码放在盘中。

③把泡好的莲子、百合、芡实放在藕片上。同时撒上食盐,浇上油,一起上屉用大火蒸熟即可食用。

4．冬瓜薏苡仁兔肉汤有何食疗功效? 怎样自制冬瓜薏苡仁兔肉汤?

答:冬瓜薏苡仁兔肉汤具有消暑、利水、减肥的功效。可防治高脂血症,动脉硬化症及肥胖病等。

那么,怎样自制冬瓜薏苡仁兔肉汤呢?

用料:薏苡仁 30 g、冬瓜 500 g、兔肉 250 g、生姜、食盐适量。

做法:①将生薏苡仁洗净。将冬瓜切皮、去瓤、洗净,切成大块。将兔肉洗净、切块,去肥脂,用开水脱去血水。将姜切片。

②把薏苡仁、兔肉、生姜一齐放入砂锅内,加清水适量。大火煮沸后,改小火煲 2 h,起锅前放入冬瓜,煲至熟,调味即可食用。

需要注意的是:肾亏尿频者不宜食用。

5. 党参薏苡仁猪爪汤有何食疗功效? 怎样自制党参薏苡仁猪爪汤?

答:党参薏苡仁猪爪汤具有补气血、除风湿的功效。适用于气虚湿阻型高血压患者食用。

那么,怎样自制党参薏苡仁猪爪汤呢?

用料:薏苡仁 30 g、党参 15 g、猪蹄 500 g,大葱、生姜、食盐适量。

制作:①将薏苡仁去杂质后,洗净。将党参洗净后,切片。将猪爪除去毛,切两半。将葱切段,姜切片,备用。

②将薏苡仁、党参、猪爪、葱段、姜片、一同置于炖锅中,加入清水 1 000 mL。

③将炖锅置大火上烧沸,再改用小火炖煮。起锅前,加入食盐调味即可食用。

六、药、食两用植物—根茎类

（一）高良姜

1. 高良姜有何药用价值？

答：高良姜，又名小良姜、佛手姜、蛮姜，为姜科多年生草本植物高良姜的根茎。

高良姜性温，味辛，具有温胃散寒，行气止痛的功效。适合呕吐清水、肠鸣腹泻、脘腹冷痛、脾胃中寒、寒性胃痛者食用。

高良姜含高良姜素、高良姜酚、挥发油等成分，它的煎剂对白喉、枯草、炭疽、人型结核杆菌等，金黄色葡萄球菌、肺炎双球菌、溶血性链球菌等均有不同程度的抑制作用。可改善微循环，提高动物耐缺氧和耐寒能力。还有利胆、抑制胃肠运动、止泻和抗溃疡的作用。对心绞痛发作可快速止痛。

需要注意的是：阴虚有热者忌用高良姜。

2. 高良姜与干姜的功效有何区别？

答：高良姜的功效与干姜大体相仿，既可互用，也可配合食用。高良姜偏于温胃，善治胃寒疼痛、呕吐。干姜偏于暖脾，善治脾阳虚寒,腹痛泄泻。高良姜的温中作用不及干姜,而止痛作用远在干姜之上。

3. 苹果萝卜姜汁羊肉粥有何食疗功效? 怎样自制苹果萝卜姜汁羊肉粥?

答:苹果萝卜姜汁羊肉粥具有补虚养身、壮腰健肾的功效。适合保健之用。

那么,怎样自制苹果萝卜姜汁羊肉粥呢?

用料:高良姜 10 g、苹果 300 g、胡萝卜 100 g、羊肉 100 g、陈皮 10 g、粳米 100 g,葱白、食盐、胡椒粉适量。

做法:①将苹果、萝卜去皮,切块,备用。将羊肉洗净,切细丝。将粳米洗净,用冷水浸泡 30 min,捞出、沥干水分。

②将高良姜、陈皮、苹果、萝卜一同放入锅中煮烂,去渣取汁。

③将粳米放入锅中,加入煮好的汁和适量冷水。先用旺火烧沸,再加入羊肉丝、葱白、胡椒。改用小火煮至米糯汤稠,加入食盐调味,即可食用。

4. 高良姜茶有何食疗功效? 怎样自制高良姜茶?

答:高良姜茶具有祛风散寒、化痰止痛的效果。适宜风寒头痛者饮用。

那么,怎样自制高良姜茶呢?

用料:高良姜 5 g、白僵蚕 5 g、绿茶 3 g。

做法:将高良姜、白僵蚕研末,和绿茶一起放入杯中,冲入沸水,加盖闷 15 min 即可饮用。

5. 高良姜粥有何食疗功效？怎样自制高良姜粥？

答:高良姜粥具有温暖脾胃,散寒止痛的功效。适用于恶心呕吐、泛吐清水、酒醉呕吐、心腹冷痛、脾胃虚寒等。

那么,怎样自制高良姜粥呢？

用料:高良姜 5 g、粳米 50 g、白糖适量。

做法:将高良姜择净,水煎取汁,加粳米煮粥。待沸时调入白糖,煮至粥熟即可。

用法:每日 1 剂,连服 3～5 d。

6. 高良姜鸡块有何食疗功效？怎样自制高良姜鸡块？

答:高良姜鸡块具有散寒温中、健脾益气的功效。对面色无华、呕吐清水、大便溏薄、畏寒肢冷等有辅助食疗作用。

那么,怎样自制高良姜鸡块呢？

用料:高良姜 10 g、老公鸡 1 只(约 1 500 g)、草果 10 g、陈皮 4 g、胡椒 4 g,葱、食盐、味精、酱油、糖色各适量,醋少许。

做法:①将高良姜切成片。将老公鸡洗净、剁成块,放入沸水锅内焯水。将葱洗净、切段。将草果用刀拍裂口。

②炖锅置火上加入清水适量,大火烧开。把高良姜、鸡块、草果、陈皮、胡椒、葱、酱油、糖色、醋放入锅内。烧开后改小火炖30 min,加食盐再炖 10 min 左右,熟时放味精搅匀即可。

用法:每日 1 碗。

需要注意的是:感冒或胃疼者不宜食用。

（二）葛根

1. 葛根有何药用价值？

答：葛根为豆科多年生落叶藤本植物野葛或甘葛藤的根。秋、冬两季采挖，切片、晒干，生用或煨用。

葛根性凉，味甘、辛，归脾、胃经，具有解肌退热、透疹、生津、升阳止泻的功效。主治外感发热头痛、麻疹不透、口渴、消渴、热痢、泄泻及高血压颈项强痛等。

现代研究证实，葛根含黄酮类物质大豆素、大豆苷、大豆素-4,7-二葡萄糖苷，还有葛根醇、葛根藤素、葛根素、葛根素-7-木糖苷及异黄酮苷和淀粉。葛根能扩张冠脉血管和脑血管，增加冠脉血流量和脑血流量。还能直接扩张血管，使外周阻力下降，有明显降压作用，能较好地缓解高血压病人的"项紧"症状。葛根还有 β-受体阻滞作用，明显的解热作用和轻微降血糖作用。

此外，葛根还是天然的植物雌激素。野葛根富含大量的异黄酮活性成分，它的结构与女性体内的雌激素相似，可起到双向调节内分泌水平的生理生化作用。

2. 葛根炖金鸡有何食疗功效？怎样自制葛根炖金鸡？

答：葛根炖金鸡具有活血解肌，补血壮筋的功效。主治跌打损伤、落枕及颈项痛。

那么，怎样自制葛根炖金鸡呢？

用料：葛根 50 g、小公鸡 1 只，姜、食盐、味精、黄酒适量。

做法：①将葛根加水 700 mL 煎至 500 mL，滤过取汁。将姜切丝。将小公鸡宰杀、去毛和内脏。洗净、切块,放入锅内用适量油稍炒。加水适量,小火慢炖。

②在鸡汤中对入葛根药汁、姜丝、黄酒,小火焖烂,调入食盐、味精即可食用。

3．葛根银菜田鸡汤有何食疗功效？怎样自制葛根银菜田鸡汤？

答:葛根银菜田鸡汤对身热烦渴、小便不利等症状均有疗效。

那么,怎样自制葛根银菜田鸡汤呢？

用料:鲜葛根150 g、金银花30 g、田鸡250 g,生姜、食盐适量。

做法:①将鲜葛根切块。将金银花洗净。将田鸡洗净、斩块、腌制好。将姜切片。

②在锅中加入清水烧开,放入田鸡煮片后捞起。将处理好的鲜葛根、金银花、田鸡放入瓦煲中,加入姜片煲2 h,调入食盐即可食用。

4．葛根粉粥有何食疗功效？怎样自制葛根粉粥？

答:葛根粉粥适用于夏令口渴多饮、慢性脾虚泻泄、老年性糖尿病、高血压、冠心病等。

那么,怎样自制葛根粉粥呢？

用料:葛根粉30 g、粳米50 g。

做法:将粳米浸泡1夜,与葛根粉同入砂锅内。加入清水500 mL,用小火煮至米开粥稠即可食用。

5. 葛根黑木耳煲猪肉有何食疗功效？怎样自制葛根黑木耳煲猪肉？

答：葛根黑木耳煲猪肉适用于冠心病、心绞痛、脑血管栓塞等。那么，怎样自制葛根黑木耳肉呢？

用料：鲜葛根 250 g、黑木耳 12 g、瘦猪肉 150 g，食盐适量。

做法：①将鲜葛根洗净、去皮、切块。将黑木耳以清水泡发、洗净。将猪肉整块洗净。

②将葛根、黑木耳同瘦肉煲汤，先用旺火煮沸，再改用小火煲 1 h，加入食盐调味即可食用。

（三）黄精

1. 黄精有何药用效果？

答：黄精为百合科植物多种黄精的根茎。

黄精性平和，作用缓慢。久服既补脾气又补脾阴，还有润肺生津、益肾补精的作用。并且无大补温燥之品可能带来的副作用。

药理研究表明，黄精含糖分、氨基酸、黏液质等，降低血压，显著增加冠脉血流量，防治肝脏脂肪浸润和动脉粥样硬化，抑制高血糖等作用。体外实验对结核杆菌、金黄色葡萄球菌及皮肤癣菌等均有抑制作用。

需要注意的是：①黄精性质滋腻，易助湿邪。气滞者禁用黄精；腹部胀满或体质虚寒腹泻便溏者忌用黄精；脾虚有湿、胃纳不旺、有湿痰者不宜服用黄精。

②黄精不可与梅实一同食用。

2. 黄精生地鸡蛋汤有何食疗功效？怎样自制黄精生地鸡蛋汤？

答:黄精生地鸡蛋汤具有滋润、养颜的功效。适用于毛发干枯脱落、颜面枯槁无华、面皱肤糙者。

那么,怎样自制黄精生地鸡蛋汤呢？

用料:黄精 50 g、生地 50 g、鸡蛋 3 个、冰糖 30 g。

做法:①将黄精、生地洗净,切片。将鸡蛋煮熟,去壳。

②将黄精、生地、鸡蛋一同放入砂锅中,加入清水适量,大火煮沸后,放入冰糖,改用小火煲 30 min 即可食用。

3. 黄精蒸鸡有何食疗功效？怎样自制黄精蒸鸡？

答:黄精蒸鸡具有益气补虚的功效。适用于精神疲惫、体倦无力、体力及智力下降者服食。但湿热内盅者不宜食用。

那么,怎样自制黄精蒸鸡呢？

用料:黄精 30 g、母鸡 1 只(约 1 000 g)、党参 30 g、山药 30 g,葱、姜、川椒、食盐、味精各适量。

做法:①将黄精、党参、山药切片。

②将鸡宰杀;去毛及内脏。洗净,剁成 1 寸见方的块,放入沸水锅烫 3 min 捞出,洗净血沫。

③将鸡块装入汽锅内,加入葱、姜、川椒、食盐、味精调味,再加入黄精、党参、山药,盖好汽锅盖,蒸 3 h 即可。

用法:空腹分顿食用,食鸡肉饮汤。

需要注意的是:感冒时需要暂停食用。

4. 黄精炖肘有何食疗功效? 怎样自制黄精炖肘?

答:黄精炖肘具有补脾润肺的功效。适用于病后体弱、食欲不振、脾胃虚弱、肺虚咳嗽者食用,并具显著养颜护肤功效。

那么,怎样自制黄精炖肘呢?

用料:黄精 9 g、猪肘 750 g、党参 9 g、大枣 5 枚,葱、姜、食盐、料酒、鸡精适量。

做法:①将猪肘洗净、去毛茬,入沸水锅中余去血水,加上料酒去掉腥味,捞出用清水洗净。将大枣洗净。将姜拍破,葱切段,待用。

②将黄精洗净、切薄片。党参切成节。将黄精与党参一同装入纱布袋内,扎紧口。

③将药袋、猪肘、大枣、葱、姜放入砂锅内,加入适量水。置大火上烧开,撇去浮沫。加入食盐,稍微搅拌一下,转小火继续煨炖至熟。

④起锅时除去药包,加鸡精调味即可。

用法:食猪肘、大枣,饮肉汤。

5. 蜜饯黄精有何食疗功效? 怎样自制蜜饯黄精?

答:蜜饯黄精具有补益精气,强健筋骨的功效。适用于脾肾不足、筋骨失养、腰膝酸软无力、佝偻病者。

那么,怎样自制蜜饯黄精呢?

用料:黄精 200 g、蜂蜜 500 g。

做法:将干黄精洗净、放入锅中,加水浸泡透发。再以小火煎煮至熟烂、沥干。加入蜂蜜煮沸,调匀。待冷,装瓶备用。

用法:每日食用 3 次,每次 1 汤匙。

(四)生姜

1. 生姜有何药用价值?

答:生姜为姜科多年生草本植物姜的鲜根茎。

生姜在临床上应用很广泛,可治风寒引起的胃肠型感冒,急性肠胃炎引起的腹痛、吐泻,儿童蛔虫性肠梗阻,妇女痛经等。

生姜中含的姜酚有很强的利胆作用,能抑制前列腺素的合成,使胆汁中黏蛋白的形成难以和胆汁中的钙离子及非结合型胆红素结合成胆石支架和晶核,从而抑制胆结石的形成,常食生姜可防治胆石症。生姜中含有一种特殊物质,可降血脂、降血压、防止血栓形成,可用来预防和治疗心血管病。

自由基诱导氧化反应使细胞遭到破坏是衰老的重要原因之一,而生姜含有过氧化物歧化酶、姜辣素等多种活性成分,尤其是姜辣素,可抑制体内过氧化脂质的产生,清除自由基这一杀手。平时适量吃点生姜,对祛病延年大有裨益。

此外,生姜汁在一定程度上可抑制癌细胞的生长。干姜对子宫颈癌细胞培株系 JTC-26 的抑制率可达 90% 以上。

2. 食用生姜有何注意事项?

答:①生姜腐烂后会产生一种毒性很强的黄樟素,可能诱发消化道癌症。因此,生姜腐烂后不可食用。

②肝炎患者、糖尿病患者忌食生姜。

③内火偏旺、痔疮及干燥综合征患者忌食生姜。

④孕妇不宜多食生姜。

⑤生姜不可与狗肉一同食用。生姜、狗肉同属温性食物,同食容易引起牙龈炎症。

3·糖醋嫩姜有何食疗功效? 怎样自制糖醋嫩姜?

答:糖醋嫩姜是一道老少皆宜的保健食品。

那么,怎样自制糖醋嫩姜呢?

用料:生姜 1 000 g,白糖、醋、食盐、酱油适量。

做法:① 将新鲜嫩姜洗净、去皮,切成 1 mm 厚的姜片,放入缸中。

②取白糖、醋、酱油混合煮沸,即成糖醋液。

③按糖醋液总重量的 30%加入食盐,再次煮沸。冷却后倒入姜缸,以完全淹没姜片为度,姜面上用竹网盖住,并用石块压好。

④密封缸口,腌浸 15～25 d 即可食用。

4·生姜拌莴苣有何食疗功效? 怎样自制生姜拌莴苣?

答:生姜拌莴苣具有解表、散寒、止呕的功效。适宜春季风寒感冒、呕吐者食用。

那么,怎样自制生姜拌莴苣呢?

用料:生姜 25 g、莴苣 300 g,食盐、味精、醋、白糖、芝麻油适量。

制作:①将生姜刮干净,切片。将莴苣洗净、去皮,切薄片。

②将莴苣片入沸水中略汆,放入冷开水中浸凉,捞出、沥水。

③将生姜片、莴苣片放入大盆中,加入各式调料拌匀即可食用。

5. 红枣生姜炖鱼头有何食疗功效？怎样自制红枣生姜炖鱼头？

答：红枣生姜炖鱼头具有祛风活血，增强智力的功效。

那么，怎样自制红枣生姜炖鱼头呢？

用料：生姜 10 g、红枣 20 枚、鱼头 1 个、食盐少许。

做法：①将生姜洗净，刮去姜皮，切成 2 片备用。将红枣洗净，去核。将鱼头洗净，备用。

②将生姜、红枣、鱼头放入炖盅内，加入适量水，盖上盖。放入锅内隔水炖 4 h 左右，再加入少许食盐调味即可食用。

（五）山药

1. 山药有何药用价值？

答：山药（即薯蓣），为薯蓣科多年生蔓生植物薯蓣的块根，处方时常写作怀山药或淮山药。

山药性平，味甘，归脾、肺、肾经。生山药具有补脾养胃、生津益肺、补肾涩精的功效，主治肺虚喘咳，脾虚食少，久泻不止，肾虚遗精，带下，尿频，虚热消渴。麸炒山药具有补脾健胃的功效，主治脾虚食少，泄泻便溏，白带过多。补阴宜用生山药，健脾止泻宜用炒山药。

现代药理研究表明，山药含有大量的淀粉、糖蛋白、多巴胺、胆碱、薯蓣皂苷、止杈素等营养成分及多种微量元素。山药中所含的多巴胺，具有扩张血管、改善血液循环的重要功能。山药中含有丰富的维生素和矿物质，而所含热量相对较低，具有很好的减肥健美功效。山药可促使机体 T 淋巴细胞增殖，增强免疫功能，延缓细胞衰老,延年益寿。此外,山药具有滋补功效,为病后康复食补之佳品。

2. 食用山药有何注意事项?

答:①山药皮容易导致皮肤过敏,所以削完山药的手马上多洗几遍,以免发痒。

②新鲜山药切开时,会有黏液,极易滑刀伤手。可先用清水加少许醋洗,来减少黏液。

③山药切片后最好立即浸泡在盐水中,以防氧化发黑。

④山药有收涩的作用,故大便燥结者不宜食用山药。

⑤有实邪者忌食山药。

⑥山药不可与甘遂一同食用。

⑦山药不可与碱性药物一同食用。

3. 京糕蜜山药有何食疗功效? 怎样自制京糕蜜山药?

答:京糕蜜山药具有健脾开胃,助消化的功效。

那么,怎样自制京糕蜜山药呢?

用料:山药 300 g、山楂糕 100 g、糖桂花 10 g、冰糖 50 g。

做法:①将山药洗净,入锅蒸。水开后蒸 7~10 min,熟后放凉。用小刀切片,平整地码在盘子里。

②山楂糕切成小梅花状,摆在山药上。

③将冰糖加少量水熬化,加入糖桂花,最后加入水淀粉,呈透明状后浇在山药上即可食用。

4·山药汤圆有何食疗功效？怎样自制山药汤圆？

答：山药汤圆具有补肾滋阴的功效。

那么，怎样自制山药汤圆呢？

用料：生山药 100 g、芝麻 50 g、炒核桃肉 30 g、糯米粉 500 g、白糖 300 g、熟鸡油 50 g。

做法：①将生山药洗净，入笼蒸熟，剥去外皮做成泥。将芝麻炒酥磨成粉。将炒核桃肉压成末。

②将山药泥、芝麻粉、核桃肉、白糖、熟鸡油揉匀成馅料。

③将糯米粉做成汤圆皮料，包入馅做成汤圆，入水煮熟即可食用。

5·香酥山药有何食疗功效？怎样自制香酥山药？

答：香酥山药具有健脾胃，补肺肾的功效。

那么，怎样自制香酥山药呢？

用料：山药 500 g、豆粉 105 g、白糖 120 g、醋 30 g、味精 2 g、植物油 750 g。

做法：①将鲜山药洗净，上笼蒸熟后，取出去皮，切成 3 cm 长的段。再一剖两片，用刀拍扁。

②在锅烧热后倒入植物油，待油烧至七成热，投入山药，炸至发黄时捞出。

③另烧热锅放入炸好的山药，加入糖和 2 勺水，用小火烧 3～5 min，然后用大火，加入醋、味精，用水豆粉勾芡，淋上熟油起锅装盘即可食用。

6. 山药薏米扁豆粥有何食疗功效? 怎样自制山药薏米扁豆粥?

答:山药薏米扁豆粥具有化湿和胃,理气健脾的功效。适用于慢性胃炎患者,症见食欲不振、口黏、舌苔厚腻。

那么,怎样自制山药薏米扁豆粥呢?

用料:生山药 60 g、薏米 60 g、扁豆 15 g、柿饼 20 g。

做法:将薏米煮至熟烂。将山药打碎,柿饼、扁豆切为小块,共煮为粥。

用法:每日 2 次。

(六)鲜芦根

1. 鲜芦根有何药用价值?

答:芦根,俗称顺江龙、芦柴根、甜梗子,是禾本科高大草本植物芦苇的地下根茎。入药的芦根于春、夏、秋季采挖,洗净泥土,剪去残茎、芽及节上须根,剥去膜状叶,晒干(干芦根),或埋于湿沙中以供鲜用(即"活水芦根")。

芦根性寒,味甘,具有清热除烦、生津润肺、降逆止呕的功效。主治温病初起或热病伤津而导致的发热、烦渴,胃热呕吐、反胃、噎膈、肺痿、肺痈等症。

需要注意的是:①芦根大凉。脾胃虚寒,腹泻便溏者勿食芦根。

②芦根不可与巴豆一同食用。

2·薄荷芦根茶有何食疗功效？怎样自制薄荷芦根茶？

答：薄荷芦根茶具有疏散表邪，宣肺利咽的功效。适用于夏燥秋热，夜卧露宿冒风致口渴欲饮、咽痛、干咳、伴畏寒、无汗者。

那么，怎样自制薄荷芦根茶呢？

用料：鲜芦根 60 g、鲜薄荷 10 g。

做法：将鲜芦根和鲜薄荷洗净、切碎，共置杯中。用沸水冲泡，代茶频饮。

需要注意的是：暑湿症、舌苔厚腻、发热、泄泻者忌食用。

3·麦冬芦根汤有何食疗功效？怎样自制麦冬芦根汤？

答：麦冬芦根汤是孙思邈创制的保健方。对热病伤阴、心烦不眠、口干舌燥、齿龈出血或肿痛、咽喉干痛、胃热呕吐、便秘等有极佳效果。

那么，怎样自制麦冬芦根汤呢？

用料：鲜芦根 30 g(干品用 15 g)、麦冬 15 g。

做法：将鲜芦根、麦冬，头道冲入沸水，加盖闷 10 min 即可。其后可加开水频频代茶饮。

4·鲜芦根薏苡仁粥有何食疗功效？怎样自制鲜芦根薏苡仁粥？

答：鲜芦根薏苡仁粥适用于湿温症。症见身热，午后热症较显、头重如裹、苔白腻、脉濡缓、身重肢倦、胸闷脘痞等症。

那么，怎样自制鲜芦根薏苡仁粥呢？

用料：鲜芦根 60～100 g、薏苡仁 30 g、冬瓜仁 20 g、淡豆豉

15 g、粳米 30 g。

做法 先将鲜芦根、冬瓜仁、淡豆豉洗净,煎取药汁,去渣。再与洗净的薏苡仁、粳米合煮为粥。

用法:温热服食,每日 1～2 次。

5. 鲜芦根粥有何食疗功效? 怎样自制鲜芦根粥?

答:鲜芦根粥适用于高热引起的口渴心烦,胃热呕吐呃逆及肺热咳嗽、肺痈食疗。

那么,怎样自制鲜芦根粥呢?

用料:新鲜芦根 100～150 g、竹茹 15～20 g、粳米 60 g、生姜 2 片。

做法:将芦根洗净,切成 1 cm 长的段。将芦根与竹茹同放入锅内,加入适量冷水,浸泡 30 min。用大火将芦根与竹茹煮沸,改小火煎 20 min。捞出药渣,加入粳米,煮至粳米开花为度。在起锅前,放入姜片即可。

用法:温服,每日 2 次。

(七)玉竹

1. 玉竹有何药用价值?

答:玉竹性平,味甘,具有滋阴润肺,养胃生津的功效。主治肺阴虚所致的咽干舌燥,干咳少痰和温热病后期因高烧耗伤津液而出现的津少口渴,食欲不振,胃部不适等症。

现代研究发现,玉竹所含铃兰甙、铃兰苦甙具有强心作用。玉竹煎剂、酊剂有一定的降血压作用,对高血糖有某种抑制作用。煎剂外用可治皮下出血及斑疹,也作为头痛腰痛、中风发热、行动不便的常用药使用。

需要注意的是:①胃有痰湿气滞,舌苔厚腻者忌服玉竹。②心跳过速及高血压者慎用玉竹。

2. 玉竹煲鸡脚有何食疗功效? 怎样自制玉竹煲鸡脚?

答:玉竹煲鸡脚汤鲜味美,既美容,又不会使人发胖。

那么,怎样自制玉竹煲鸡脚呢?

用料:玉竹 30 g、鸡脚 2 对,食盐、料酒、醋适量。

做法:将玉竹洗净后切成片或段。将鸡脚烫去粗皮、爪甲。将玉竹片与鸡脚一起放入砂锅,加清水 1 000 mL,大火煮沸。加入食盐、料酒,小火煲至鸡脚上肉与骨轻拨即脱离。

用法:食用时倒入几滴醋,以饮汤为主,并食用玉竹、鸡脚肉。

3. 玉竹粥有何食疗功效? 怎样自制玉竹粥?

答:玉竹粥具有生津止渴,补肺养胃的功效。还可护肤美容、延年益寿。

那么,怎样自制玉竹粥呢?

用料:玉竹 15 g、粳米 100 g、冰糖少许。

做法:将玉竹洗净放入砂锅内,加清水 800 mL 煎取汁液。再加入洗净的粳米,与汤汁同熬粥,待粥将熟时加入冰糖调匀即可。

用法:早、晚热服,连服 5 d。间隔 1～2 d,可再连服 5 d。

4．银耳玉竹汤有何食疗功效？怎样自制银耳玉竹汤？

答：银耳玉竹汤具有滋阴、消热的功效。适合胃阴不足而口干、口渴者食用。

那么，怎样自制银耳玉竹汤呢？

用料：玉竹 25 g、银耳 15 g、冰糖适量。

做法：将银耳用清水浸泡至软，洗净。将玉竹、银耳和冰糖一同放入砂锅内，加适量清水煮汤。

用法：温服，每日 2 次。

5．玉竹猪肉汤有何食疗功效？怎样自制玉竹猪肉汤？

答：玉竹猪肉汤具有滋阴润燥，调和五脏，清心火，安神，止咳的功效。

那么，怎样自制玉竹猪肉汤呢？

用料：玉竹 30 g、百合 30 g、猪肉 250 g、陈皮 1 块、蜜枣 5 枚、苹果 3 个，食盐、味精适量。

做法：将玉竹、百合、陈皮、蜜枣洗净，苹果去皮核、切块。将上述用料全部放入砂锅中，注入大半锅水，煮开时加入猪肉，中火煮约 2 h，再加入食盐、味精调味即可。

用法：食肉饮汤。

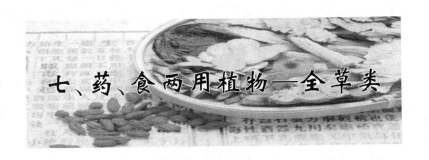

七、药、食两用植物—全草类

（一）薄荷

1. 薄荷有何药用价值？

答：薄荷，俗称人丹草、苏薄荷、升阳菜、番荷菜，是唇形科芳香性多年生草本植物薄荷的全草或叶。

薄荷性凉，味甘、辛，具有疏风、散热、清头目、利咽喉、透疹、解郁的功效。

薄荷的加工品薄荷露、薄荷油和薄荷冰，具有特殊的药用价值。薄荷的芳香、清凉感，一般医药上多用在祛风、消炎、镇痛、止痒、健胃、防腐等药品中。

需要注意的是：①薄荷的主要成分是挥发油，只宜泡茶，不宜久煎。

②阴虚血燥，肝阳偏亢，表虚汗多者忌服薄荷。

2. 薄荷香菜酱有何作用？怎样自制薄荷香菜酱？

答：薄荷香菜酱是西餐用的一种酱料，具有提香去膻的作用。

用它搭配羊排等肉类会更加香鲜可口。

那么,怎样自制薄荷香菜酱呢?

用料:薄荷叶 5 g、香菜 5 g、洋葱 100 g、辣椒粉 2 g、黑胡椒 2 g、食盐 2 g、白酸奶 60 mL、蜂蜜 10 mL、醋少量。

做法:将薄荷叶、香菜分别切碎。将洋葱切细丁,再将薄荷叶、香菜和洋葱混合,加入辣椒粉、黑胡椒、食盐和白酸奶,充分搅拌。将蜂蜜和醋搅入混合物,冷藏 1 h 后即可食用。

3. 薄荷芦根花茶有何食疗功效? 怎样自制薄荷芦根花茶?

答:薄荷芦根花茶具有生津止渴、提神醒脑的功效。对因伤暑而出现的口心胸烦闷、干口渴、咽喉痛痒、声音嘶哑等症状有很好的疗效。

那么,怎样自制薄荷芦根花茶呢?

用料:薄荷 6 g、鲜芦根 100 g、花茶 3 g。

做法:将薄荷用纱布包裹。鲜芦根洗净、切段。再将装有薄荷的纱布包、芦根段和花茶一起放入锅中。加清水 1 000 mL 用大火煮沸后,再用小火煎 5 min,滤去药渣即可。

用法:代茶饮用。

4. 薄荷粥有何食疗功效? 怎样自制薄荷粥?

答:薄荷粥具有清心怡神,解暑散热的功效。适用于外感风热、发热头痛、咽喉肿痛及麻疹初起时透发不畅等症。

那么,怎样自制薄荷粥呢?

用料:鲜薄荷 15 g、粳米 50 个、白糖适量。

做法:将鲜薄荷加水 100 mL 捣烂,用纱布绞汁备用。将粳米加水煮粥。粥成后,加入薄荷汁、白糖适量,再煮开,调匀即可。

用法:1 次服完。

5. 薄荷蛋花汤有何食疗功效？怎样自制薄荷蛋花汤？

答:薄荷蛋花汤具有发汗解表,利咽解毒的功效。

那么,怎样自制薄荷蛋花汤呢?

用料:鲜薄荷 50~100 g、鸡蛋 1 个,食盐、植物油适量。

做法:①将薄荷洗净,折成小段。

②在锅中加入水,烧开后放适量油,将薄荷下入,煮沸。

③将打匀的鸡蛋缓缓倒入锅中,加入食盐调味,即可食用。

(二)淡竹叶

1. 淡竹叶有何药用价值？

答:淡竹叶是一种草本植物。

淡竹叶性寒,味甘、淡,归心、肺、胃经,具有清热除烦,利尿清心的功效。主治暑热伤阴、热病伤津所致的口干烦渴,心经实火,小便灼热、尿赤口疮,淋沥涩痛等。

现代临床证实,淡竹叶有较好的解热、利尿作用,对口腔炎等疾病有较好效果。

需要注意的是:①淡竹叶不宜久煮。

②肾亏尿频者忌服淡竹叶。

③孕妇忌服淡竹叶。

2·鲜竹叶与淡竹叶的功效有何区别?

答:鲜竹叶与淡竹叶两药都可清心除烦、利小便。但鲜竹叶清心热的效果较好,能凉胃,能治上焦风热。淡竹叶的利尿作用较好,以渗湿泄热见长。

3·竹叶豆腐汤有何食疗功效? 怎样自制竹叶豆腐汤?

答:竹叶豆腐汤具有清热、解毒,明目的功效。适合结膜炎患者食用。

那么,怎样自制竹叶豆腐汤呢?

用料:淡竹叶 15 g、豆腐 150 g、白糖适量。

做法:①将淡竹叶洗净,加水 100 mL,煮 25 min,过滤取汁,备用。将豆腐洗净,切为 4 cm 见方的块。

②将淡竹叶药汁、豆腐块一同放入锅中,加入适量清水,大火烧沸,改小火煮 20～30 min,加入白糖,待糖均匀溶化即可食用。

4·淡竹叶酒有何食疗功效? 怎样自制淡竹叶酒?

答:淡竹叶酒具有疏风热、畅心神的功效。适宜风湿热痹、关节热痛、心烦、小便赤黄者饮用。

那么,怎样自制淡竹叶酒呢?

用料:淡竹叶 30 g、白酒 500 mL。

做法:①将淡竹叶洗净,剪成长约 2 cm 的节,用纱布袋包扎好后,置于酒罐中。

②将白酒倒入酒罐,加盖密封。浸泡 3 d 后即可。

用法:每次 1 小盅。

5. 淡竹叶粥有何食疗功效？怎样自制淡竹叶粥？

答:淡竹叶粥具有清热、利尿、通淋的功效。适用于热病心烦、不寐、口舌生疮、小便短赤、涩痛等症。

那么,怎样自制淡竹叶粥呢？

用料:淡竹叶 30 g、粳米 50 g、冰糖适量。

做法:①将淡竹叶洗净,加水煎汤,去渣留汁,备用。将冰糖打碎。

②将粳米洗净,加淡竹叶药汁,再加适量水煮粥。粥熟后,加入冰糖,搅拌均匀即可。

用法:温服,每日早、晚各 1 次。

6. 豆叶茅根粥有何食疗功效？怎样自制豆叶茅根粥？

答:豆叶茅根粥具有清热利湿、健脾生精的功效。适用于湿热蕴结下焦,精液黏,或有凝块,小便短黄等。

那么,怎样自制豆叶茅根粥呢？

用料:竹叶 15 g、赤小豆 30 g、白茅根 15 g、粳米 50 g、白糖适量。

做法:将竹叶、白茅根水煎成汁,再加赤小豆、粳米煮粥,白糖调味即可。

用法:每日 1 次。

(三)藿香

1. 藿香有何药用价值?

答:藿香,又称野藿香、排香草、大叶薄荷,为唇形科多年生草本植物广藿香或藿香的地上部分。食用部位一般为嫩茎叶。

藿香性微温、味辛,归脾、肺、胃经。藿香能醒脾悦脾,并能治疗湿浊内阻、脾为湿困、运化失司而引起的食少体倦、口淡多涎、舌苔白滑、脘腹痞满、呕吐泛酸、大便溏薄等症。藿香还可用来治疗暑温、湿温及霍乱痧胀等病。

需要注意的是:①藿香不宜久煎。以免挥发油散失而影响药效。

②阴虚火旺、胃热作呕者禁服藿香。

2. 散暑粥有何食疗功效? 怎样自制散暑粥?

答:古人言,散暑粥有"散暑气,辟恶气"之功。对中暑高热,感冒胸闷,消化不良,呕吐,腹泻等有防治作用。

那么,怎样自制散暑粥呢?

用料:藿香 15 g(鲜品 30 g)、粳米 50 g。

做法:将藿香先煎煮 2～3 min,去渣留汁备用。将粳米淘净,熬粥。将熟时加入藿香汁再煮 3 min 即可食用。

3. 凉拌藿香有何食疗功效? 怎样自制凉拌藿香?

答:凉拌藿香具有解表散邪,利湿除风。清热止渴的功效。可作为夏季佐餐。

那么,怎样自制凉拌藿香呢?

用料:鲜藿香 250 g,食盐、味精、酱油、香油适量。

做法:①将藿香鲜嫩叶去杂物,用清水洗净,沥干。放入刚煮沸的水锅内焯一下,捞出,挤干水。

②将藿香叶切段装盘,加入食盐、味精、酱油、香油拌匀,即可食用。

4. 藿香姜枣饮有何食疗功效? 怎样自制藿香姜枣饮?

答:藿香姜枣饮具有健脾益胃的功效。适宜脾胃虚弱所致的食欲不佳、呕吐、胸脘痞闷者饮用。

那么,怎样自制藿香姜枣饮呢?

用料:藿香 25 g、生姜 5 g、枣(干)5 g、白砂糖适量。

做法:①将藿香叶去杂质、洗净。将生姜去皮,洗净,切成薄片。将红枣去核、洗净。

②在锅中加入适量清水,投入姜片、红枣煮 20 min。及时放入藿香叶继续煮 10 min。加入白糖搅匀,出锅即可饮用。

5. 藿香白术粥有何食疗功效? 怎样自制藿香白术粥?

答:藿香白术粥具有健脾化湿的功效。适宜神疲体倦,脾胃湿阻,少食作呕,胸脘痞闷者食用。

那么,怎样自制藿香白术粥呢?

用料:藿香 10 g(鲜品 20 g)、白术 10 g、粳米 100 g、白糖适量。

做法:将藿香、白术择净,放入锅中。加入清水适量,浸泡 5~10 min 后,水煎取汁。加粳米煮粥,待粥熟时加入白糖,再煮

1～2 沸即可。

用法：每日 1 剂，连服 3～5 d。

(四)菊苣

1. 菊苣有何药用价值？

答：菊苣，为菊科菊苣属多年生草本植物。别名欧洲菊苣、比利时苣荬菜、法国苣荬菜、苞菜等，是以嫩叶、叶球、叶芽为蔬菜的野生菊苣的一个变种，原产于北非、地中海和亚洲中部。

菊苣药用的主要功效是健胃消食，清肝利胆，利尿消肿。主治胃痛食少、湿热黄疸、水肿尿少。尤其是对黄疸型肝炎的治疗，效果颇佳。

菊苣除富含胡萝卜素、维生素 C、钾和钙外，还含有一般蔬菜中没有的成分，包括野莴苣苷、山莴苣素、马栗树皮素、马栗树皮苷等苦味物质，具有抗菌、提高食欲、改善消化功能的功效。

现代药理研究发现，菊苣能兴奋中枢神经系统并增强心脏活动，并有抗菌、收敛的功效。也被用作预防龋齿、调节胃肠功能、抗肿瘤、降血脂、降胆固醇及治疗糖尿病之用。

需要注意的是：脾胃虚寒、腹泻者慎服菊苣。

2. 怎样自制茄汁菊苣？

答：用料：菊苣 200 g、番茄沙司 10 g，柠檬汁、食盐、胡椒粉、白糖适量。

做法：将菊苣洗净、控干水，放到盘中。先用食盐、白糖腌渍。将番茄沙司放入小碗中，加入柠檬汁、胡椒粉调匀，与菊苣一同上桌。

用法:菜叶蘸汁食用。

3. 怎样自制双味菊苣?

答:用料:红菊苣 100 g、黄菊苣 100 g,食盐、沙拉酱、醋、芥末油适量。

做法:先将红、黄菊苣分别用食盐腌渍后码入盘中。将醋、芥末油调汁放入一碟,沙拉酱放另一碟,一同上桌。

用法:蘸汁食用。

4. 剁椒菊苣有何食疗功效? 怎样自制剁椒菊苣?

答:食用剁椒菊苣可增进食欲。

那么,怎样自制剁椒菊苣呢?

用料:菊苣 200 g、青辣椒粒 15 g、红辣椒粒 15 g,姜末、食盐、醋、辣酱油、白糖、橄榄油各适量。

做法:①将菊苣择洗净,控水,放到盘中,撒上盐腌渍。

②将青辣椒粒、红辣椒粒和姜末用油炒香后,烹入食盐、醋、辣酱油、白糖待炒锅离火,汁凉后浇在菊苣上即可食用。

5. 菊苣粥有何食疗功效? 怎样自制菊苣粥?

答:菊苣粥具有清热利胆的功效。适合黄疸型肝炎患者食用。

那么,怎样自制菊苣粥呢?

用料:菊苣 15 g、粳米 50 g、白糖适量。

做法:将菊苣洗净,煎取药汁 50 mL。将粳米洗净,煮粥。粥将成,加入菊苣药汁,再煮 2 沸,加入白糖调味即可。

用法:温热服食,每日 1 剂,分 1~2 次食。

(五)马齿苋

1. 马齿苋有何药用价值?

答:马齿苋是马齿苋科马齿苋属 1 年生草本植物,因其叶青、梗赤、花黄、根白、子黑,故又称"五行草"。

马齿苋以全株入药。中医认为,马齿苋性寒,味酸,具有清热解毒、散血消肿功效。主治热痢脓血、热淋、血淋、丹毒、痈肿恶疮、瘰疬、带下等症。

每 100 g 马齿苋中含碳水化合物 3 g、蛋白质 2.3 g、脂肪 0.5 g、粗纤维 0.7 g、铁 1.5 mg、钙 85 mg、磷 56 mg、抗坏血酸 23 mg、核黄素 0.11 g、胡萝卜素 2.23 g,还含有维生素 A、维生素 B_1 等,对人体健康大有裨益。

现代医学研究表明,马齿苋对金黄色葡萄球菌、大肠杆菌、痢疾杆菌、伤寒杆菌等多种致病细菌,有很强的抑制作用。尤其是对痢疾杆菌杀灭作用更强,单味煎服很有疗效,堪称"天然抗生素"。马齿苋的茎叶中 ω-3 脂肪酸的含量居各种绿色植物之首。这种脂肪酸能抑制人体内血清胆固醇和甘油三酯生成,抑制血小板聚集,防止冠状动脉痉挛和血栓形成,从而有效地防治冠心病。马齿苋做成菜肴很适合糖尿病患者,尤其Ⅱ型糖尿病人食疗之用。此外,马齿苋还有防癌的功效。

需要注意的是:①马齿苋性属寒滑。食之过多,有滑利之弊。怀孕妇女,尤其是有习惯性流产的孕妇忌食马齿苋。

②脾胃素虚,腹泻便溏之人忌食马齿苋。

③马齿苋不可与甲鱼一同食用。同食会使食用者肠胃消化不良,食物中毒等。

2. 马齿苋包子有何食疗功效? 怎样自制马齿苋包子?

答:马齿苋包子具有滋补、抗菌的功效。食用马齿苋包子可增强体质,减少疾病。

那么,怎样自制马齿苋包子呢?

用料:马齿苋(干)200 g、小麦面粉 500 g、油豆腐 100 g,食盐、味精、植物油适量。

做法:①将马齿苋去杂物及老、黄叶片,用温水泡发,再用凉水清洗 1～3 次,切碎。将油豆腐洗净,切碎。将马齿苋与油豆腐一同放入盆中,加入食盐、味精、植物油,拌匀成包子馅,待用。

②把面粉放入泡好酵母的盆内和成面团,放在温暖处发酵,将发酵的面团对上碱水中和酸味。揉匀,擀成包子皮。包馅成生包子,上笼蒸熟,即可食用。

3. 绿豆马齿苋汤有何食疗功效? 怎样自制绿豆马齿苋汤?

答:绿豆马齿苋汤具有清热解毒的功效。可作为腹泻患者的食疗方。

那么,怎样自制绿豆马齿苋汤?

用料:马齿苋 200 g、绿豆 150 g、猪肉(瘦)150 g、猪油(炼制)15 g、大蒜(白皮),食盐、味精各适量。

做法:①将马齿苋去除根、老茎,洗净,切成段。将大蒜切片,备用。

②在煲内加入适量清水。把绿豆洗净后,直接放入煲内煮至

烂熟。再放入马齿苋、瘦肉丝、蒜片,至瘦肉软熟,加入食盐、味精、猪油、调味即可食用。

4. 蛋花马齿苋汤有何食疗功效?怎样自制蛋花马齿苋汤?

答:蛋花马齿苋汤具有清热、解毒、止血的功效。适用于月经过多,色深,有血块者食用。

那么,怎样自制蛋花马齿苋汤呢?

用料:马齿苋 60 g、鸡蛋 2 个。

做法:将马齿苋洗净,捣烂,取汁。将鸡蛋打入沸水锅中,煮熟。对入马齿苋汁即可。

用法:每日 2 次。

5. 马齿苋薏苡仁瘦肉粥有何食疗功效?怎样自制马齿苋薏苡仁瘦肉粥?

答:马齿苋薏苡仁瘦肉粥具有健脾去湿的功效。适合慢性肝炎,急性肝炎恢复期属脾虚有湿者食疗。

那么,怎样自制马齿苋薏苡仁瘦肉粥呢?

用料:马齿苋 30 g、薏苡仁 30 g、猪瘦肉 60 g、粳米 60 g、食盐适量。

做法:①将马齿苋去根,洗净,切碎。将生薏苡仁、粳米洗净。将猪瘦肉洗净,切粒。

②把马齿苋、薏苡仁、猪瘦肉、粳米一同放入锅内,加入清水适量。大火煮沸后改小火煮成稀粥,食盐调味即可食用。

(六)小蓟

1. 小蓟有何药用价值？

答：小蓟又名刺儿菜，是菊科植物刺儿菜的干燥地上部分。

小蓟性凉，味甘、微苦，归肝、脾经，具有清热消肿、凉血止血的功效。主治血热妄行引起的出血症（如：吐血、咯血、衄血、崩漏等），尤其是尿血、血淋。又因其具有清热解毒、消瘀散痈的功效，可单用鲜品或配伍其他清热药治疗热毒痈肿。

现代研究发现，小蓟具有抗菌消炎、降低转氨酶、消除尿蛋白、降血压及止血的功效。适合各种出血病人、尿路感染、急性肾盂肾炎、传染性肝炎患者食用，也适合高血压病人食用。

需要注意的是：脾胃虚寒者、气虚之人忌服小蓟。

2. 大小蓟茶有何食疗功效？ 怎样自制大小蓟茶？

答：大小蓟茶具有清热解毒，护肝退黄。

那么，怎样自制大小蓟茶呢？

用料：大蓟鲜草 60 g、小蓟鲜草 60 g。

做法：将大蓟鲜草、小蓟鲜草洗净、捣烂、绞取药汁。

用法：以温开水服，每日 2 剂。

3. 凉拌小蓟有何食疗功效？ 怎样自制凉拌小蓟？

答：凉拌小蓟具有清热解毒，凉血消肿的功效。适用于热毒壅盛之急性结膜炎患者食用。

那么,怎样自制凉拌小蓟呢?

用料:小蓟(新鲜白嫩者)60 g,调味料适量。

做法:将小蓟去根、洗净,放入沸水中焯 2～3 min。捞出,切成小段,加入调味料即可。

用法:佐餐食用。

4. 加味小蓟饮有何食疗功效? 怎样自制加味小蓟饮?

答:加味小蓟饮具有清热、利尿、止血的功效。适用于急性肾炎尿血患者食用。

那么,怎样自制加味小蓟饮呢?

用料:小蓟 15 g、藕节 15 g、竹叶 10 g,梨汁、西瓜汁适量。

做法:将小蓟、藕节、竹叶共煎,取汁。对入梨汁、西瓜汁适量即可。

用法:每日 2 次,连服 5～7 d。

5. 小蓟粥有何食疗功效? 怎样自制小蓟粥?

答:小蓟粥具有清热解毒,凉血止血的功效。可作为鼻咽癌食疗方。

那么,怎样自制小蓟粥呢?

用料:小蓟 100 g、粳米 100 g,葱末、食盐、味精、香油适量。

做法:①将小蓟洗净,入沸水锅焯过,冷水过凉,捞出细切。

②将粳米洗净,用冷水浸泡 30 min,捞出,沥干水分。

③在砂锅中加入粳米,冷水,用旺火煮沸。改用小火煮至粥将成时,加入小蓟,待滚,用食盐、味精调味,撒上葱末,淋上香油,即可食用。

(七)鱼腥草

1. 鱼腥草有何药用价值?

答:鱼腥草又名蕺菜,为三白草科多年生草本植物蕺菜的根或全草,因其茎叶搓碎后有鱼腥味而得名。

鱼腥草性微寒,味辛,归肺经,具有清热解毒、消痈排脓、利尿通淋等功效,主治肺痈、肺热咳嗽、疮疡肿毒、湿热淋症等。

现代药理研究表明,鱼腥草主要含有挥发油、鱼腥草素、蕺菜碱、槲皮苷等多种成分。对金黄色葡萄球菌、结核杆菌、肺炎双球菌、痢疾杆菌等多种致病菌及流感病毒、钩端螺旋体等有较强的抑制作用。还能增强白细胞和巨噬细胞的吞噬能力,提高人体免疫力。鱼腥草有利尿、镇咳、平喘、促进组织再生等作用。从鱼腥草中分离出的一种防癌、抗癌物质,除对胃癌有效外,对中晚期肺癌、绒毛膜上皮癌、恶性葡萄胎、直肠癌也有一定的治疗调整作用。

需要注意的是:①不宜久煎,以免影响疗效。
②脾胃虚寒及阴疽者忌服鱼腥草。

2. 凉拌鱼腥草有何食疗功效? 怎样自制凉拌鱼腥草?

答:凉拌鱼腥草具有清热解毒,排脓,利尿的功效。适宜肺痈、热淋、无名肿毒等患者食用。还可作为日常保健食品食用。

那么,怎样自制凉拌鱼腥草呢?

用料:鲜鱼腥草200 g、大蒜30 g,葱、姜、食盐、味精、醋、芝麻油、白砂糖适量。

做法:①将鱼腥草去老梗、黄叶,洗净。取大蒜25 g捣为泥,加少许白开水制成蒜汁。另大蒜 5 g 切薄片或末。将葱、姜切为末。

②将鱼腥草置盆中，加入大蒜、葱、姜末，再加入食盐、味精、醋、芝麻油、白砂糖拌匀，即可食用。

3. **鱼腥草煲猪肺有何食疗功效？怎样自制鱼腥草煲猪肺？**

答：鱼腥草煲猪肺具有清热解毒，排痰消痈的功效。适宜肺热咳嗽、支气管炎、肺炎、肺痈、咳吐脓血等患者食用。

那么，怎样自制鱼腥草煲猪肺呢？

用料：鱼腥草 50 g、猪肺 300 g、食盐适量。

做法：①将鱼腥草洗净。反复挤压猪肺，去泡沫，洗净，切块。

②将猪肺入锅，加入适量清水煮沸，撇去浮沫。改小火煮至熟透，加入鱼腥草煮沸，入盐调味即可食用。

4. **鱼腥草绿豆猪肚汤有何食疗功效？怎样自制鱼腥草绿豆猪肚汤？**

答：鱼腥草绿豆猪肚汤具有清热解毒，利尿消肿，滋补脾胃的功效。适用于肺气肿及肺心病、慢性肾炎、慢性肝炎等慢性消耗性疾病的辅助治疗。

那么，怎样自制鱼腥草绿豆猪肚汤呢？

用料：鲜鱼腥草 100 g、绿豆 50 g、猪肚 200 g、葱、姜、食盐适量。

做法：①将鱼腥草、绿豆洗净。将猪肚洗净，切成 2 cm 见方的块。

②将绿豆、猪肚放入炖锅中，加水 800 mL。大火烧沸后，再用小火煮 1 h。

③放入鱼腥草、姜、葱、食盐，再煮 10 min 即可食用。

八、药、食两用植物—皮类

（一）橘皮（陈皮）

1. 橘皮（陈皮）有何药用价值？

答：橘皮，为芸香科植物福橘或朱橘等多种橘类的果皮。橘皮以色红日久者为最佳，故名陈皮。

陈皮性温，味辛、苦。温能行气，辛能发散，苦能泄水。因此陈皮有3大作用：①导胸中寒邪。②破滞气。③益脾胃。其中主要作用是行脾胃之气。陈皮是治疗不思饮食，脘腹胀满，脾胃气滞，嗳气呕吐，消化不良的常用药。由于陈皮能燥湿化痰，所以临床又常用其治疗咳嗽多痰，胸闷不舒等。此外，陈皮还被用来治疗休克、急性乳腺炎、乳腺增生等疾患。

现代药理研究表明，陈皮含有多种挥发油。其中主要成分为柠檬烯，对消化道有温和的刺激作用，可使胃液分泌增多，胃肠蠕动加快，起到祛痰平喘、抗炎作用。

需要注意的是：①陈皮可燥湿助热。舌赤少津，内有实热者慎用陈皮。

②吐血症者慎服陈皮。

③陈皮可燥湿化痰。干咳痰少，阴虚燥咳者不宜选用陈皮。

④陈皮不宜与半夏、天南星一同食用。此外,陈皮还不宜与温热香燥药物一同食用。

2. 陈皮鸭煲有何食疗功效? 怎样自制陈皮鸭煲?

答:陈皮鸭煲具有滋阴,清热去火的功效。健康人食用可滋补健身、防病延年。也适宜脾胃虚弱、食欲不振等患者食疗。

那么,怎样自制陈皮鸭煲呢?

用料:陈皮 5 g、鸭半只,八角茴香、食盐、芡粉、冰糖、老抽酱油适量。

做法:①将光鸭洗净,沥干水。用老抽酱油涂抹鸭身,放入沸油内炸,炸至鸭身焦黄时捞起,浸在冷水中,冲去油腻待用。

②在瓦煲中注入小半煲清水,放入陈皮、八角茴香后酌量放入食盐、冰糖、老抽酱油等调味,下鸭加盖煲着。

③待鸭身完全煲熟,勾些芡粉。鸭不用斩件,原煲上桌,即可食用。

3. 陈皮冬瓜汤有何食疗功效? 怎样自制陈皮冬瓜汤?

答:陈皮冬瓜汤具有清热解毒,利尿的功效。适合健康人夏季养生食用。也适宜水肿患者食用。

那么,怎样自制陈皮冬瓜汤呢?

用料:陈皮 25 g、冬瓜 250 g、香菇(鲜)50 g,生姜、食盐、味精、白糖、香油适量。

做法:①将陈皮浸软。将冬瓜去皮切成马蹄形,在沸水中稍煮,捞出、浸冷、沥干。将香菇去蒂,浸软、洗净。

②用砂锅盛陈皮、冬瓜、香菇、姜片,将素上汤煮沸倒入锅内。

盖上盖子,放入蒸笼蒸约 1 h。再加入食盐、香油调味,出锅,即可食用。

4. 陈皮海带粥有何食疗功效？怎样自制陈皮海带粥？

答:陈皮海带粥具有安神健身、清热利水、补气养血的功效。产妇临产时食用,能积蓄足够力气完成分娩过程。

那么,怎样自制陈皮海带粥呢？

用料:陈皮 2 片、海带 100 g、粳米 100 g、白糖适量。

做法:①将陈皮用水洗净。将海带切成碎末。

②将粳米加水适量,置于火上。煮沸后加入陈皮、海带,改小火煮,不时搅动。粥成,加入白糖调味,即可食用。

5. 陈皮牛肉丝有何食疗功效？怎样自制陈皮牛肉丝？

答:陈皮和牛肉配伍,可健脾化痰、补中益气。适合脾胃虚弱、痰温较直和体质虚弱之人食用。

那么,怎样自制陈皮牛肉丝呢？

用料:陈皮 25 g、牛肉(后腿)500 g、生姜 25 g、辣椒(红、尖、干)10 g、砂糖 15 g,食盐、味精、黄酒、花生油、香油适量。

做法:①将陈皮用干净的湿布润软,切成细丝。将牛后腿肉洗净。切片后,顺着肉纹切成粗丝。将姜块洗净,去皮切丝。将干辣椒切成丝。

②将炒锅置旺火上,倒入花生油烧至六成热。倒入牛肉丝炸干水分,捞出,控去油。

③将原炒锅复上旺火,倒入花生油烧热,放入姜丝、干辣椒丝爆香,加入水、食盐、味精、砂糖、黄酒烧沸。之后再放入陈皮丝、牛

肉丝,用小火煮 40 min 左右。

④待牛肉丝回软时,再上旺火收稠卤汁,淋入香油,炒匀即可食用。

(二)肉桂

1. 肉桂有何药用价值?

答:肉桂,俗称香桂、桂心、官桂,是木兰科植物肉桂的干燥树皮。

肉桂,味辛、甘,大热,能引火归原,补火助阳,散寒止痛,活血通经。

现代研究把肉桂的药理作用归结为 4 点:

①抗寒增体温。

②杀灭大肠杆菌。

③促进胃肠蠕动。肉桂中含有桂皮醛、丁香油酚、甲基丁香油酚等芳香挥发油,这些物质能刺激胃肠道,促进胃肠道蠕动,增加胃液分泌,消除胃肠痉挛。肉桂中芳香油对体内"垃圾"也有清除作用。肉桂油还能兴奋神经,促进血液循环。

④预防糖尿病。经研究发现,肉桂中含有的一种活性化合物有助于改善 II 型糖尿病患者的血糖和血脂水平,还可使胰岛素活性升高 3 倍,有助于机体更好地利用糖类。

需要注意的是:①肉桂性热,适合天凉时节食用。夏季不宜多食肉桂。

②阴虚火旺、血热出血者也不宜食用肉桂。

③孕妇需慎食肉桂。

④咽痛、月经过多、盆腔炎及其他热病患者应忌食肉桂。

⑤肉桂不可与大葱一同食用。

2. 肉桂山楂饮有何食疗功效？怎样自制肉桂山楂饮？

答：肉桂山楂饮对老年、幼儿消化力弱，体质偏寒者颇为适宜。
怎样自制肉桂山楂饮呢？

用料：肉桂 6 g、山楂肉 9 g、红糖 30 g。

做法：以水熬煮肉桂、山楂，去渣、留汁，放入红糖调匀。

用法：趁热饮用。

3. 丁香肉桂红酒有何食疗功效？怎样自酿丁香肉桂红酒？

答：丁香肉桂红酒具有振奋精神、开胃消食、散寒暖胃、舒筋活
血的功效。适宜胃虚寒、冠心病患者食疗。

那么，怎样自制丁香肉桂红酒？

用料：肉桂粉 5 g、丁香 1 g、红葡萄酒 1 000 mL、白砂糖 200 g。

做法：将肉桂粉、丁香末、红葡萄酒、白糖 4 味原料混合，上锅
隔水炖热，过滤，即可饮用。

4. 桂浆粥有何食疗功效？怎样自制桂浆粥？

答：桂浆粥具有温补心肾，暖脾散寒的功效。适宜脾胃虚寒型
慢性胃炎患者食用。

那么，怎样自制桂浆粥？

用料：肉桂 2 g、粳米 100 g、红糖 30 g。

做法：将肉桂煎汁、去渣，待用。将粳米洗净，加入清水。先用
大火煮沸，再用小火煎熬。待粥将成时，调入桂浆和适量红糖，稍
煮 1 沸即可食用。

食用农产品安全消费篇

一、基础知识

1. 什么是农产品？

答：农产品是源于农业的初级产品，即在农业活动中获得的植物、动物、微生物及其产品。其中，"初级产品"是指初级产业产出的未加工或只经初级加工的农、林、牧、渔、矿等产品。"农业活动"既包括传统的种植、养殖、采摘、捕捞等农业活动，也包括设施农业、生物工程等现代农业活动。"植物、动物、微生物及其产品"是广义的农产品概念，包括在农业活动中直接获得的未经加工的以及经过分拣、去皮、剥壳、粉碎、清洗、切割、冷冻、打蜡、分级、包装等粗加工，但未改变本自然性状和化学性质的初加工产品。

2. 什么是农业投入品？

答：农业投入品是指在农业和农产品生产过程中使用或添加的物质，主要包括生物投入品、化学投入品和农业设施设备3大类。生物投入品主要包括种子、苗木、微生物制剂（包括疫苗）、天敌生物和转基因种苗等。化学投入品主要包括农兽药（包括生物源农药）、化学肥料、植物生长调节剂、饲料、动物激素、抗生素、保鲜剂等。农业设施设备主要包括农机具、农膜、温室大棚、灌溉设施、养殖设施、环境调节设施等。

3. 安全的食用农产品的含义是什么？

答：安全的食用农产品，是指食用农产品中不应含有可能损害或威胁人体健康的因素，不应导致消费者急性或慢性毒害，或感染疾病，或产生危及消费者及其后代健康的隐患。

4. 农产品质量安全的含义是什么？

答：农产品质量安全是指农产品质量符合保障人的健康、安全的要求。

农产品质量既包括涉及人体健康、安全的安全性要求，也包括涉及产品的营养成分、口感、色香味等品质指标的非安全性要求。其中，"安全性要求"需要由法律规范，实行强制监管来保障，如农兽药残留、致病微生物、有害重金属元素含量等；对于"非安全性要求"，有部分指标需要法规标准规范，如生鲜奶蛋白质含量、油料作物脂肪含量等。多数口感、色香味指标没有法规标准规范，需要通过生产者树立产品品牌、全社会评价和消费者认可来决定。

5. 影响农产品质量安全的因素都有哪些？

答：根据来源不同，影响农产品质量安全的危害因素主要包括农业种养过程可能产生的危害、农产品自身的生长发育过程中产生的危害、农产品保鲜包装贮运过程可能产生的危害、农业生产中新技术应用带来的潜在危害 4 个方面：

①农业种养过程可能产生的危害。包括因投入品不合理或非

法使用造成的农药、兽药、生长调节剂、添加剂等有毒有害残留物；产地环境带来的铅、镉、汞、砷等重金属元素；石油烃、多环芳烃、氟化物等有机污染物，以及六六六、滴滴涕等持久性有机污染物。

②农产品自身的生长发育过程中产生的危害。如黄曲霉毒素、沙门氏菌、禽流感病毒等。

③农产品保鲜包装贮运过程可能产生的危害。包括贮存过程中不合理或非法使用的催熟剂、保鲜剂和包装运输材料中有害化学物等产生的污染。

④农业生产中新技术应用带来的潜在危害。如非法转基因品种、外来物种侵入等。

6. 农业投入品对农产品质量安全有哪些影响？

答：农业投入品对农产品质量安全的影响主要体现在两方面：

一是由于使用不当造成对农产品直接或间接污染，导致农产品中有害物质超出法规限制或有关安全限量标准范围。例如：超范围或超剂量使用农药导致的农药残留超标。

二是由于使用不当，虽未导致农产品遭受污染，却可能导致农产品质量安全风险提高。例如：使用尚未确证危害性的添加物质，使用未经批准推广的基因种苗，都会导致农产品质量安全潜在风险提高。

7. 怎样看待农产品质量安全？我国农产品的质量安全现状如何？

答：近些年，国内媒体报道了多起有关食用农产品质量安全的事件，使得许多消费者对国内食用农产品质量安全缺乏信心。其实,广大消费者和媒体工作者需准确理解"不安全食品"这一概念。安全是个相对概念。绝对安全的食品是不存在的。首先,食品生产过程中涉及很多危害因素,有些是生产必需的(如,农药);有些是环境中固有的重金属;有些是外源污染的。其次,任何一种食品,即使其成分对人体是有益的,或者其毒性极微,但食用过量或食用条件不合适,仍然可能对身体健康产生损害(如:食盐食用过量会中毒)。再次,一些食品的安全性也是因人而异的(如,牛奶、花生、虾、蟹,有些人食用会产生过敏甚至危害)。另外,天然的野生动植物也并非就安全,有的野生菌类就含有毒素。而监测部门日常抽检不合格的产品,仅代表该产品不符合检测标准,不能简单地认为是不安全产品。确认不合格产品是否安全,还要看其超标程度和整体摄入量是否对人体构成威胁。以孔雀石绿残留为例,监测部门检测到在水产品中孔雀石绿的含量最低是 0.002 mg,最高是 5 mg。香港食品环境卫生署对此做了一个风险评估,称如果一个人一天吃 290 kg 这样的水产品,也不会致癌。

目前,我国农产品质量安全水平有了大幅度提高。"十一五"期间,我国农产品质量安全监管在法律法规、执法监督、标准化生产、体系队伍建设等方面取得了重要进展。农产品质量安全依法监管格局已基本形成,监测预警能力明显增强,执法监管深入推进,农业标准化扎实开展,安全优质品牌农产品快速发展,农产品质量安全水平稳步提升。2011 年蔬菜、畜产品、水产品等主要农产品质量安全抽检合格率分别达 97.4%、99.6% 和 96.8%,比 2001 年提高了 30 多个百分点。

8. 怎样安全消费食用农产品?

答:①选购。我国近年来大力推行农产品市场准入制度,要求只有符合质量安全要求的农产品才能上市出售。超市、大型农贸市场及大型批发市场所出售的农产品受到严格检测及监督管理，一般也建立了速测点。因此，在以上地点购买的产品在质量安全上会更有保证（根据历年的检测结果显示，超市的农产品质量安全合格率要高于农贸市场）。消费者应尽量避免到小摊贩去购买。因为小摊贩流动性大，很难定点监管，且生产规范性差，相当大一部分摊贩所出售的农产品来自自家生产或收购散户所生产的，这对执法以及消费者理赔均造成困难。若附近没有大型超市及农贸市场，也应到相对定点的市场去购买，以方便农产品溯源。

②识别。目前，我国农产品质量安全认证主要有无公害农产品、绿色食品和有机食品 3 种基本类型。消费者在购买食用农产品时，要认清产品标签上的相关的标识，并了解一些常用的食用农产品质量鉴别方法。

③科学贮藏和食用。了解食用农产品的一般特性，才能做到科学贮藏和食用。比如：土豆发芽如何处理才不中毒？如何把蔬菜瓜果上的农药残留成分降到最低？杨梅买回家为什么要先用盐水泡？用了苏丹红的红心鸭蛋到底有多大的危害？如何科学食用蜂产品？等等。

9. 《中华人民共和国农产品质量安全法》明确了哪几个方面的制度？

答：《中华人民共和国农产品质量安全法》明确了农产品质量安全信息发布制度、农产品生产记录制度、农产品分级包装与标识制度、农产品质量安全市场准入制度、农产品质量安全监测和监督检查制度、农产品质量安全事故报告制度和农产品质量安全责任追究制度 7 个方面的制度。

10. 《中华人民共和国农产品质量安全法》对产地环境有哪些要求？

答：①禁止在有毒有害物质超过规定标准的区域生产、捕捞、采集食用农产品和建立农产品生产基地。

②禁止违反法律、法规的规定向农产品产地排放或者倾倒废水、废气、固体废物或者其他有毒有害物质。农业生产用水和用做肥料的固体废物，应当符合国家规定的标准。

③农产品生产者应当合理使用化肥、农药、兽药、农用薄膜等化工产品，防止对农产品产地造成污染。

11. 什么是农产品禁止生产区域？

答：农产品禁止生产区域是指由于人为或者自然的原因，致使农产品产地有毒有害物质超过产地安全相关标准，并导致所生产的农产品中有毒有害物质超过标准，经县级以上地方人民政府批准后，禁止生产农产品的区域。

应当注意的是：

①农产品禁止生产区域是指为特定农产品限制生产区域，不一定是禁止生产所有农产品；

②农产品禁止生产区域的划定应当以产地中有毒有害物质的含量及其在特定农产品中是否富集及其程度为依据，并应当充分考虑生产过程的影响；

③农产品禁止生产区域的批准公向必须按规定的程序办理，

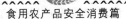

即由县级以上地方人民政府农业行政主管部门提出,报本级人民政府批准后再行公布。

12. 怎样选择农产品产地?

答:要种植出安全的农产品,产地需选择生态条件良好,远离污染源并具有可持续生产能力的农业生产区域。产地最好集中连片,产地区域范围明确,具有一定的生产规模,产品相对稳定。绿色无公害农田与常规生产的农田保持百米以上的距离。产地区域范围内、产地上风向、灌溉水上游,均没有对于产地构成威胁的污染源。尽量避开公路主干线。

下列情况之一,不能作为食用农产品产地:

①产地周围及产区内有工矿企业、医院等污染单位;

②土壤或水源中有害矿物质含量过高的;

③产地水源和排灌条件不具备,土质不符合条件并无法改造的地区;

④通过对产地环境质量指标进行检测评价综合污染指数不达标的;

⑤产地为农作物病虫害的高发区。

13. 水产养殖对环境有哪些要求?

答:一是周围没有工业"三废"及生活、医疗垃圾等污染源;二是池塘底质有毒、有害物质含量应符合国家的相关标准;三是有充足的、水质良好的水源;四是池塘规划整齐、交通方便、生活场所卫生。

14. 什么是农产品质量认证?

答:认证是由认证机构证明产品、服务、管理体系符合相关技术规范、相关技术规范的强制性要求或标准的合格评定活动。简单来说,就是符合一定要求获得某种身份的评定活动。认证的主体是认证机构,是经国家认证认可监督管理部门批准,并依法取得法人资格,从事批准范围内的合格评定活动的单位(如农业部农产品质量安全中心、中国绿色食品发展中心、中国农机产品质量认证中心)。认证机构与供需双方都不存在行政的隶属关系和经济上的利害关系,属于第三方性质。认证合格颁发"认证证书"和"认证标志"。认证的目的是保证产品、服务、管理体系符合特定的要求。

当前,我国安全优质农产品认证主要有无公害农产品认证、绿色食品认证、有机食品认证和农产品地理标志登记 4 种类型,简称"三品一标"。

15. 什么是无公害农产品?

答:无公害农产品是指产地环境、生产过程和产品质量符合国家有关标准和规范的要求,经认证合格获得认证证书并允许使用无公害农产品标志的,未经加工或者初加工的食用农产品。

16. 无公害农产品生产应符合哪些要求?

答:①符合无公害农产品产地环境的标准要求;
②区域范围明确,树立标示牌,标明范围;
③有一定的生产规模;

④生产过程符合无公害农产品生产技术的标准要求；

⑤有相应的专业技术和管理人员；

⑥有完善的质量控制措施,并有完整的生产和销售记录档案。从事无公害农产品生产,应严格按规定使用农业投入品,禁止使用国家禁用、淘汰的农业投入品；

⑦生产无害农产品允许按照规定,合理使用农业投入品,严格执行农业投入品使用安全间隔期或者休药期的规定。

17. 无公害农产品的标志是什么？

答：无公害农产品标志图案由麦穗、对勾和无公害农产品字样组成,麦穗代表农产品,对勾表示合格,金色寓意成熟和丰收,绿色象征环保和安全。标志图案直观、简洁、易于识别、含义通俗易懂。无公害农产品标志有刮开式纸质标识、揭露式纸质标识、揭露式塑质标识、锁扣标识、捆扎带标识 5 种类型。如图 44 所示。

图 44

18. 不使用任何农药生产出来的农产品就是无公害农产品吗？

答：无公害农产品是指产地环境、生产过程和产品质量都符合无公害农产品标准的农产品。不是不使用任何农药,而是合理使用农药。在保证产量的同时,确保产地环境安全和产品安全。所以,不使用任何农药生产出来的农产品不一定是无公害农产品。

19. 怎样辨别无公害农产品的真假?

答:无公害农产品有国家统一的标志,标志除采用传统静态防伪外,还具有防伪数码查询功能。辨别真假无公害农产品有如下方法:

①短信查询。1066958878 为无公害农产品短信查询平台。中国移动、中国联通、中国电信用户可将标识上的 16 位防伪数码编辑成一条短信息(编辑方法为:从左至右,然后从上至下输入数码),发送至 1066958878,数秒后系统会回复一条查询短信。

②互联网查询。登录中国农产品质量安全网(www. aqsc. gov. cn)的防伪查询栏目,在防伪标识查询框内输入产品数码,确认后按"查询"键,即可得到鉴别结果。

通过查询不但能辨别标志的真伪,而且还可了解认证产品的生产厂家、产品名称、品牌等相关信息。

20. 什么是绿色食品?

答:绿色食品是指产自优良生态环境、按照绿色食品标准生产、实行全程质量控制并获得绿色食品标志使用权的安全、优质食用农产品及相关产品。

21. 绿色食品生产应符合哪些要求？

答：①产品或产品原料的产地必须符合绿色食品的生态环境标准；

②农作物种子、畜禽饲养、水产养殖及食品加工必须符合绿色食品的生产操作规程；

③产品必须符合绿色食品的质量和卫生标准；

④产品的标签必须符合中国农业部制定的《绿色食品标志设计标准手册》中的有关规定。

22. 绿色食品的标志是什么？

答：绿色食品标志图形由三部分构成，即上方的太阳、下方的叶子和中心的蓓蕾；颜色为绿色，象征生命、农业、环保；图形为圆形，意为保护、安全。整个图形展示出阳光照耀下的蓬勃生机，告诉人们绿色食品是出自良好生态环境的安全、无污染食品，能给人们带来强劲的生命活力。绿色食品标志还提醒人们要保护生态环境、保障食品安全，构建人与自然和谐的关系。如图45所示。注册形式有4种：包括绿色食品标志图形、中文"绿色食品"、英文"Greenfood"、图形与中英文文字组合。

图45

23. 怎样辨别绿色食品的真假？

答：经中国绿色食品发展中心认证，被许可使用绿色食品标志的有效期内的产品为绿色食品。绿色食品标志包括图形、中文"绿色食品"、英文"Greenfood"、图形与中英文文字组合 4 种形式。绿色食品标志使用有效期为 3 年，期满后未续展或续展未通过的，不得继续使用绿色食品标志。

假冒绿色食品有两类，一类是绿色食品企业超范围或超期使用标志；另一类是非绿色食品企业非法使用绿色食品标志。

从包装标签上分辨真假绿色食品，主要看标志使用是否规范、完整。真绿色食品包装标签上必须同时具备标志图形、"绿色食品"文字和产品编号或企业信息码，这三者缺一不可。还可登录中国绿色食品网（www.greenfood.org.cn）首页专栏查询。

24. 什么是有机农业？

答：有机农业就是遵照特定的农业生产原则，在生产中不采用基因工程获得的生物及其产物，不使用化学合成的农药、化肥、生物调节剂、饲料添加剂等物质，遵循自然规律和生态学原理，协调种植业和养殖业的平衡，采用一系列可持续的农业技术以维持持续稳定的农业生产体系的一种农业生产方式。

25. 什么是有机产品？

答：按照国家标准《有机产品》生产、加工、销售的供人类消费、动物食用的产品。

26. 有机农产品生产应符合哪些要求?

答:①生产基地在最近 3 年内未使用过农药、化肥等违禁物质;

②种子或种苗来自于自然界,未经基因工程技术改造过;

③生产基地应建立长期的土地培肥、植物保护、作物轮作和畜禽养殖计划;

④生产基地无水土流失、风蚀及其他环境问题;

⑤作物在收获、清洁、干燥、贮存和运输过程中应避免污染;

⑥从常规生产系统向有机生产转换通常需要 2 年以上的时间,新开荒地、撂荒地须至少经 12 个月的转换期才有可能获得颁证;

⑦在生产和流通过程中,必须有完善的质量控制和跟踪审查体系,并有完整的生产和销售记录档案。

27. 有机产品的标志是什么?

答:中国有机产品标志的图案由三部分组成,即外围的圆形、中间的种子图形及其周围的环形线条。标志外围的圆形形似地球,象征和谐、安全,圆形中的"中国有机产品"字样为中英文结合方式。既表示中国有机产品与世界同行,也有利于国内外消费者识别。标志中间类似于种子的图形代表生命萌发之际的勃勃生机,象征了有机产品是从种子开始的全过程。如图 46 所示。

图 46

28. 北京中绿华夏有机食品认证中心的有机食品的标志是什么？

答:有机食品标志采用人手和叶片为创意元素。可以感觉到两种景象,其一是一只手向上持着一片绿叶,寓意人类对自然和生命的渴望;其二是两只手一上一下握在一起,将绿叶拟人化为自然的手,寓意人类的生存离不开大自然的呵护,人与自然需要和谐美好的生存关系。如图 47 所示。有机食品概念的提出正是这种理念的实际应用。人类的食物从自然中获取,人类的活动应尊重自然的规律,这样才能创造一个良好的可持续的发展空间。另外,标志的圆形和反白底图的 f 正是有机食品英文——Organic food 的头一个字母 O 和 f。

图 47

29. 有机食品是绝对无污染的食品吗？

答:食品是否有污染是一个相对的概念。世界上不存在绝对不含任何污染物质的食品。由于有机食品的生产过程不使用化学合成物质,因此,有机食品中污染物质的含量一般要比普通食品低。但是过分强调其无污染的特性,会导致人们只重视对终端产品污染状况的分析与检测,而忽视有机食品注重保持自然生态平衡和生产全过程质量控制的宗旨和理念。

30．怎样辨别有机农产品的真假？

答：由于有机农产品的价格比普通农产品高很多，少数不法之徒为获取利益不惜铤而走险，在市场上假冒有机农产品。下面介绍辨别真假有机农产品的方法：

首先看在有机农产品的销售专区或陈列专柜，是否摆放有机产品认证证书复印件。内容包括证书编号，认证委托人（证书持有人）名称、地址，基地（加工厂）名称、地址，产品名称、规模、产量，证书有效期（有机农产品认证证书有效期为一年），认证机构名称、标识等。其次看产品或者产品的最小销售包装上，是否有中国有机产品认证标志或中国有机转换产品认证标志及其唯一编号、认证机构名称或其标识。再次看商家有没有"有机产品销售证"，它应该悬挂于店铺的显眼位置，内容包括认证证书号、认证类别、获证组织名称、产品名称、购买单位、数量、产品批号等内容。

产品买回家之后，消费者还可通过中国食品农产品认证信息系统查询到有机产品认证标志所对应获证产品的基本信息。

31．无公害农产品、绿色食品和有机食品的联系和特点是什么？

答：无公害农产品、绿色食品和有机食品三者都属于安全农产品范畴，是农产品质量安全工作的重要内容。而从水平定位、产品结果、技术制度、认证方式和发展机制来看，无公害农产品、绿色食品和有机食品又各有特点：

①无公害农产品特点。产品质量安全达到我国普通农产品和食品标准要求，保障基本安全，满足大众消费。产品以初级食用农

产品为主,推行"标准化生产、投入品监管、关键点控制、安全性保障"的技术制度。采取产地认定与产品认证相结合的方式。认证属于公益性事业,不收取费用,实行政府推动的发展机制。

②绿色食品特点。产品质量安全整体达到发达国家先进水平,市场定位于国内大中城市和国际市场,满足更高层次的消费。产品以初级农产品为基础、加工农产品为主体。推行"两端监测、过程控制、质量认证、标志管理"的技术制度。采取质量认证与证明商标管理相结合的方式。绿色食品认证以保护农业生态环境、增进消费者健康为基本理念,不以营利为目的,收取一定费用保障事业发展,采取政府推动与市场拉动相结合的发展机制。

③有机食品特点。按照有机农业方式生产,对产品质量安全不作特殊要求,满足特定消费,主要服务于出口贸易。产品以初级和初加工农产品为主。强调常规农业向有机农业转换,推行基本不用化学投入品的技术制度,保护生态环境和生物多样性,维护人与自然的和谐关系。注重生产过程监控,一般不做环境监测和产品检测,一年一认证。按照国际惯例,采取市场化运作。

无公害农产品突出安全因素控制。绿色食品既突出安全因素控制,又强调产品优质与营养。有机食品注重对影响生态环境因素的控制。

总的来说,无公害农产品、绿色食品和有机食品是既有联系,又有区别的。三者相互衔接,互为补充,各有侧重,共同发展。

32. 什么是农产品地理标志? 农产品地理标志的标志及其含义是什么?

答:农产品地理标志是标示农产品来源于特定地域,产品品质和相关特征主要取决于自然生态环境和历史人文因素,并以地域名称冠名的特有农产品标志。

农产品地理标志公共标识基本图案由中华人民共和国农业部中英文字样、农产品地理标志中英文字样、麦穗和日月组成的地球构成。标识基本组成色彩为绿色和橙色。标识的核心元素示天体、星球、太阳、月亮相互辉映,麦穗代表生命与农产品,绿色象征绿色农业、绿色农产品,橙色寓意丰收和成熟。同时从整体上是一个地球在宇宙中的运动状态,体现了农产品地理标志和地球、人类共存的内涵。如图48所示。

图 48

33 · 食用农产品标准包括哪些?是怎样分类的?

答:食用农产品标准包括种植业、畜牧业、渔业等行业所涉及的技术标准,如蔬菜水果、肉禽蛋奶、鱼虾贝藻均属于食用农产品标准的范畴。

食用农产品标准就性质来说,分推荐性标准和强制性标准。推荐性标准推荐各个有关部门采用,强制性标准在一定范围内强制实施。从层次上来说,分国家标准、行业标准、地方标准和企业标准。

34 · 食品标签中出现了 HACCP、GAP、GMP、SSOP、ISO 这样的标识,这些标识各自代表了什么含义?

答:HACCP、GAP、GMP、SSOP 这四种为食品安全管理体系。

HACCP:翻译成中文就是危害分析和关键控制点。《食品工业基本术语》(GB/T 15091—1994)的定义为:生产(加工)安全食品的一种控制手段。对原料、关键生产工序及影响产品安全的人为因素进行分析,确定加工过程中的关键环节,建立、完善监控程序和监控标准,采取规范的纠正措施。

GAP:翻译成中文是良好农业规范,就是对农产品产前、产中、产后全过程质量进行控制的规范。GAP 主要针对初级农产品生产的种植业和养殖业,分别制定和执行各自的操作规范,鼓励减少农用化学品和药品的使用,关注动物福利、环境保护、工人的健康、安全和福利,保证初级农产品安全。

GMP:翻译成中文就是良好生产规范,是政府强制性的有关食品生产、加工、包装、贮存、运输和销售的卫生要求,以法律、法规、规章或管理文件等形式出现。

SSOP:翻译成中文就是卫生标准操作程序,是食品加工企业为了保证其生产操作达到 GMP 所规定的要求,确保加工过程中消除不良因素,使其所加工的食品符合卫生要求而制定的,指导食品生产加工过程中如何实施清洗、消毒和卫生保持的指导性文件。

ISO:为质量管理体系,代表国际标准化组织。

35. 常见的食用农产品标准代号有哪些?

答:国家标准代号为"GB",推荐性国家标准为"GB/T"。如:GB/T 8582—2000 表示该标准为 2000 年发布的推荐性国家标准。

行业标准代号由两个汉语拼音字母组成,不同行业有不同的代号。农业为"NY"、水产为"SC"。如:NY/T 1281—2007 表示该标准为 2007 年发布的推荐性农业行业标准。

地方标准代号由"DB"和各省、市、自治区行政区划代码前两位数加斜线组成,如上海市地方标准的代号为:DB31/和DB31/T。

企业标准代号为"Q"加斜线和代号组成。如:Q/HZA018—1995。

36. 农产品包装的含义是什么?农产品包装应符合哪些要求?

答:农产品包装是指对农产品实施装箱、装盒、装袋、包裹、捆扎等。

《农产品包装和标识管理办法》规定,农产品包装应当符合农产品贮藏、运输、销售及保障安全的要求,以便于拆卸和搬运。包装农产品的材料和所用的保鲜剂、防腐剂、添加剂等物质,必须符合国家强制性的技术规范要求。包装农产品应注意防止机械损伤和二次污染。

37. 哪些农产品上市前必须进行包装?

答:《农产品包装和标识管理办法》规定,农产品生产企业、农民专业合作经济组织以及从事农产品收购的单位或者个人,用于销售的下列农产品必须包装:

①获得无公害农产品、绿色食品、有机农产品等认证的农产品(鲜活畜、禽、水产品除外)。

②省级以上人民政府农业行政主管部门规定的其他要包装销售的农产品。

③符合规定包装的农产品拆包后直接向消费者销售的，可以不再另行包装。

38．农产品标识有哪些规定？

答：《农产品包装和标识管理办法》规定，农产品生产企业、农民专业合作经济组织以及从事农产品收购的单位或者个人包装销售的农产品，应当在包装物上标注或者附加标识标明品名、产地、生产者或者销售者名称、生产日期。产品或者其包装上的标识必须真实，并符合下列要求：

①有分级标准或者使用添加剂的，应标明产品质量等级或者添加剂名称；

②畜禽及其产品、属于农业转基因生物的农产品，还应当按照有关规定进行标识；

③未包装的农产品，应采取附加标签、标识牌、标识带、说明书等形式标明农产品的品名、生产地、生产者或者销售者名称等内容；

④农产品标识所用文字应使用规范的中文。标识标注的内容应准确、清晰、显著；

⑤销售获得无公害农产品、绿色食品、有机农产品等质量标志使用权的农产品，应标注相应标志和发证机构；

⑥禁止冒用无公害农产品、绿色食品、有机农产品等质量标志。

39. 不按照规定包装、标识应负哪些责任？

答：《农产品包装和标识管理办法》规定，农产品生产企业、农民专业合作经济组织以及从事农产品收购的单位或者个人，应对其销售农产品的包装质量和标识内容负责，有下列情形之一的，由县级以上人民政府农业行政主管部门按照《农产品质量安全法》的规定处理、处罚：

①使用的农产品包装材料不符合强制性技术规范要求；

②农产品包装过程中使用的保鲜剂、防腐剂、添加剂等材料不符合强制性技术规范要求；

③应当包装的农产品未经包装销售；

④农产品未按照规定标识；

⑤冒用无公害农产品、绿色食品、有机农产品等质量标志。

40. 什么是农产品市场质量安全准入？

答：农产品市场质量安全准入是指对经有权质量认证或认定机构认证、认定的农产品（包括无公害农产品、绿色食品、有机食品等），以及经检验质量安全卫生指标符合国家食品安全卫生标准、无公害标准或检疫合格的农产品准予入市经营。对未经认证、认定、检验、检疫和经检验、检疫不合格农产品，不准上市流通，禁止经营销售。

41. 《农产品质量安全法》中规定了哪些农产品不得在市场上销售？

答：（1）有下列五种情形之一的农产品，不得销售：

①含有国家禁止使用的农、兽药或者其他化学物质的；

②农、兽药等化学物质残留或者含有的重金属等有毒有害物质不符合农产品质量安全标准的；

③含有致病性寄生虫、微生物或者生物毒素不符合农产品质量安全标准的；

④使用的保鲜剂、防腐剂、添加剂等材料不符合国家有关强制性的技术规范的；

⑤其他不符合农产品质量安全标准的。

(2)农产品销售企业应建立健全进货检查验收制度。经查验不符合质量安全标准的农产品，不得销售。

42·买到假冒、劣质农产品后该怎么办?

答：消费者在市场上买到假冒、劣质的农产品，可以与经营者协商解决，也可以请求消费者协会调解，还可以向主管部门申诉，或根据与经营者达成的仲裁协议提请仲裁机构仲裁。如果还不能解决，可以向人民法院提起诉讼。另外，按照《农产品质量安全法》的规定，在批发市场购买的农产品如果出现问题，可以向批发市场直接要求索赔。需要提醒消费者注意的是，在消费购物时，一定要索要发票，并尽可能地保存购买发票、农产品包装以及因问题农产品导致就诊的各类票据、病历等相关证据。

43·禁止使用和限制使用的农药都有哪些?

答：2011年农业部、工业和信息化部、环境保护部、国家工商行政管理总局、国家质量监督检验检疫总局第1586号公告决定，对高毒农药采取进一步禁限用管理措施。公告了一批停止受理、停止批准、撤销登记、停止销售和使用的农药品种,至此,在我国禁止生产、销售和使用 33 种农药(表 1)、在蔬菜、果树、茶叶、中草药材上不得使用和限制使用 17 种农药(表 2)。

表 1　禁止生产、销售和使用的 33 种农药

中文通用名	英文通用名
甲胺磷	methamidophos
甲基对硫磷	parathion-methyl
对硫磷	parathion
久效磷	monocrotophos
磷胺	phosphamidon
六六六	BHC
滴滴涕	DDT
毒杀芬	strobane
二溴氯丙烷	dibromochloropropane
杀虫脒	chlordimeform
二溴乙烷	EDB
除草醚	nitrofen
艾氏剂	aldrin
狄氏剂	dieldrin
汞制剂	mercury compounds
砷类	arsenide compounds
铅类	plumbum compounds
敌枯双	N,N-methy lehebis
氟乙酰胺	fluoroacetamide
甘氟	gliftor
毒鼠强	tetramine
氟乙酸钠	sodium fluoroacetate
毒鼠硅	silatrane
苯线磷	fenamiphos
地虫硫磷	fonofos
甲基硫环磷	phosfolan-methyl
磷化钙	calcium phosphide
磷化镁	magnesium phosphide
磷化锌	zinc phosphide
硫线磷	cadusafos
蝇毒磷	coumaphos
治螟磷	sulfotep
特丁硫磷	terbufos

表2 限制使用的17种农药

中文通用名	英文通用名	禁止使用作物
甲拌磷	phorate	蔬菜、果树、茶树、中草药材
甲基异柳磷	isofenphos-methyl	蔬菜、果树、茶树、中草药材
内吸磷	demeton	蔬菜、果树、茶树、中草药材
克百威	carbofuran	蔬菜、果树、茶树、中草药材
涕灭威	aldicarb	蔬菜、果树、茶树、中草药材
灭线磷	ethoprophos	蔬菜、果树、茶树、中草药材
硫环磷	phosfolan	蔬菜、果树、茶树、中草药材
氯唑磷	isazofos	蔬菜、果树、茶树、中草药材
水胺硫磷	isocarbophos	柑橘树
灭多威	methomyl	柑橘树、苹果树、茶树、十字花科蔬菜
硫丹	endosulfan	苹果树、茶树
溴甲烷	methyl bromide	草莓、黄瓜
氧乐果	omethoate	甘蓝、柑橘树
三氯杀螨醇	dicofol	茶树
氰戊菊酯	fenvalerate	茶树
丁酰肼（比久）	daminozide	花生
氟虫腈	fitronil	除卫生用、玉米等部分旱田种子包衣剂外的其他用途

44. 为何对禁用农药还要规定限量标准？

答：我国对禁止使用的农药，没有规定不得检出，而是制定了检出限。主要是基于以下四点考虑：一是从安全角度出发，目前制定的限量值是根据我国农产品残留试验和居民消费数据，经科学评估制定的；二是从我国产业发展和出口贸易的角度出发，在制定这些限量标准时，原则上尽量与国际食品法典的标准保持一致；三是从政府监管的角度出发，为政府监督检查违法使用禁用农药提供技术依据;四是从生产实际出发,过去长期大量使用的现在禁用的农药,在土壤中可能存在残留,或在该药仍允许使用在其他作物上,由于气流等因素,产生飘移,导致残留风险。

目前世界各国对禁止和限制使用的农药残留限量标准并没有制定统一的检出限。包括欧盟在内的主要农产品进口地区,也是在保障安全的基础上,根据本国贸易的需要灵活制定残留限量标准。

45. 什么是农药残留和农药残留量? 什么是农药安全间隔期?

答:农药使用后残存在生物体、农副产品和环境中的农药原体、有毒代谢物、降解物和杂质的总称叫农药残留。残存的数量叫残留量,以每千克样本中有多少毫克(或微克、纳克等)表示。农药残留是使用农药后的必然现象,只是残留的时间有长有短,残留量的数量有大有小,但残留是不可避免的。研究农药残留的目的是通过合理用药以减少农药残留量和残留农药对人类和环境、生态系统的不良影响。

农药安全间隔期是指农产品在最后一次施用农药到收获上市之间的最短时间,也就是说喷施一定剂量农药后必须等待多少天才能采摘,故安全间隔期又名安全等待期。在此期间,多数农药会因生物、物理、化学等因素逐渐降解,农药残留经过一定时间会达到安全标准,不会对人体健康造成危害。不同种的农药有不同的安全间隔期。安全间隔期是农药安全使用标准中的一部分,也是控制和降低农产品中农药残留量的一项关键性措施。

46. 怎样看待农产品中的农药残留？

答：近年来农产品质量安全事件时有发生，消费者会产生"能不能不使用农药？"的想法。

世界上使用农药有 200 多年的历史，在这期间农药的使用量不断增加。这是因为人口增长需要大力发展农业生产，以保障粮食的安全供给。同时现代农业的发展也越来越依赖农药的使用。有研究指出，农作物病虫草害引起的损失最多可达 70%，通过正确使用农药可以挽回 40% 左右的损失。

我国是个人口众多耕地紧张的国家，粮食增产和农民增收始终是农业生产的主要目标，而使用农药控制病虫草害从而减少粮食减产是必要的技术措施。农药对植物来说，犹如医药对人类一样重要，且必不可少。如果不用农药，我国肯定会出现饥荒！

农药残留是施药后的必然现象，如果超过最大残留限量标准，会对人畜产生不良影响或通过食物链对生态系中的生物造成毒害的风险。但也可通过一些措施减少农药残留：一是全面开展病虫草害综合防治，减少农药使用量；二是正确规范使用农药，减少农药残留量；三是大力推广生物农药，减少化学农药的使用，不断降低农药残留水平。农业部门一直在致力于开展这些工作。

47. 怎样看待农产品中药物残留检出与超标问题？

答：农药残留检出，是指应用特定检测方法，检测到残留农药的量达到或超过方法检出限。农药残留超标，是指农药残留检测中检出值超过规定的残留限量值。农业生产中不可避免地会使用农药，所以农产品中很可能含有农药残留。随着科技发展，检测仪器和检测方法灵敏度提高,农产品中的痕量农药残留也可能被检出。但只要不超标,就可以放心安全食用。

48 · 饲料中禁用的非法添加物都有哪些?

答:为保证动物源性食品安全,农业部发布了 176 号和 1519 号公告,向社会公布了禁止在饲料、动物饮用水和畜禽水产养殖过程中使用的药物和物质清单。清单主要包括克伦特罗、沙丁胺醇等兴奋剂类、己烯雌酚等激素类、呋喃唑酮、氯霉素等抗菌药物类、呋喃丹等杀虫剂类四大类 82 种禁用药物和物质(表3)。

表3 禁止在饲料和动物饮用水中使用的药物品种

类别	中文通用名	英文通用名
肾上腺素受体激动剂	盐酸克伦特罗	clenbuterol hydrochloride
	沙丁胺醇	salbutamol
	硫酸沙丁胺醇	salbutamol sulfate
	莱克多巴胺	ractopamine
	盐酸多巴胺	dopamine hydrochloride
	西马特罗	cimaterol
	硫酸特布他林	terbutaline sulfate
	苯乙醇胺 A	phenylethanolamineA
	班布特罗	bambuterol
	盐酸齐帕特罗	zilpaterol hydrochloride
	盐酸氯丙那林	clorprenaline hydrochloride
	马布特罗	mabuterol
	西布特罗	cimbuterol
	溴布特罗	brombuterol
	酒石酸阿福特罗	arformoterol tartrate
	富马酸福莫特罗	formoterol fumatrate
	盐酸可乐定	clonidine hydrochloride
	盐酸赛庚啶	cyproheptadnine hydrochloride
	己烯雌酚	diethylstibestrol

续表3

类别	中文通用名	英文通用名
性激素	雌二醇	estradiol
	戊酸雌二醇	estradiol valerate
	苯甲酸雌二醇	estradiol benzoate
	氯烯雌醚	chlorotrianisene
	炔诺醇	ethinylestradiol
	炔诺醚	quinestrol
	醋酸氯地孕酮	chlormadinone acetate
	左炔诺孕酮	levonorgestrel
	炔诺酮	norethisterone
	绒毛膜促性腺激素（绒促性素）	chorionic gonadotrophin
	促卵泡生长激素	menotropins
	（尿促性素主要含卵泡刺激 FSHT 和黄体生成素 LH）	
蛋白同化激素	碘化酪蛋白	iodinated casein
	苯丙酸诺龙及苯丙酸诺龙注射液	nandrolone phenylpropionate
精神药品	（盐酸）氯丙嗪	chlorpromazine hydrochloride
	盐酸异丙嗪	promethazine hydrochloride
	安定（地西泮）	diazepam
	苯巴比妥	phenobarbital
	苯巴比妥钠	phenobarbital sodium
	巴比妥	barbital
	异戊巴比妥	amobarbital
	异戊巴比妥钠	amobarbital sodium
	利血平	reserpine
	艾司唑仑	estazolam
	甲丙氨脂	meprobamate
	咪达唑仑	midazolam
	硝西泮	nitrazepam
	奥沙西泮	oxazepam
	匹莫林	pemoline
	三唑仑	triazolam
	唑吡丹	zolpidem

续表3

类别	中文通用名	英文通用名
β-肾上腺素受体激动剂	苯乙醇胺A	Phenylethanolamine A
抗高血压药	盐酸可乐定	Clonidine Hydrochloride
抗组胺药	盐酸赛庚啶	Cyproheptadine Hydrochloride
各种抗生素滤渣	—	—

49. 禁用的兽药都有哪些？

答：2010年，农业部发布了第193号公告，向社会公布了食品动物禁用的兽药及其他化合物清单（表4）。

表4　食品动物禁用的兽药及其他化合物

兽药及其他化合物名称	禁止用途	禁用动物
β-兴奋剂类： 克伦特罗（clenbuterol）、沙丁胺醇（salbutamol）、西马特罗（cimaterol）及其盐、酯及制剂	所有用途	所有食品动物
性激素类： 己烯雌酚（diethybtilbestrol）及其盐、酯及制剂	所有用途	所有食品动物
具有雌激素样作用的物质： 玉米赤霉醇（zeranol）、去甲雄三烯醇酮（trenbolone）、醋酸甲孕酮（mengestrol acetate）及制剂	所有用途	所有食品动物
氯霉素（chloramphenicol）及其盐、酯包括琥珀氯霉素（chloramphenicolsuccinate）及制剂	所有用途	所有食品动物
氨苯砜（dapsone）及制剂	所有用途	所有食品动物
硝基呋喃类： 呋喃唑酮（furazolidone）、呋喃它酮（furaltadone）、呋喃苯烯酸钠（nifustyrenate sodium）及制剂	所有用途	所有食品动物

续表4

兽药及其他化合物名称	禁止用途	禁用动物
硝基化合物： 硝基酚钠(sodium nitrophenolate)、硝呋烯胺(nitrovin) 及制剂	所有用途	所有食品动物
催眠、镇静类： 安眠酮(methaqualone)及制剂	所有用途	所有食品动物
林丹(丙体六六六,lindane)	杀虫剂	水生食品动物
毒杀芬(氯化烯,camahechlor)	杀虫剂 清塘剂	水生食品动物
呋喃丹(克百威,carbofuran)	杀虫剂	水生食品动物
杀虫脒(克死螨,chlordimeform)	杀虫剂	水生食品动物
双甲脒(amitraz)	杀虫剂	水生食品动物
酒石酸锑钾(antimony potassium tartrate)	杀虫剂	水生食品动物
锥虫胂胺(tryparsamide)	杀虫剂	水生食品动物
孔雀石绿(malachite green)	抗菌、 杀虫剂	水生食品动物
五氯酚酸钠(pentachlorophenol sodium)	杀螺剂	水生食品动物
各种汞制剂包括： 氧化亚汞(甘汞,calomel) 硝酸亚汞(mercurous nitrate) 醋酸汞(mercurous acetate) 吡啶基醋酸汞(pyridyl mercurous acetate)	杀虫剂	动物
性激素类： 甲基睾丸酮(methyltestosterone) 丙酸睾酮(testosterone propionate) 苯丙酸诺龙(androlone phenylpropi-onate) 苯甲酸雌二醇(estradiol benzoate)及其盐、酯及制剂	促生长	所有食品动物
催眠、镇静类： 氯丙嗪(chlorpromazine)、 地西泮(安定,di-azepam)及其盐、酯及制剂	促生长	所有食品动物
硝基咪唑类： 甲硝唑(metronidazole)、地美硝唑(dimetronidazole)及其 盐、酯及制剂	促生长	所有食品动物

50. 限用的鱼药都有哪些？

答：限用的鱼药主要有漂白粉、二氯异氰尿酸钠、三氯异氰尿酸钠、二氧化氯、土霉素、噁喹酸、磺胺噁唑（新诺明、新明磺）、磺胺间甲氧嘧啶、氟苯尼考、诺氟沙星、恩诺沙星等。

51. 禁用的兽药有什么危害？

答：禁用的兽药对养殖对象有害，间接威胁到人们的健康。如：氯霉素抑制人造血功能造成过敏反应，引起再生障碍性贫血；呋喃唑酮残留会引起人的溶血性贫血、多发性神经炎、眼部损害和急性肝坏死等；孔雀石绿能溶解足够的锌，引起水生动物急性锌中毒，还是一种致癌、致畸药物，对人类造成潜在的危害等。

52. 什么是兽药残留？什么是兽药休药期？

答：兽药残留，是指动物产品的任何可食部分所含兽药的母体化合物及/或其代谢物，以及与兽药有关的杂质的残留。主要的残留兽药有抗生素类、磺胺药类、呋喃药类、抗球虫药、激素药类和驱虫药类。

兽药休药期，是指食用动物在最后一次使用兽药到屠宰上市或其产品（蛋、奶等）上市销售的最短时间。在此期间，兽药的有害物质会随着动物的新陈代谢等因素逐渐降解，兽药残留达到安全标准，不会对人体的健康造成危害。不同品种的兽药有不同的休药期。

53. 什么鱼药是休药期？鱼药的休药期一般需要多长时间？

答：鱼药休药期，是指最后停止使用药物的时间到作为食品上市出售时间的最短时期。（如养殖一种鱼，计划 10 月 1 日上市出售，最后停止使用药物的时间是 9 月 15 日，那么从 9 月 15 日到 10 月 1 日这段时间就称为"休药期"。）

不同品种的鱼药有不同的休药期。如：漂白粉不少于 5 d，二氯异氰、三氯异氰尿酸、二氧化氯、土霉素、恶喹酸、磺胺类、氟苯尼考和诺氟沙星等为 10 d 以上。

54. 怎样看待兽用抗生素？

答：第一，抗生素是防治人类和动物细菌性疾病的有效武器。20 世纪前，细菌性肺炎、霍乱、伤寒等疾病被视为"瘟疫"和"不治之症"。随着青霉素以及大环内酯类、氨基糖苷类等抗生素的问世，细菌性肺炎、霍乱和伤寒的死亡率降低了 80%。人类 70% 的疾病由动物传染。兽用抗生素在预防和治疗动物感染的同时，从"传染源"上切断了人畜共患病原菌的传播。

第二，抗生素药物在动物养殖过程中正确使用，不仅可以预防和治疗动物疾病，还可以促进动物生长发育提高动物的生产能力。使用过程中要注意两个方面问题，一是具有预防动物疾病、促进动物生长作用，可在饲料中长时间添加使用的药物，这些药物必须是药物饲料添加剂，产品批准文号须用药添字，产品品种须在农业部 168 号公告附录一中，并严格执行休药期；二是农业部批准的用于防治动物疾病，并规定疗程，凭兽医处方购买、使用，通过混饲给药的饲料药物添加剂，其产品批准文号须用"兽药字"（包括预混剂或散

剂,品种收载于农业部168号公告附录二中),严格执行休药期。

第三,动物性食品中的抗生素残留并非都能危害人体健康。我国将抗生素分为4类进行管理,即:①无需安全限量的抗生素;②需要安全限量的抗生素;③食品中不得检出的抗生素;④禁止在养殖动物使用的抗生素。第一类抗生素的使用不会有任何食品安全风险。第二类抗生素只要按标签或说明书规定的休药期使用,其在动物性食品中的残留也不会超标。国家对第三类抗生素制订了严密的残留监控计划,严格限制第三类抗生素在食品动物使用。第四类抗生素残留对人体有危害,国家严格禁止其使用。迄今发生的抗生素残留事件,无一例外均是由于抗生素的不合理使用或滥用,甚至非法添加禁、限用抗生素所致。

第四,兽用抗生素与人类耐药菌的产生并无直接联系。早在20世纪60年代就有人担心,兽用抗生素会引起人类的病原菌耐药,从而使人的细菌性疾病治疗失败。然而,世界卫生组织(WHO)、联合国粮农组织(FAO)和世界动物卫生组织(OIE)等对重点抗生素(如氟喹诺酮类)耐药性的产生、暴露和传播风险进行系统评估后的结果显示,绝大多数兽用抗生素与人类耐药菌的感染并无直接联系。人类耐药菌的产生,主要源自医源性抗生素的滥用。

55. 含有农药、兽药残留的农产品能不能吃?

答:食用含有超标物质的食品是否安全,主要取决于残留量、毒性和食用量。

为确保农产品的安全,各国根据药物的毒理学数据(主要是每日允许摄入量和急性参考剂量)、残留试验、风险评估、居民膳食结构分析等制定药物残留限量标准。残留量低于标准是安全的,可以放心食用。而超标农产品则存在安全风险,不应食用。

需要补充的是,残留试验使用的是敏感指示动、植物,充分考虑个体差异,并将危害风险至少放大 100 倍,即限量值是最保守数值,因此残留标准具有很大的保险系数。

近年来,我国先后出台《中华人民共和国农产品质量安全法》和《中华人民共和国食品安全法》,就是要通过加强质量安全监管,确保居民能够买到符合标准、安心放心的食品。

56. 果蔬贮藏保鲜的意义是什么?有哪些保鲜技术?

答:果蔬在采收以后,虽离开了土壤或植株,但仍然是有生命的活体,其最重要的特征是仍进行着旺盛的呼吸代谢,以维持其生命活动所需的能量和各种代谢需要的物质。果蔬贮藏保鲜就是通过控制贮藏环境条件,并利用各种辅助保鲜措施,以尽量维持果蔬的"年轻"状态,延缓其成熟衰老。

果蔬采后保鲜的关键问题主要有以下 3 点:一是通过尽量抑制其呼吸作用,减少内部营养成分的损失;二是通过抑制病菌的生长,防止腐烂;三是通过控制其蒸腾作用,减少水分损失,保持新鲜的状态。抑制呼吸最有效的办法是低温、气调(增加二氧化碳浓度、减少氧气);抑制病菌则是使用抑菌剂;控制蒸腾的办法一般是保持一定的湿度。

现代保鲜技术多种多样,如低温保鲜法、常温保鲜法、气调保鲜法、植物外源激素调控法、假植或留树生长保鲜法、防腐保鲜法、高湿保鲜法、减压保鲜法等。

57. 常用的果蔬保鲜剂都有哪些?

答:常用的果蔬保鲜剂按其作用和使用方法可分为 8 类:

①乙烯脱除剂。通过抑制乙烯发生,防止后熟老化。

②防腐保鲜剂。利用化学或天然抗菌剂防病防腐。

③涂被保鲜剂。通过隔离抑制呼吸,减少水分散发,防止微生物入侵。如:石蜡、虫胶等。

④气体发生剂。可催熟、着色、脱涩、防腐。如二氧化硫发生剂、卤族气体发生剂、乙烯发生剂等。

⑤气体调节剂。能产生惰性气体,抑制呼吸。如二氧化碳发生剂、脱氧剂等。

⑥生理活性调节剂。通过调节果蔬生理活性,降低代谢。如抑芽丹等。

⑦湿度调节剂。

⑧其他保鲜剂。如明矾等。

58 · 水果包装材料是否存在安全风险?

答:水果包装材料是导致二次污染的重要来源。塑料保鲜包装材料,尤其是使用废塑料制成的包装物,遇到酸性食品,所含有的化学物质会溶解出来污染水果。如聚氯乙烯(PVC)材质的包装物在遇到油腻、酸碱性、高温会释放出聚氯乙烯小分子,渗透到食品里,可能存在致癌风险;含有邻苯二甲酸酯类增塑剂(工业上被广泛使用的高分子材料助剂,在塑料加工中添加。但不能应用在食品(饮料)添加剂中,也不能用于食品包装材料)的塑料制品会向产品和环境释放邻苯二甲酸酯类化合物,危及人体健康。

59 · 怎样看待农产品中植物生长调节剂?

答:植物生长调节剂与其他农药一样,也有一定的毒副作用。

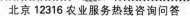

因此,每种植物生长调节剂都有特定的用途,而且应用技术要求相当严格,只有在特定的施用条件下才能对目标植物产生特定的功效。

我国是世界上应用植物生长调节剂最广泛的国家,主要用做调节农作物的生长发育,提高产量和改良品质。目前,在设施农业中,植物生长调节剂应用较为广泛。农业部发布的《农药合理使用准则》(GB 8321)系列国家标准对包括植物生长调节剂在内的农药的适用作物、防治对象、施药剂量、施药方法、最大施药次数、安全间隔期以及最高残留限量都有明确规定。按照《农药合理使用准则》的规定施药和采收,植物生长调节剂的残留均低于国家限量标准,能够保证农产品的质量安全。

消费者尽量选择可追溯生产基地及企业的农产品或经无公害、绿色认证的农产品;特殊人群(如孕妇、儿童)建议食用应季农产品。

60. 怎样看待农产品的防腐保鲜问题?

答:食用农产品大多为生鲜食品,放置过久,细胞组织离析,为微生物滋长创造了条件。如:肉类被微生物污染,使蛋白质分解,产生有害物腐胺、组胺、色胺等,是食物中毒的重要原因。食物被空气、光和热氧化,产生异味和过氧化物,有致癌作用。食物未进行保鲜处理保存在冰箱中,仍会腐败变质,只是速度放慢而已。因此,食品为防止微生物的侵袭必须进行防腐处理。商品率越高,防腐保鲜技术运用越广。

61·怎样看待农产品中的非法添加物？

答：食品添加剂在食品生产加工领域广泛使用，对我国食品工业的发展发挥重要作用。没有食品添加剂的发展，就没有食品工业的发展。但现在有一部分消费者把食品添加剂当成有害物质来看待，这是对食品添加剂不公的看待。

未被卫生部列入合法食品添加剂范畴内的食品添加剂，均应视为非法食品添加物，如豆制品中的吊白块、乳制品中的三聚氰胺、红鸭蛋中的苏丹红等。

非法添加物与食品添加剂有本质区别。例如：在小麦粉里添加面粉处理剂（有漂白、增加面筋强度的作用）溴酸钾是非法添加物，而添加硫酸铝钾（膨松作用）是允许的，不过铝的残留量不得超过 100 mg/kg。按照《食品添加剂使用标准》（GB 2760）的规定添加食品添加剂，其生产的食品是安全的。过多添加就是滥用添加剂，也会对身体有害。

62·怎样看待农产品中的重金属？

答：重金属一般指相对密度在 5 以上的金属。重金属包括金、银、铜、汞、镉、铬等约 45 种元素。由于化学性状相似，砷元素也通常被归入重金属一类。重金属物质并不是都具有毒性，如锰、铜、锌等是生命活动必需的微量元素，只有在过量食用后才会危害人体健康。目前，国际上公认影响比较大、毒性较高的重金属有 5 种，即汞、镉、铅、铬、砷。这些有毒重金属类物质进入人体后，不易排出或者分解，达到一定的浓度后，会危害人体健康。

导致农产品重金属含量超标的原因，主要是种植环境的污染。

个别地区工矿企业环保措施不到位,长期大量排污,使土壤重金属含量严重超标。在这种土壤上种植的农产品,就有出现重金属含量超标的可能。

对于农产品中的重金属污染程度问题,需要具体情况具体分析:

有时重金属元素在环境中比较稳定,难以降解且迁移能力较差。土壤中重金属的含量超标,但农作物中重金属的含量并不超标。不同的重金属向农作物的迁移规律也是不尽相同的。另外,重金属向作物的迁移活性也受到土壤性质的影响。在酸性土壤中,重金属的活性就会增强,作物转化率也会提高。因此,南方的土壤相对于北方,引起产品污染的概率会高一些。

农作物对重金属的吸收富集能力也相差很大。如水稻对重金属镉的吸附能力就明显强于番茄、辣椒等茄果类蔬菜。同一种农作物,不同品种之间对重金属的吸收富集能力也不尽相同。如水稻,南方的长粒籼米对重金属镉的富集能力明显高于圆粒粳米。

因此,并不是环境中的重金属含量越高,农产品中的重金属污染程度也越高,它们之间没有必然的相关性。

63. 怎样看待农产品中的生物毒素?

答:生物毒素又称天然毒素,是指动、植物和微生物中存在的某种对其他物种有毒害作用、非营养性天然物质成分,或因贮存不当,在一定条件下产生的某种有毒成分。生物毒素是一种重要的生命现象,它蕴涵着大量奥妙复杂的重要生物学信息,是生物在自然界长期进化过程中为了保存自身的物种,抵抗高等动物或疾病的侵袭而产生的防御能力。由于生物毒素的多样性和复杂性,许多生物毒素还没有被发现或被认识。因此,生物毒素中毒的救治

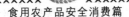

与公害防止仍然是世界性的难题。

高脂肪、高蛋白或高淀粉类的农产品及制品容易受生物毒素污染。如花生易受黄曲霉毒素的污染等。在我国长江沿岸及长江以南等高温、高湿地区,生物毒素污染严重。这些生物毒素通过受污染的农作物以饲料喂养方式进入动物体内,进而污染动物源食品(肉、蛋、奶、奶酪),人类通过直接食用农产品或者动物源食品而接触到生物毒素。

不同的生物毒素,毒性和致癌性差异显著。世界上绝大多数国家都以保护人民身体健康为原则,针对毒性大、致癌性强的生物毒素,根据不同的农产品制定了严格的生物毒素限量标准。长期频繁食用或一次大量食用生物毒素超标的农产品会造成人畜急(慢)性中毒或致癌。而食用符合限量标准的农产品对人体造成的危害极小,甚至可以忽略不计。为此建议广大市民不食用霉变、腐败变质的农产品,注重饮食习惯和卫生习惯,能有效减小生物毒素中毒与致癌概率。因此,对生物毒素不必"谈虎色变",要理性看待农产品中生物毒素问题。

64. 怎样看待农产品中的有害病原微生物?

答:农产品中的主要人类致病菌有大肠杆菌、李斯特氏菌、沙门氏菌和耶尔森氏菌等。导致各类农产品腐烂变质的微生物主要是真菌、细菌,其中真菌主要有灰霉、青霉、曲霉和交链孢等;细菌主要有欧文氏菌、假单胞菌、黄单胞菌等。另外,在各类肉食品、畜禽产品和海鲜中还会有各种寄生虫的动物源性疾病病毒存在。

致病微生物在农产品中是普遍存在的。导致这一现象的原因在于,农产品并不像预包装食品那样,可以通过各类消毒、杀菌工艺,避免病原微生物的污染。农产品在生产、包装、运输、贮存和销售等环节要接触空气、水、人流等外界环境因素,因此,受到致病微生物污染是难以避免的。

消费者应树立积极的防范意识,在购买、保存到烹饪过程中避免致病微生物的污染。

65. 怎样在购买、贮存和烹饪食用农产品的过程中,尽量避免食物和人受到病原微生物的感染?

答:①一般情况下,病原微生物会通过食入、吸入、黏膜、皮下或者伤口感染等途径感染。广大消费者在购买、贮藏、食用各类农产品的过程中都有可能接触病原微生物。因此,尽量有效地避免接触是非常重要的。

②在购买过程中,应该注意从正规的卫生状况良好的销售渠道购买农畜产品。

③尽量不要将不同农产品混合保存。蔬菜、水果、肉类、蛋奶和海鲜等应当分开保存,以免造成病原体的相互污染。

④一旦发现贮存的农产品有异味或者腐坏的情况发生,应马上移出,并察看是否有污染到其他的保存的农产品。

⑤在生吃各类食物时,如蔬菜、水果,应注意清洗干净。一般来说,由于清洗和消毒不彻底导致的致病微生物感染甚至食物中毒的情况是主要的原因。

⑥对于肉、蛋、奶及海鲜等产品,应尽量避免生食,应在一定温度和时间的烹饪之后食用。

三、安全消费

（一）粮油类

1. 大米是怎样分类和定等级的？

答：大米分为籼米、粳米和糯米 3 类。籼米由籼型非糯性稻谷制成，米粒一般呈长椭圆形或细长形。根据籼稻的收获季节，分为早籼米和晚籼米两种。糯米由糯性稻谷制成，乳白色，不透明（也有呈半透明），黏性大，分为籼糯米（由籼型糯性稻谷制成，米粒一般呈长椭圆形或细长形）和粳糯米（由粳型糯性稻谷制成，米粒一般呈椭圆形）两种。

中国大米质量是根据加工精度（指大米背沟和粒面留皮程度）定等级的。根据国家标准《大米 GB 1354—86》规定，大米按其加工精度分为特等、标准一等、标准二等、标准三 4 个等级。

2. 怎样判断大米质量的好坏？

答：①色泽。优质的米呈半透明有光泽。米最易变为黄色，而发黄的米，其香味、口感、黏性、营养价值都较差。

②硬度。大米的硬度主要是由蛋白质含量决定的。硬度越高,蛋白质含量越高,透明度越高。相反,蛋白质含量较低的米或是含水量高,或是由不成熟的稻制成,硬度不足,透明度也差。

③裂痕。由于加工条件的不同,米粒在干燥过程中出现冷热不匀,内外收缩,失去平衡,会产生裂痕甚至断裂,导致营养价值降低。

④新陈。陈米色泽暗,香味淡,表面有白道间纹甚至呈灰粉状物。灰粉越多,代表时间越长。而有霉味的或者是有蛀虫的更有可能是陈米了。

3. 怎样选购大米?

答:①看。优质大米色泽半透明,有光泽。米粒大小均匀、丰满光滑,无虫,不含杂质。次质、劣质大米的色泽呈白色或微淡黄色,大小不匀,碎米多,有爆腰(米粒上有裂纹)和腹白(米粒上乳白色不透明部分为腹白,是由于稻谷未成熟,糊精较多而缺乏蛋白质造成的),有带壳粒,有虫,有结块等。

②闻。取少量大米放入手中,向大米哈一口热气,然后立即嗅气味。优质大米具有正常的清香味,无其他异味。微有异味或有霉变气味、酸臭味、腐败味和不正常气味的为次质、劣质大米。

③摸。新米光滑,手摸有凉爽感。陈米色暗,手摸有涩感。变质程度严重的米,手捻易成粉状或易碎。

④尝。可取少量大米放入口中细嚼,或磨碎后再品尝。优质大米味佳,微甜,无任何异味。没有味道、微有异味、酸味、苦味及其他不良味道的为次质、劣质大米。

4·怎样贮存大米才安全,且营养流失少?

答:大米应贮存在阴凉、通风、干燥的环境中。最佳的贮存温度是 17℃。在家庭环境中,温度、湿度条件很难控制,贮存大米的难度较大。如果注意到以下几点,就可以提高大米贮存的安全性。

①大米不宜见光,切忌将大米暴晒在阳光下。

②不将大米与鱼、肉、蔬菜等水分高的食品同时贮存。否则大米易吸水,导致霉变。

③不将大米存放在厨房内。厨房温度高、湿度大,若将大米存放在厨房内,对大米的质量影响极大。

④不将大米存放在炉灶旁。离热源太近,大米会发热而引起质量变化。

⑤不将大米靠墙着地存放。通常,要将大米放在垫板上,以免大米霉变或生虫。

大米在贮存期间,即便未发热、生虫、发霉,其食用品质和营养成分也会逐渐下降。所以,大米最好随吃随买,保存期不要过长。另外,建议消费者从大米保存条件好的超市和批发市场购买,这样可以缩短大米的流动周期,确保大米的安全性和营养品质。

5·什么是粮食陈化现象? 粮食贮存时间长就会产生黄曲霉毒素吗?

答:粮食陈化是一种自然现象。随着贮存时间的延长,特别是超过正常贮存年限以后,粮食的内部结构逐渐松弛,酶活性降低,呼吸能力衰退,生活力减弱。粮食在贮存期间即使未发热、生虫、霉变,也仍存在陈化的自然现象。

粮食陈化现象表现在食用品质和使用品质下降,严重陈化时酸度明显增加,口感明显变差,但不一定出现黄曲霉毒素等卫生指标不合格的情况。黄曲霉毒素的含量与贮存时间没有必然的关系,而是与粮食收获时的气候条件和贮藏条件有关。如果当年收获的粮食不及时进行干燥,生霉后,也有可能产生黄曲霉毒素。因此,粮食贮存时间长不代表就一定含有黄曲霉毒素。

6. 什么是陈化粮? 陈化粮能否食用?

答:陈化粮是指符合判定为"陈化"规定的,不宜直接作为口粮食用的粮食。其评价指标主要是粮食的色泽、气味、口感及部分理化指标,未涉及卫生评价指标。

国家对陈化粮的销售和使用有严格的规定,陈化粮只能用于生产酒精、饲料等,不得流入口粮市场。未经国家有关部门批准,企业不得擅自销售处理陈化粮。

7. 怎样分辨新陈大米?

答:在日常生活中,大米的新陈通常是用感官检验的方法来分辨。

新鲜大米最大的特点是米粒大多保留着胚芽(一个小白点,即使因碾米时力量过大,新米胚芽被破坏掉一些,也还会保留大部分)。而陈米上则看不到胚芽。新米米粒有光泽,透明度好,有特有的清香味,无米糠黏手,煮饭可口。陈米光泽深、暗,透明度较差,有陈米味,手抓大米时,手上会粘满米糠(尤其是大米的背沟和腹沟部位的米糠呈丝状),煮饭口味较差。

8. 怎样辨别和处理发霉大米？

答：可通过下面的方法来辨别大米是否发霉：

①闻。若闻到大米有异味，这是发热霉变的先兆。处于霉变早期的大米，异味并不明显。

②摸。由于大米和微生物的强烈呼吸，局部水分凝结，米粒潮湿，称为"出汗"。此时，大米硬度下降，散落性降低，用手握可以成团。

③看。出现下面的情况时，说明大米霉变程度已经比较明显：Ⅰ脱糠：因米粒潮湿，黏附糠粉或米粒上未碾尽的糠皮浮起，可看到米粒显得毛糙、不光洁。Ⅱ起眼：由于大米胚部组织较松，含蛋白质、脂肪较多，霉菌会先从此侵蚀，使胚部变色，俗称"起眼"。Ⅲ起筋：米粒侧面与背面的沟纹呈白色，继而呈灰白色，故称"起筋"，米的色泽发暗。

当大米霉变程度比较明显时，必须及时摊晾和通风，以防继续变质。在大米早期发热霉变过程中，米质损失不明显，若及时处理，不影响食用。做饭前尽量碾去皮层，用清水多搓洗几遍，倾去水中浮物、米糠，降低大米中霉菌毒素的含量。一旦霉变严重，不可食用，否则会引起肝脏损害等人体中毒症状。

9. 怎样鉴别染色小米？

答：染色小米是指非法生产者利用失去食用价值或发生霉变的小米，经漂洗后，再用黄色素染色的劣质小米。我国对食用染色剂的使用量和使用范围有严格的规定，不允许在小米一类粮食中添加染色剂。

一般小米呈鲜艳自然黄色，光泽圆润，手轻捏时，手上不会染上黄色。若用姜黄素等色素染过的小米，色泽深黄，缺乏光泽，用手轻捏时，会在手上染上黄色。用姜黄素染过的小米会有姜黄气味，用柠檬黄、日落黄等染小米，可能没有异味。也可通过下面的简易方法，鉴别小米是否染色：把少量小米放入杯中加入少量温水，摇晃后静置。若水变黄即可说明该小米染过色。

10. 怎样鉴别染色黑米？

答：目前，市场上常见的黑米掺假有两种情况：一种是存放时间较长的次质或劣质黑米，经染色后以次充好出售；另一种是采用普通大米经染色后充黑米出售。

消费者在购买黑米时可从以下几个方面进行感官鉴别：

①看。一般黑米有光泽，米粒大小均匀，很少有碎米、爆腰（米粒上有裂纹），无虫，不含杂质。次质、劣质黑米的色泽暗淡，米粒大小不匀，饱满度差，碎米多，有虫，有结块等。由于黑米的黑色集中在皮层，胚乳仍为白色。因此，消费者可以将米粒外面皮层全部刮掉，观察米粒是否呈白色，若不是呈白色，则极有可能是人为染色黑米。

②闻。取少量黑米放入手中，向黑米哈一口热气，然后立即嗅气味。优质黑米具有正常的清香味，无其他异味。微有异味或有霉变气味、酸臭味、腐败味和不正常的气味的为次质、劣质黑米。

③尝。可取少量黑米放入口中细嚼，或磨碎后再品尝。优质黑米味佳，微甜，无任何异味。没有味道、微有异味、酸味、苦味及其他不良滋味的为次质、劣质黑米。

另外，天然的黑米经水洗后也会掉色，但没有染色的黑米掉色厉害。

11. 紫米与黑米的区别是什么?

答:因紫米产地限制,所以产量小,价格高。在市场中销售的紫米多为黑米(10%黑米加糯米)或黑米(类黑米)类添加3%~5%的纯天然紫米,并非纯正的墨江紫米。在选购中可根据以下方法进行鉴定:

纯正的墨江紫米米粒细长,颗粒饱满均匀。外观色泽呈紫白色或紫白色夹小紫色块。用水洗涤,水色呈黑色(实际紫色)。用手抓取易在手指中留有紫黑色。用指甲刮除米粒上的色块后米粒仍然呈紫白色。而黑米外观色泽光亮,黑色包裹整颗米粒。用指甲刮除色块后米粒色泽同大米。

12. 面粉的种类是如何划分的?

答:面粉(指小麦粉)按性能和具体用途可分为专用面粉、通用面粉和营养强化面粉。专用面粉,如面包粉、饺子粉、饼干粉等;营养强化面粉,如增钙面粉、富铁面粉、"7+1"营养强化面粉等。消费者在选择面粉时,可根据用途有针对性地选择专用面粉。按面筋含量可分为高筋面粉、中筋面粉和低筋面粉。高筋面粉主要用于制作面包;中筋面粉适合于加工馒头、面条和饺子等产品;而低筋面粉则是制作饼干和蛋糕的好原料。按加工精度可分为特制一等、特制二等、标准粉、普通粉等不同等级。

13. 怎样辨别添加了面粉增白剂的面粉?

答:①从色泽上辨别。未增白面粉和面制品为乳白色或微黄本色。使用增白剂的面粉及其制品呈雪白色或惨白色。

②从气味上辨别。未增白面粉有一股面粉固有的清香气味。使用增白剂的面粉淡而无味,甚至带有少许化学药品味。

③增白剂添加过多的面粉蒸出的面食异常白亮,但会失去面食特有的香味,微苦,甚至有刺喉感。

消费者往往不了解食品添加剂超标对人体的危害,一味认为面粉越白越好,这种观念是错误的;应该选择颜色为乳白色或淡黄色,色泽正常的面粉。

14. 怎样选购面粉?

答:①看包装。看包装上是否标明厂名、厂址、生产日期、保质期、质量等级、产品标准号等内容,尽量选用标明不添加增白剂的面粉。看包装封口线是否有拆开重复使用的迹象,若有则为假冒产品。

②看颜色。面粉的自然颜色为乳白色或略带微黄色,若颜色纯白或灰白、发暗,则为过量添加增白剂所致。应选择颜色为乳白色或淡黄色,色泽正常的面粉。

③闻气味。闻面粉是否具有麦香味。若有异味、霉味或酸败味,或为增白剂添加过量,或是面粉超过保质期,或遭到外部环境污染,发霉、酸败、变质。

④试手感。凡符合国家标准的面粉,手感细腻,粉粒均匀;劣质面粉则手感粗糙。若感觉特别光滑,也属有问题的劣质面粉。

⑤捏水分。用手抓一把面粉使劲一捏,松开手后,面粉随之散开的,这是含水量正常的面粉;如果面粉抱团不散开,说明水分超标。水分超标的面粉容易在贮存过程中霉变、酸败,影响面粉的品质。

⑥尝口感。手捏一点干面粉放在嘴里,如有牙碜现象,说明面粉含沙量高。若味道发酸,可判断面粉酸度高。

15. 怎样正确保存面粉?

答:①环境洁净。环境洁净可减少害虫的滋生和微生物的繁殖,进而降低面粉受污染的机会。

②没有异味。面粉能吸附空气中的气味分子。因此,贮存面粉的环境中不能有异味。

③通风良好。存放面粉的空间里,须使空气流通,保持空气的新鲜。

④湿度适宜。面粉会因环境的湿度而改变自身的含水量。面粉贮存的理想湿度在 60%～70%。湿度愈大,面粉含水量增加,容易结块;湿度愈小,面粉含水量减小。

⑤温度适宜。贮藏的温度会影响面粉的成熟时间。面粉贮存理想温度为 18～24℃。温度愈高,成熟愈快,会缩短面粉的保质期。

⑥离墙离地。以此来保持良好的通风,减少受潮、减少虫鼠的污染。

⑦定期清洁。以此减少虫鼠的滋生,进而减低包装受破坏、面粉受污染的机会。

夏季雨水多,气温高,湿度大,是一年中保存面粉最困难的时期。尤其是用布袋装面,更容易霉变、生虫。但如果用塑料袋盛面,以塑料隔绝氧气的办法使面粉与空气隔绝,既不反潮发霉,也不易生虫,便于面粉安全度夏。

16. 米、面怎样除虫？

答：①阴凉通风法。将米、面铺放在阴凉通风的地方，米、面内部的虫子便会从温度较高的部分爬出来。这种方法简单方便，但除虫时间较长。

②过筛除虫法。将表面的虫子除去后，为了缩短除虫时间，也可用竹子或柳条编成的箩筐将面粉中的虫子除去，用竹条编制的筛子将大米中的虫子筛除。然后，再铺放在阴凉通风处晾晒，即可除去米面中的各类虫子。

③冷冻除虫法。放置时间较长的米、面在夏季最易生虫，而冬季生虫率较低。因此，可将过冬后的剩余米、面分别装入干净的口袋里，分批送入电冰箱冷冻室放置 24 h。处理过后的米面，在夏季到来后也不易生虫。

④杨树叶除虫法。米、面生虫后，将米、面移到干燥密封的容器内，把刚采摘来的杨树叶放入容器与米、面一起密封。4～5 d后，幼虫和虫卵均可被杀死，再用簸箕或筛子将米、面过滤后即可食用。

17. 压榨油比浸出油更安全吗？

答：浸出油是加入化学溶剂生产出来的，压榨油则是用机械方法生产出来的。目前，我国 80% 以上的食用油厂家都采用了浸出工艺，只有不到 20% 的食用油厂家采用了压榨工艺。而采用哪种制油工艺是由原料的不同特点决定的，与最后产出食用油质量没有直接关系。通常情况下，低含油油料则采用浸出法，如大豆等油料。而高含油油料采用压榨法，如菜籽、芝麻、花生等含油率高的油料。而某些新型油料中带有特殊风味，为保持其产品不失去原有的风味，也多采取压榨法，如橄榄等油料。与压榨法相比，浸出法残留少，充分利用了油料资源，出油率高。所以市场价格也显得很便宜，但是便宜的不代表不好。同时，不管采取何种工艺，得到的油都只是原油(也叫毛油)，不可直接食用，须经过水洗、碱洗、脱酸、脱色、脱臭等工艺，使之成为颜色较浅、澄清的精制油，达到各级油品的标准方能上市销售。因此，采用何种制油工艺影响不是食用油优劣的因素。无论是浸出油还是压榨油，只要符合我国食用油脂质量标准和卫生标准的，就都是安全的。

$18.$ 各种植物油的营养成分如何？怎样吃出健康？

答：判断某种植物食用油的营养价值，最主要的方面就是看它的脂肪酸组成。

首先，看饱和脂肪酸和不饱和脂肪酸的含量。不饱和脂肪酸含量越多，就越容易被人体消化吸收。

其次，还要看不饱和脂肪酸里面含单不饱和脂肪酸和多不饱和脂肪酸的比例。单不饱和脂肪酸的主要功能是降低胆固醇，对身体有益。多不饱和脂肪酸里含有人体必需的亚油酸等成分，亚油酸含量越多营养就越好。但多不饱和脂肪酸含量多，容易发生氧化酸败，产生有害物质。因此，不易保存，不能久放。几种植物油中，单不饱和脂肪酸的含量分别是：花生油 40%、玉米油 28%、豆油 22%、菜籽油 20%、葵花籽油 15%。几种植物油中，多不饱和脂肪酸的含量分别是：葵花籽油 65%～75%、玉米油 56%、豆油 51%、花生油 38%、菜籽油 16%。

食用花生油是两广地区人民的饮食习惯。在北方地区，大豆油和菜籽油比较受欢迎。专家建议，消费者最好不要长期食用单

一的植物油品种,轮换食用才能使营养更均衡。同时,食用植物油也要搭配食用动物油。另外,消费者不要认为某一种油营养成分高,就大量使用,食用油摄入过量有害无益,还造成肥胖等毛病。

19. 重植物油、轻动物油的消费观是否科学?

答:在近 30 年的时间里,媒体大力宣传多食植物油,少吃动物油。许多消费者由此认为,吃动物油易引发冠心病、肥胖症、糖尿病等疾病,而植物油能抑制动脉血栓的形成,可以预防心肌梗死,因此长期食用植物油,完全拒绝动物油。

植物油含不饱和脂肪酸,对防止动脉硬化有利。然而,最近几年的实验发现,并非植物油中所有的不饱和脂肪酸都是对人体有好处,有些过量食用还会有害。只吃植物油会促使体内过氧化物增加。过氧化物可与人体蛋白质结合形成脂褐素,在器官中沉积,促使人衰老。影响人体对维生素的吸收,增加乳腺癌、结肠癌发病率,还会引起动脉硬化、肝硬化、脑血栓等疾病。

动物油(鱼油除外)中含饱和性脂肪酸,易导致动脉硬化,但也含有对心血管有益的多烯酸、脂蛋白等,可起到改善颅内动脉营养与结构,抗高血压和预防脑中风的作用。如猪油,虽含有过多的饱和脂肪,但也含有能够降血脂、防止胆固醇堆积的四烯酸,这一作用是植物油所没有的。此外,猪油等动物油作为脂质还具有诱发人体饱腹感,保护皮肤与维持体温,保护和固定脏器等功能。

因此,关于某些油脂对人体健康有益而无害,或有害而无益的说法都是片面的。正确的做法是植物油、动物油搭配或交替食用。既要吃植物油,也不拒绝动物油。用动物油 1 份、植物油 2 份制成混合油食用,可以取长补短,有利于防止心血管疾病。

20. 挑选食用油需注意什么？

答：①包装。印有商品条码的食用油，要看其条码印制是否规范，是否有改动迹象，谨防买到擅自改换标签、随意更换包装标志的食用油。选购桶装油要看桶口有无油迹，如有则表明封口不严，会导致油在存放过程中的加速氧化。

②标识。按规定，食用油的外包装上须标明商品名称、配料表、质量等级、净含量、厂址、厂名、生产日期、保质期等内容，须有QS（食品安全认证）标志。生产企业须在外包装上标明产品原料生产国以及是否使用了转基因原料，须标明生产工艺是"压榨"还是"浸出"。

③颜色。国家规定，一级油比二级、三级、四级油的颜色要淡。同一品种同一级别油，颜色基本上应没有太大差别。但不同品种油脂之间颜色一般没有可比性，这主要和油脂原料和加工工艺有关。

④透明度。透明度是反映油脂纯度的重要感官指标之一，纯净的油应是透明的。高品质食用油在灯光和日光下用肉眼观察，应清亮无雾状、无悬浮物、无杂质、透明度好。

⑤有无沉淀物。沉淀物主要是杂质，在一定条件下沉于油的底层。高品质食用油无沉淀和悬浮物，黏度较小。选购时应选择透明度高、色泽较浅（但芝麻油除外）、无沉淀物的油。

⑥有无分层。若有分层现象出现，则很可能是掺假的混杂油。优质的食用油静置 24 h 后应清晰透明、无沉淀。

21. 粮油污染包括哪些方面？

答：粮油及其产品与其他食品一样，在种植、加工、包装、贮存、运输、销售等环节，都可能受到各种有毒、有害物质的污染。这些有毒、有害的物质可能来自于外界环境，也可能来自于生产、加工过程，有的则是粮油本身存在的（如棉籽油中的游离棉酚）。粮油污染可分为生物性污染、化学性污染和放射性污染 3 大类。

①生物性污染。对粮油来说，主要是真菌毒素的污染。

②化学性污染。是粮油中污染面最广、污染量最大的一类。农业投入品（如农药、兽药等）的残留污染，环境中的或工业中的"三废"通过水、土、空气造成的有害元素（如铅、铬、镉、汞、砷等）的污染，工业化学品（如多氯联苯、二噁英等）的污染，还有加工过程及包装、容器材料造成的污染等。最主要的化学污染物是农药和有害元素两类。

③放射性污染。这类污染在粮油及其产品中不常见。

22. 重金属污染粮食的危害有哪些？

答：有害金属进入人体后，多以离子形式存在，有些可转变为毒性更强的物质。一次大剂量摄入可引起急性中毒。但大多数属于低剂量长期摄入后，在机体的蓄积造成的慢性危害。

①铅。铅在人体的生物半衰期为 4 年，骨骼中可达 10 年。主要侵害神经系统、造血器官和肾脏，常见中毒症状有食欲不振、胃肠炎、口腔有金属味、失眠、头昏、关节肌肉疼痛、腹痛、便秘或腹泻、贫血等，后期会出现急性腹痛或瘫痪。在粮食中的限量为 0.2 mg/kg。

②镉。镉在人体的生物半衰期为 15～30 年。主要蓄积在肝脏,其次为肾脏。镉中毒主要损害肾脏、骨骼和消化系统,临床上可出现蛋白尿、氨基酸尿、糖尿和高钙尿,由于钙的排出而导致肌肉疼痛、骨质疏松和病理性骨折。镉中毒潜伏期可达 2～8 年。在粮食中的限量为稻谷、豆类 0.2 mg/kg,花生 0.5 mg/kg,麦类、玉米及其他 0.1 mg/kg。

③汞。汞在体内的生物半衰期为 70 d,在脑内可达 180～250 d。汞蓄积性很强,人体吸收的汞分布于全身组织和器官,以肝、肾、脑含量最高,导致神经系统损伤。常见的有机汞为甲基汞,毒性很强,中毒后主要表现为神经系统损伤症状,如运动失调、语言障碍、视野缩小、听力障碍、感觉障碍及精神症状,严重者可发生瘫痪、肢体变形、吞咽困难,甚至死亡。在成品粮食中限量为 0.02 mg/kg(总汞)。

④无机砷。砷的性质类似金属,其毒性与存在形式有关,无机砷的毒性大于有机砷,故卫生标准以无机砷制订。砷生物半衰期为 80～90 d。砷进入人体后分布于全身,以肝、肾、脾、肺、皮肤、毛发、指甲和骨骼中蓄积量最高,可造成代谢障碍,导致毛细血管通透性增加引发多器官广泛病变。急性中毒症状为胃肠炎症状,严重的可导致中枢神经系统麻痹直至死亡,并出现全身出血症状。慢性中毒症状有神经衰弱、四肢末梢神经痛、皮肤色素异常等。砷及其化合物有致癌作用。在粮食中的限量为大米 0.15 mg/kg,小麦粉 0.1 mg/kg,其他 0.2 mg/kg。

23. 粮食中常见的真菌毒素有哪些? 有何危害?

答:真菌毒素是有些霉菌在生长过程中产生的有毒代谢产物。粮食中常见的真菌毒素有:

①黄曲霉毒素 B_1。理化性质稳定,269℃才被破坏,是污染最普遍,毒性和致癌性最强的真菌毒素。急性中毒表现为呕吐、发热、食欲不振、黄疸,严重者出现腹水、下肢浮肿、肝大、脾大,常发生突然死亡。动物试验已证明其可诱发大多数动物发生原发性肝癌,有致肝癌作用。流行病学调查表明,人类肝癌发病增加与摄入黄曲霉毒素 B_1 相关。有肝炎的人受到黄曲霉毒素 B_1 侵害时,更容易引发肝癌。另外,黄曲霉毒素 B_1 还有致畸和致突变作用。粮食中限量为:玉米 20 $\mu g/kg$,大米 10 $\mu g/kg$,其他 5 $\mu g/kg$。

②赭曲霉毒素 A。理化性质稳定,是一种肾脏毒素。摄入后主要导致肾脏病变,为一种慢性进行性疾病,往往造成死亡。尸检症状肾脏明显缩小、肾间质纤维化、肾小管变性。赭曲霉毒素 A 具有致癌、致畸及免疫毒性,肾盂癌、输尿管癌与此毒素有关。粮食中限量为谷物、豆类 5 $\mu g/kg$。

③脱氧雪腐镰刀菌烯酮,即呕吐毒素。理化性质稳定,酸性条件下不被破坏。中毒后主要表现为消化系统和神经系统症状,主要有恶心、呕吐、腹痛、腹泻、头痛、头晕等,有的出现乏力、全身不适、颜面潮红、步伐不稳等醉酒样症状。无死亡报道。粮食中限量为小麦、大麦、玉米及成品粮 1 000 $\mu g/kg$。

④玉米赤霉烯酮。在玉米中污染最普遍。理化性质稳定,是非固醇类,具有雌激素性质的真菌毒素。主要作用于生殖系统,可引起不育、流产等,母猪对其最敏感。未见引起人类中毒的报道,但与雌激素相关的人类疾病可能与该毒素有关。粮食中限量为小麦、玉米 60 $\mu g/kg$。

24. 发霉的粮油食品还能吃吗?

答:霉变的粮食一般含有真菌毒素。很多真菌毒素属于致癌、致畸、致突变的物质。另外,有的真菌毒素可使粮食中的亚硝酸盐和二级胺的含量增加,提高了亚硝铵类化合物致癌的风险。真菌毒素的主要危害包括急性中毒、慢性中毒和致癌。急性中毒是由于毒素的暴露而引发急性疾病,如急性肝炎、出血性坏死、肝细胞脂肪变性、腹泻、呕吐、腹痛等消化系统功能紊乱症状,严重者会发生昏迷甚至死亡。慢性中毒是由于长期低水平真菌毒素的暴露而导致许多病症(如生长减慢、免疫功能下降、抗病能力差)和诱发肝癌、胃癌、直肠癌、乳腺癌等多种癌症。因此,不要食用已经发生霉变的粮油食品。

(二)蔬菜类

1. 常见蔬菜产品的质量安全等级是怎样划分的?

答:中国蔬菜产品质量安全的等级可分为 5 类,包括一般产品、放心菜、无公害蔬菜、绿色食品、有机食品。

①一般产品。是指那些没有经无公害食品、绿色食品或有机食品认证的产品。对其监管力度较小。

②放心菜。是指食用后不会造成急性中毒的安全菜。其对应的检测标准是快速检测方法。这种检测方法有一定的局限性,只能定性测定有机磷和氨基甲酸酯类农药残留,对含硫农药残留的蔬菜不适用。

③无公害蔬菜。是指产地环境、生产过程和产品质量符合国家或农业行业无公害相关标准,并经产地或质量监督检验机构检验合格,经有关部门认证并使用无公害食品标志的产品。目前,农业部已颁布实施了无公害食品系列标准,无公害蔬菜标准检测内容包括农药残留和重金属。

④绿色食品。是指遵循可持续发展原则,按照特定生产方式生产,经专门机构认定,许可使用绿色食品标志的无污染、安全、优质、营养类食品。我国对绿色食品的生产环境质量、生产资料、生产操作等均制订了标准。其中,农药残留限量值是参照欧盟的指标制订的。

⑤有机食品。是指来自有机农业生产体系,根据国际有机农业生产要求和相应标准加工,并通过独立的有机食品认证机构认证的农副产品。需要补充的是,有机农业是一种完全不使用化学肥料、农药、生长调节剂、畜禽饲料添加剂等人工合成物质,也不使用基因工程生物及其产物的生产体系。

2. 蔬菜中的主要污染物有哪些? 有何危害?

答:目前,我国蔬菜中的主要污染物是农药、硝酸盐、重金属等。

①农药(尤其是有机磷和氨基甲酸酯类农药)是目前生产品种最多、使用量最大,也最可能引起强烈中毒反应的污染物。长期进食被农药污染的不合格蔬菜,会产生慢性农药中毒,影响人的神经功能,严重时会引起头昏、多汗、全身乏力,继而出现恶心、呕吐、腹痛、腹泻、流涎、胸闷、视力模糊、瞳孔缩小等症状。

②蔬菜是一种天然易富集硝酸盐的植物。尤其是现代农业化肥的大量施用,使蔬菜中硝酸盐含量急剧上升。硝酸盐本身毒性并不大。但它在人体内可被还原成有毒的亚硝酸盐,使正常的血红蛋白氧化成高铁血红蛋白,而丧失携氧能力,导致人机体内缺氧,引起高铁红蛋白症。此外,亚硝酸盐还可与肠胃中的含氮化合物结合成有强致癌性的亚硝胺,导致消化系统癌变。

③有毒重金属主要指铅、铬、镉、汞、砷。蔬菜中的重金属主要

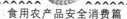

来源于工业中的"三废"排放、城市垃圾、污泥和含重金属的化肥、农药。蔬菜中重金属的污染一般不会引起急性中毒反应,但长期积累会给人类的健康带来严重的威胁。

生物污染问题,现在也开始引起重视。我国消费者食用蔬菜的习惯是熟食,烹调过程可以使微生物失活。因此,只要不食用未经加热的蔬菜或在食用前充分洗净,这类污染对人体的危害基本可以避免。

3. 有虫眼的蔬菜就是没有使用农药的吗?

答:经常有消费者会说:"有虫眼的蔬菜说明没有使用农药,比那些外观完整的蔬菜更安全。"其实,这是一个消费误区。有很多虫眼的蔬菜,只能说明曾经有过虫害,并不能表示没有喷洒过农药。

如果在生长初期,叶片上留下了虫眼,虫眼反而会随着叶片长大而增大。有时候虫眼多的蔬菜,菜农为了杀死这些害虫反而会喷施更多的农药。另外,害虫同样具有抗药性,一旦产生抗药性,菜农往往需要加大农药施用剂量才会有效果。因此,蔬菜有没有虫眼并不能作为蔬菜没有使用农药的标志。

4. 野菜真的一点儿污染也没有吗?

答:近年来,有些菜贩抓住市民害怕农药残留的心理,宣称"野菜是自然生长的,没有施用过化肥、农药,是最安全的食品",不少市民对此深信不疑,纷纷购买。有些市民干脆趁春游踏青之际,到郊区的田野、农田边挖野菜。野菜真的是最安全的食品吗? 这种说法并不完全正确。

如果是出自无外来污染，并且土壤和灌溉水均符合有关蔬菜产地环境标准要求的野菜，确是上佳的食品。

但这里需要提示消费者注意的是，绿色植物对于大气具有净化作用，不但能吸附空气中的尘埃和固体悬浮物，而且对空气和土壤中的有害气体、化学成分具有过滤作用。如果野菜是生长在污染地带的，那么受污染就是很自然的事，并且污染物还较难清洗干净。如果食用了被污染的野菜，会对身体造成危害，严重的还会引起食物中毒。另外，某些生长在纯天然环境中，附近没有污染源，周围没有农作物需要施用农药的野菜，也可能因为有些土壤本身成土母质的关系而含有某种重金属。而部分野菜对环境中的重金属有富集作用，这些野菜中的重金属含量往往超过正常蔬菜水平的数倍甚至更高，长期食用这类野菜可能导致重金属会在人体内富集，危害人体健康。因此，消费者在食用野菜时需谨慎选择。

5. 什么样的蔬菜不宜选购？

答：消费者应尽可能到有正规进货渠道的超市选购具有无公害蔬菜、绿色食品蔬菜、有机食品标志的蔬菜，并注意标签上的货架期及其是否在冷藏条件下存放。选购蔬菜时，应注意其外观品质要具有可采食时应有的特征：成熟适度，新鲜脆嫩，外形、色泽良好，清洁，具有蔬菜自身特有的味道，无影响食用的病虫害，无机械损伤。应避免选购表面有药斑，或有不正常、刺鼻的化学药剂味道的蔬菜。具体有以下 3 点原则：

①不宜选购形状和颜色异常的蔬菜。形状、颜色正常的蔬菜，一般是通过常规方法栽培的。而异常蔬菜则可能用激素处理过。如韭菜，未用过激素的韭菜叶较窄，吃时香味浓郁；而当它的叶子特别宽大肥厚、比一般宽叶韭菜还要宽 1 倍时，就可能在栽培过程

中用过激素。有的蔬菜在采收前可能喷洒或浸泡过甲胺磷农药,颜色不正常。如菜叶失去平常的绿色而呈墨绿色,毛豆碧绿异常等,这样的蔬菜不宜选购。

②不宜选购多虫蔬菜。在众多蔬菜中,有的蔬菜容易被害虫所青睐,可以称之为多虫蔬菜(如韭菜);有的菜虫不大喜欢吃,可以叫做少虫蔬菜。多虫蔬菜由于害虫多,不得不经常喷药防治,势必形成农药残留;少虫蔬菜的情况则相反。建议消费者应尽可能选吃少虫蔬菜。

③不宜选购施肥量大的蔬菜。由于化学肥料,尤其是氮肥(如尿素、硫酸铵等)的施用量过大,会造成蔬菜的硝酸盐污染。然而,不同种类的蔬菜其可食部分硝酸盐含量差异很大。据中国农业科学院蔬菜花卉研究所报道,在 34 类 350 个样品中,检测蔬菜中硝酸盐含量由高到低以均值排序为:根菜类(1 643 mg/kg)>薯芋类(1 503 mg/kg)>绿叶菜类(1 426 mg/kg)>白菜类(1 296 mg/kg)>葱蒜类(597 mg/kg)>豆类(373 mg/kg)>瓜类(311 mg/kg)>茄果类(155 mg/kg)>食用菌类(38 mg/kg),硝酸盐含量高低相差可达 10 倍,其规律是蔬菜的根、茎、叶(即营养体)的污染程度远远高于花、果、种子(即生殖体)。人体摄入硝酸盐有 81.2% 来自蔬菜,因此建议消费者应尽可能多吃瓜、果、豆类蔬菜和食用菌,如黄瓜、番茄、毛豆、香菇等。

6. 消费者怎样辨别蔬菜的质量安全? 在哪里购买蔬菜是安全的?

答:(1)辨别方法

一般来说,须有相应仪器设备等条件的检测机构采用规定的检测方法进行定量分析,才能准确判断蔬菜质量安全是否符合相应的标准要求。而对一般消费者来说,每次购买蔬菜都先采用仪器检测是不现实的。在此,提供一些简单的辨别方法及放心的购买途径。

①鲜度。蔬菜越新鲜,其营养物质的损失越少,抗氧化物质含量越高,营养价值和保健价值也就越高。多数蔬菜的贮存期不宜超过 3 d。

②颜色。蔬菜品种繁多,营养价值各有千秋。总体上可以按照颜色分为两大类:深绿色叶菜和浅色蔬菜。深绿色叶菜,如菠菜、苋菜等,这类蔬菜富含胡萝卜素、维生素 C、维生素 B_2 和多种矿物质。浅色蔬菜,如大白菜、生菜等,这类蔬菜有的富含维生素 C,胡萝卜素和矿物质的含量较低,但是它们也有自己的优势,如洋葱含有维护心脏健康的活性物质,马铃薯对胃肠有保护作用等。

③气味。正常的蔬菜没有腐败味和其他异味,菜滋味甘淡、甜酸、清爽鲜美。

④形态。多数蔬菜具有新鲜的状态,如有萎蔫、干枯、损伤、变色、病变、虫害侵蚀等症状,则为异常形态。此外,番茄果实顶部带尖,黄瓜花朵不谢也尽量不去购买。

如果消费者想选择农药使用量少的蔬菜,可考虑选择茼蒿、胡萝卜、洋葱、芹菜等,这类蔬菜具有特殊气味,相对来说农药的使用少一些。同时,根据多年的测定分析结果显示,在蔬菜品种方面,瓜果类和根茎类蔬菜相比豆类和叶菜类来说,农药残留量合格率高,而豆类和叶菜类蔬菜合格率稍低一点。此外,消费者还可以考虑多买应季蔬菜。每种蔬菜都有其与生态环境适应的最佳生长期,在这个气候条件下,可以产出最优质的产品,而使用的化学物质也相对较少。还需提请消费者注意的是:不应贪图便宜而购买萎蔫、水渍化、开始腐烂的蔬菜,这些蔬菜均不可食用。

（2）购买途径

①近年来,我国大力推行农产品市场准入制度,要求符合农产品质量要求的农产品方能上市出售。建议消费者到超市、大型农贸市场及大型批发市场等地方购买。

②建议消费者选择较大品牌或名牌企业的产品。因为,此类企业受到的市场监管程度更高,生产操作更规范。

③目前,我国食品质量认证的等级有无公害农产品、绿色食品和有机食品。这些蔬菜的种植管理过程有相关法规的保障,其品牌和产地标识明确,因此值得消费者信赖。建议消费者购买获得质量认证的蔬菜。

7. 蔬菜为何不宜久存? 蔬菜食用前的贮藏需注意什么?

答:将蔬菜存放数日后再食用是非常危险的,危险来自蔬菜中含有的硝酸盐。硝酸盐本身无毒,然而在贮藏了一段时间后,由于酶和细菌的作用,硝酸盐就会被还原成有毒的亚硝酸盐。而亚硝酸盐可与人体内肠胃中的含氮化合物结合成致癌的亚硝胺。新鲜蔬菜中亚硝酸盐含量极低,若贮藏时间过长,出现腐烂变质情况时,亚硝酸盐含量明显升高。试验证明,在 30℃ 的屋子里贮存 24 h,绿叶蔬菜中亚硝酸盐的含量上升了几十倍。另外,蔬菜含有大量的维生素,在食用前保存不当会造成维生素的损失,其中损失最多的是维生素 C,其次是维生素 B_2。维生素在常温条件下容易在空气中被氧化。试验证明,在 30℃ 的屋子里贮存 24 h,绿叶蔬菜中的维生素 C 几乎全部损失。

冷藏比常温贮藏有利于蔬菜的保鲜和营养成分的保存。若在冰箱低温下贮藏,蔬菜呼吸强度相对较弱,不易腐烂,维生素 C、总糖、亚硝酸盐含量均变化不大。另外,保存外叶、外壳可延缓维生素的破坏。在食用前,结球叶菜不要剥掉外叶;葱蒜类不要剥掉外皮;豆类不要剥掉荚。

8. 蔬菜在食用前应先浸泡几小时,这种观点正确吗?

答:许多消费者认为"蔬菜在食用前应先浸泡几小时",这其实是一个误区。

首先,蔬菜生产中使用的农药分为水溶性和脂溶性两种,而且大多数农药都能溶于水。因此,在洗菜的过程中,浸泡几小时与流水反复冲洗多次的效果一样,均只能去除蔬菜表面附着的可溶于水的农药残留,而对蔬菜吸收的农药基本没有太大作用。如果农药残留处于一个很高水平的时候,把这些蔬菜浸泡在水中,水溶性农药残留会溶解在水中,这样就相当于把蔬菜放到了稀释的农药当中去浸泡。由于水中农药残留浓度高于蔬菜内部,这些农药会向蔬菜组织内部渗透,造成蔬菜组织内部农药残留的增高,使蔬菜污染加重,反而对身体不利。

其次,蔬菜中组织细胞所需的各种养分和代谢产物,只有靠水为载体才能在组织中运转。因此,蔬菜细胞的内外均含有大量的水。蔬菜在水中长时间浸泡时,由于渗透作用,清水将大量渗入蔬菜细胞内,达到新溶液状态下溶解度的平衡。当蔬菜细胞的细胞壁被渗进的大量水分胀破后,细胞质溶液将与外界的水分发生融合,而溶解在细胞质种的蛋白质、维生素和矿物质盐离子等营养物质也将会随之流出细胞外,营养也随之降低。

因此,蔬菜在食用前应先浸泡几小时,这种观点是不正确的。

9. 怎样清洗蔬菜?

答:清洗蔬菜时,不要用水较长时间浸泡蔬菜,最好使用冲洗的方式。就是将水放到盛有蔬菜的容器中,用手搓洗蔬菜表面,然后将水全部倒掉。重复 3 次。经过试验,该法能较有效地去除部分农药残留。

10. 日常生活中,清除蔬菜上残留农药的简易方法有哪些?

答:①流水冲洗加浸泡法。水洗是清除蔬菜上其他污物和去除残留农药的基础方法,主要用于叶类蔬菜,如菠菜、生菜、小白菜等。先用水反复冲洗掉表面污物,然后用清水浸泡 15 min 后,再用流水冲洗 2～3 次。果蔬清洗剂可增加农药的溶出,因此,冲洗时可加入少量果蔬清洗剂。蔬菜污染的农药品种主要为有机磷类杀虫剂,有机磷杀虫剂难溶于水,此种方法仅能除去部分污染的农药。此种方法仅能除去部分水溶性的农药。

②流水冲洗加碱水浸泡法。蔬菜污染的农药品种主要为有机磷类杀虫剂,有机磷杀虫剂难溶于水,但是在碱性环境下分解迅速,所以此方法是去除农药污染的有效措施。可用于各类蔬菜。先用水将表面污物冲洗干净,然后浸泡到碱水(一般 500 mL 水中加入碱面 5～10 g)中 5～15 min,然后用清水冲洗 3～5 次。

③加热法。氨基甲酸酯类杀虫剂随着温度升高,可加快分解,所以对一些其他方法难以处理的蔬菜可通过加热去除部分农药。常用于芹菜、菠菜、小白菜、圆白菜、青椒、菜花、豆角等。先用清水将表面污物洗净,放入沸水中 2～5 min 捞出,然后用清水洗 1～2 次。

④去皮法。蔬菜表面农药残留量相对较多，所以削去皮是一种较好地去除残留农药的方法。可用于黄瓜、胡萝卜、冬瓜、南瓜、西葫芦、茄子、萝卜等。同时建议不要立即食用新采摘的未削皮的蔬菜。

⑤贮存法。农药在存放过程中，能够缓慢地分解为对人体无害的物质。所以对易于保存的蔬菜可通过一定时间的存放，减少农药残留量。适用于南瓜、冬瓜等不易腐烂的种类。

11. 怎样辨别豆芽是否用化肥浸泡过？

答：①看芽秆。自然培育的豆芽芽身挺直稍细，芽脚不软、脆嫩，光泽、色白；而用化肥浸泡过的豆芽，芽秆粗壮发水，色泽灰白。

②看断面。观察折断豆芽秆的断面是否有水分冒出。无水分冒出的是自然培育的豆芽，有水分冒出的是用化肥浸泡过的豆芽。

③看芽根。自然培育的豆芽，根须发育良好，无烂根、烂尖现象；而用化肥浸泡过的豆芽，往往根短、少根或无根。

④看豆粒。自然培育的豆芽的豆粒正常；而用化肥浸泡过的豆芽，豆粒发蓝。

12. 怎样正确食用绿叶菜？

答：绿叶菜是一类主要以鲜嫩的绿叶、叶柄和嫩茎为产品的速生蔬菜。由于生长期短，采收灵活，栽培十分广泛，品种繁多。我国栽培的绿叶菜有 10 多个科 30 多个种。北方地区栽培比较普遍的有菠菜、芹菜、茴香、油菜、荠菜、莴苣、茼蒿、苋菜等。南方地区栽培落葵、番杏也比较普遍。

绿叶菜的正确吃法：首先是先洗后切。如果先切后洗，蔬菜切

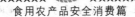

断面溢出的维生素 C 会溶于水而流失。切好的菜也要迅速烹调，放置稍久也易导致维生素 C 氧化。其次是急火快炒。否则维生素 C 会因加热过久而严重破坏。烹调中可加入少量淀粉勾芡，不仅可以起到保护维生素 C 的作用，还能增加鲜嫩。切记不要加醋，对非绿叶蔬菜，可加少量醋，有保持维生素 C 相对稳定的作用；但对绿叶蔬菜，酸性环境会破坏叶绿素，使菜叶变黄色或褐色，并降低食用价值。

13. 怎样正确选购莲藕？怎样区分各种莲藕？

答：莲藕以藕身肥大，肉质脆嫩，水分多而甜，带有清香味的为佳。同时，藕身应不干缩、不断节、无伤、不变色、不烂、无锈斑；藕身外附有一层薄泥保护。

一般来说，红花藕外皮为褐黄色，体形又短又粗，生藕吃起来味道苦涩，通常炖排骨藕汤使用红花藕。白花藕则外皮光滑，呈银白色，体形长而细，生藕吃起来甜，通常清炒藕片使用白花藕。另外，还有一种麻花藕，外表粗糙，呈粉色，含淀粉较多，品质一般。

14. 萝卜和水果为何不宜一同食用？

答：萝卜具有较高的营养价值和药用价值，水果也含大量维生素，但两者不能同时食用。萝卜被摄入人体后，会在体内产生一种叫"硫化氰盐"的物质，并很快代谢成可抑制甲状腺功能的硫氰酸；而柑橘、苹果、葡萄和梨等含大量植物色素的水果中有黄酮类物质，该物质在人体肠道内能被细菌分解转化成羟苯甲酸和阿魏酸，两者可加剧硫氰酸的抑制甲状腺作用，日久可能诱发甲状腺瘤。因此，萝卜与水果不宜同食。

15. 土豆发芽还能吃吗？

答：土豆经过一个时期的贮存，在一定的温度等条件下，顶芽及腋芽很容易萌发。发芽时，在出芽的部位产生许多酶，经过这些酶的作用，块茎中贮存的物质便被分解，然后转变为供应芽生长的物质。在这个物质转化过程中，会产生一种叫做"龙葵精"的毒素。这种毒素进入人体，人就会出现恶心、呕吐、腹泻和头晕等中毒症状，严重时还会造成呼吸器官麻痹而死亡。

那么，土豆发芽还能吃吗？经过反复试验证明：当土豆的芽生长不大，又经过一定的处理以后还是可以吃的。

毒素是由于芽的萌发而形成的，毒素的累积是以芽眼为中心的。当芽还小的时候，毒素还没有扩散开，只要将芽及芽眼挖掉一块就可以。芽稍大些的土豆，毒素已经扩散，扩散的部位首先是皮层。处理这种土豆，除了要在芽眼部位挖去一块外，还应在其附近削去一块。另外，各个芽并不是同时萌发的，一般是顶芽首先萌发，靠近顶芽的腋芽次之，其他部位的芽萌发较晚。如果顶部的芽长得较大，其他的芽还没有萌发，将顶部切除即可。发芽的土豆虽经上述处理，仍会残留一部分毒素，因此，还需在水中多泡一些时间，使毒素再溶解掉一部分。加热时再多煮一会儿。这样处理后一般就不会发生中毒了。

但是如果芽长得太大，那就不能吃了。

16. "蚕豆病"是怎么回事？

答：葡萄糖六磷酸脱氢酶（G6PD）缺乏者进食蚕豆或蚕豆芽后发生的急性溶血性贫血，叫做"蚕豆病"。本病与遗传有关，90%

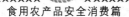

的患者为男性,多见于儿童,特别是5岁以下儿童。发病急,常在吃蚕豆后几小时至几天内突然发病,表现为头昏、心慌、乏力、食欲不振、腹泻、发热、黄疸及贫血等症状。严重者可有昏迷、抽搐、血红蛋白尿,甚至休克,偶然可以致死。症状轻重与吃蚕豆的多少无关,有时吃1、2粒也发病。因此,葡萄糖六磷酸脱氢酶缺乏者不能食用蚕豆。

$17.$ 怎样预防四季豆中毒?

答:四季豆又名菜豆、架豆、刀豆、芸豆、扁豆等,是人们普遍食用的蔬菜。生的四季豆中含皂贰和红细胞凝集素。由于皂贰对人体消化道具有强烈的刺激性,可引起出血性炎症,并对红细胞有溶解作用。此外,豆粒中还含红细胞凝集素,具有红细胞凝集作用。

有的人在烹调四季豆时,翻炒不均,四季豆受热不匀,不易烧透焖熟。有的人喜欢把四季豆先在开水中焯一下,然后再用油炒,误认为两次加热就保险了,实际上哪一次加热都不彻底,最后还是没把毒素破坏掉。有的人则是贪图四季豆颜色好看,不把四季豆加热透。如果烹调时加热不彻底,豆类的毒素成分未被破坏,食用后容易引起中毒。

四季豆中毒的发病潜伏期为数十分钟至数十小时,一般不超过5 h。主要表现为恶心、呕吐、腹痛、腹泻等胃肠炎症状,同时伴有头痛、头晕、出冷汗等神经系统症状。有时还会出现四肢麻木、心慌和背痛等症状。病程一般为数小时或1~2 d,愈后良好。若中毒较深,则需送医院治疗。

家庭预防四季豆中毒的方法非常简单,只要把全部四季豆煮熟焖透就可以了。每一锅的量不应超过锅容量的一半,用油炒过后,加适量的水,加上锅盖焖10 min左右,并用铲子不断地翻动四季豆,使它受热均匀。四季豆失去了原有的生绿色,吃起来没有豆腥味,就不会中毒。另外,还要注意不买、不吃老四季豆。清洗前,把四季豆两头和豆荚筋摘掉,因为这些部位含毒素较多。

(三)水果类

1. 乙烯催熟的水果还能食用吗?

答:水果生产中,为了延长贮藏期或是由于长途运输的原因,需适当早采。有些水果采后不能马上食用,需要后熟。这些果实通过喷施乙烯利缩短达到充分成熟食用的时间。用乙烯或乙烯利催熟水果,在全世界已经有 100 多年的历史。

乙烯是五大类天然植物激素之一,具有促进果实成熟的作用。乙烯利属于低毒类化学制剂,植物体吸收后分解形成乙烯。乙烯的催熟过程是一种复杂的植物生理生化反应过程,不是化学作用过程,不产生任何对人体有毒害的物质。

通常情况下,在皮不可食水果上使用(如香蕉),不会造成可食部分残留量超标,可以安全食用(如果乙烯过量,香蕉不能正常成熟,甚至引起果实腐烂,商品价值下降)。在皮可食水果上,建议不要将药剂直接喷施在果面上。

2. 可以将二氧化硫用在荔枝、龙眼的防腐保鲜处理上吗?

答:国外的葡萄保鲜,普遍应用硫处理;泰国的出口荔枝、龙眼,用硫处理也是一种常规措施;南非、以色列、澳大利亚运往欧洲的荔枝、龙眼,大部分也是采用硫处理。利用硫黄燃烧产生的二氧化硫熏蒸处理保鲜荔枝、龙眼等水果会取得良好的效果,但也存在

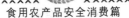

残留、环保等问题,应注意不要过量使用二氧化硫。我国允许荔枝、龙眼果肉二氧化硫的残留量标准应小于 20 mg/kg。用过量二氧化硫处理的荔枝、龙眼,果皮颜色被漂白,结构被破坏,易破裂,撕皮后会溢出黄水;洗涤时易脱色。虽在空气中可以恢复部分果皮颜色,但已不是新鲜荔枝、龙眼的天然颜色。并且果实变软,果肉由原来的晶莹透明变成哑白色,有些还会带有硫味。这种荔枝、龙眼要慎吃。

3. 怎样看待水果打蜡?

答:果蜡是一种被膜制,涂抹于新鲜水果外表,起到改善外观和保鲜作用。蜡液由成膜剂、光亮剂、增色剂、杀菌剂、溶剂等组成,分可食用性蜡液和不可食用性蜡液。目前使用的蜡液多为不可食用性的。尽管不可食用性蜡液含有多种化学成分,但应是国家允许使用的,并符合国家相应的卫生标准。对于皮不可食水果,由于蜡液附着在果实表皮,不会渗透到果肉中,削皮可去除果蜡,不会影响其食用安全性。对于全果食用的果实(如柠檬、金柑等),不宜打蜡。即使打过蜡,也可将其放入温水中浸泡数分钟,然后用棉质毛巾或百洁布轻轻擦洗果皮,即可清除果蜡。

4. 怎样看待反季节水果?

答:所谓反季节水果,是指通过特殊设施或特殊技术进行促成栽培或延迟栽培,从而提早或延迟成熟、上市的水果。目前,我国反季节水果生产以促成栽培为主,树种主要有桃、葡萄、草莓、樱桃等。

反季节水果的品质(包括含糖量、色泽、风味、口感等)通常不如正常成熟上市的水果,其耐贮性也相对较差。因此,反季节水果购买后应尽快食用。若放置时间过长,易腐烂、变质。另外,促成栽培的反季节水果,其果实发育期相对较短,农药施用距果实采收的时间也较短。因此,食用前最好进行必要的清洗。

反季节水果本身是没有任何危害的。但为了增加产量,有些不法果农过量使用植物生长调节剂。这些植物生长调节剂可以促进果实生长发育和早熟,还可使产量增加 20％左右。经常食用植物生长调节剂残留超标的反季节水果,对正处于生长发育阶段的少年儿童来说,女孩会出现初潮提前等性早熟现象,而男孩则会导致性特征不明显。因此,在反季节水果生产过程中,应严格限制植物生长调节剂的使用剂量和对其残留状况的监管。

5. 怎样选购水果?

答:消费者选购水果时,除考虑水果的营养和价格等因素外,还应注意以下几点:

①了解水果产期、产地,尽量选购新鲜的应季水果。

②注意选购成熟的水果。了解水果成熟的特征,一般水果成熟过程包括质地变软、果皮转色、香气变浓、糖度增加、酸度降低、苦涩味消除等。

③无须刻意挑选外观鲜美、亮丽、无病斑、虫孔的水果,外表稍有瑕疵的水果无损其营养及品质。

④避免选购外表有药斑或不正常化学药剂气味的水果。

⑤长期贮存或进口的水果应少购买。

⑥识别无公害、绿色、有机水果等产品的相关标识,这类水果含农残较少。

6. 贮藏水果需注意什么？

答：①苹果、梨、番荔枝、香蕉、木瓜等水果以及腐烂的水果容易产生乙烯，贮藏时尽量不要将上述种类与其他水果放在一起，以免加速其他水果的成熟及老化，导致其不耐贮藏。

②热带水果（如香蕉、菠萝、芒果、木瓜、柠檬等）的贮藏适温均高于冰箱温度。这些水果不宜长时间摆在冰箱冷藏，否则会使果皮凹陷，易起斑点或褐变等，影响食用质量。其实只要将这些水果贮放在室内阴凉的地方即可。

③每种水果有其最适合的贮藏温度及有效保存期。一般冰箱冷藏室温度 3～6℃，若水果的贮藏适温低于冰箱的温度，则贮藏期会随之缩短，且贮放愈久，水果风味和营养均逐渐降低。因此，买回来的水果尽量在 1 周内吃完。

④冷藏的水果先不要清洗，用塑料袋或纸袋装好后再放入冰箱，以防水分蒸发致果皮皱缩或软化。塑料袋最好打数个小孔改善通气，以免水汽聚积促使病原微生物滋生。

7. 热带水果为何不宜放入冰箱贮藏？

答：热带水果害怕低温，原因在于它们的生长地区和气候。在温暖地区栽培生长的水果，比起在寒冷的地区和秋季栽培生长的水果，耐低温的能力要差。葡萄、苹果、梨等水果放在冰箱里可以起到保鲜的作用。但香蕉、芒果在低温下保存，果皮易变黑；菠萝在 6～10℃下保存，不仅果皮会变色，果肉也会呈水渍状；荔枝和龙眼、红毛丹等在 1～2℃下保存，外果皮颜色会变暗，内果皮则会出现一些像烫伤一样的斑点。因此，热带水果不宜放入冰箱保存。

如果一定要放入冰箱,应置于温度较高的蔬果槽中,贮藏时间最好不要过长。

8. 水果带皮吃好? 还是削皮吃好?

答:果皮中抗坏血酸通常比果肉中含的多。如:100 g 鲜柑橘、柠檬和甜橙的果皮中含抗坏血酸分别是 130 mg、140 mg 和 170 mg。100 g 鲜柑橘、柠檬和甜橙的果肉中含抗坏血酸分别是 38 mg、65 mg 和 55 mg。在一些苹果果肉中 100 g 鲜重仅含抗坏血酸 12~13 mg,而 100 mg 鲜果皮中含抗坏血酸 60 mg。从营养角度讲,水果带皮吃好。但考虑到水果在采摘前可能被喷打农药、采摘后利用化学方法人工催熟,或为了贮藏保鲜进行表皮上蜡,以至造成水果表皮的污染,最好还是削皮吃好。如苹果、梨、桃、李子、杏等水果,用清水洗净,然后再削皮食用。而葡萄不好削皮,先用水果清洗剂认真清洗,再用清水冲洗后,方可食用。有机和绿色果品在生产过程中不使用农药或者限制使用,其农药残留不会超过限量标准。因此,如果是有机或绿色水果则可以不削皮食用。

9. 局部腐烂、变质的水果,削去坏的部分后还能食用吗?

答:当水果发生局部腐烂、变质时,有人不舍得完全丢弃,用小刀将腐烂部分削掉后,继续食用。还有一些街头不法小贩,将已部分腐败的哈密瓜、菠萝等水果,切掉坏的部分后,切块卖给顾客。许多人认为,将水果坏的部分去掉后,吃余下好的部分不会影响健康。其实,这种看法是错误的。

当水果表皮受到损伤或保存不当时,一些病原菌会侵入其中,从内或从外造成水果腐烂、变质。发病初期,只是局部的病斑。很快以病斑为中心,向四周腐烂,最后全部烂掉。病原微生物侵入水果造成局部的腐烂、变质,肉眼是很容易看到的。而在腐烂、变质过程中产生的有害、有毒物质,肉眼是无法看到的。这些有害、有毒物质会侵染尚未发生病变的果肉,食用后会对人体健康造成不利的影响。其中不乏具有致癌作用的真菌毒素。因此,已部分腐烂的水果,削去腐烂部分后,剩下的部分即使看似好的,亦不能食用。

10. 食用前应对水果进行怎样的处理?

答:①浸泡清洗。食用水果前,要尽可能将水果清洗干净,可除去表面污垢并有效减少农药残留。清洗时,可选择水果专用洗涤剂或添加少量的食用碱浸泡,然后用清水冲洗数次。

②削去果皮。脂溶性农药不溶于水。如果在水果上喷施的是脂溶性农药,那么简单浸泡清洗还不能有效解决农药残留。由于农药残留主要集中在水果的表皮上,因此,食用前尽可能削皮,以达到去除农药残留的目的。

11. 食用水果需注意什么?

答:①忌用酒精消毒水果。酒精虽能杀死水果表层细菌,但会引起水果色、香、味的改变。酒精和水果中的酸发生反应,会降低水果的营养价值。

②忌用菜刀削水果。菜刀常接触蔬菜、鱼、肉。若用菜刀削水果,则可能把寄生虫或寄生虫卵带到水果上,使人感染寄生虫病。尤其是菜刀上的锈和苹果所含的鞣酸会起化学反应,使苹果的色、香、味变差。

③忌吃水果不漱口。有些水果含有多种糖类物质,对牙齿有较强的腐蚀性。若食用水果后不漱口,则易造成龋齿。

④忌饭后立即吃水果。饭后立即吃水果,不但不会助消化,反而会造成胀气和便秘。因此,吃水果宜在饭前1 h或饭后2 h。

⑤忌过量食用水果。过量食用水果,会使人体缺铜,从而导致血液中胆固醇增高,引起冠心病。因此,不宜在短时间内进食过多水果。

12. 食用菠萝时需注意什么?

答:菠萝,又名凤梨,是人们喜爱的热带水果。新鲜菠萝中含有菠萝蛋白酶、甙类等化学物质,若食用不当,易使人出现口舌发麻、呕吐、腹痛、头晕等症状,严重的甚至可能出现呼吸困难、休克。因此,食用菠萝前一定要削净果皮、鳞目须毛及果丁。果肉切片或块后,要在盐水里浸泡半小时左右,再用凉开水洗去咸味。这样就能去除过敏源。

13. 食用菠萝蜜时需注意什么?

答:菠萝蜜与蜂蜜是两种很安全的食品,对人体没有伤害,但是菠萝蜜不可与蜂蜜一同食用。菠萝蜜水分少,糖分多,口感甜,吃一点就容易感觉饱。而这种糖分高的食物通常是不好消化的。当与蜂蜜一同食用时,蜂蜜与菠萝蜜的分子结构就发生了变化,并会不断地产生气体,加重了胃肠的负担,造成饱腹、胀气等症状,进而还会引起腹泻。而人的胃根本承受不了这样无限期的膨胀,情况严重可导致人腹胀而死。因此,菠萝蜜不可与蜂蜜一同食用。

菠萝蜜切开的时候,会从果皮、果肉流出大量白色胶体,刺激

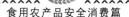
皮肤产生瘙痒。容易皮肤过敏的人不要去切。最好先少量品尝，确定不会过敏再进食。另外，由于菠萝蜜含糖量高，糖尿病人是不能吃菠萝蜜的。

14. **食用橙子时需注意什么？**

答：橙子又名"黄果"、"金环"，是世界四大名果之一。橙子分酸橙和甜橙。酸橙味酸带苦不宜食用，多用于制取果汁。鲜食以甜橙为主。甜橙果实为球形，上、下稍扁平，表面滑泽，未成熟前色青，成熟后变成黄色，果肉酸甜适度，汁多，富有香气。

橙子味美但不要吃得过多，1 d 1 个即可，最多不超过 5 个。食用橙子的前、后 1 h 内不要饮用牛奶，因为牛奶中的蛋白质遇到果酸会凝固，影响消化吸收。饭前或空腹时不宜食用，否则橙子所含的有机酸会刺激胃黏膜，对胃不利。注意不要用橙皮泡水饮用，因为橙皮上一般都会有保鲜剂，很难用水洗净。另外，橙子忌与槟榔同食。糖尿病患者忌食橙子。

15. **食用芒果时需注意什么？**

答：芒果树属于漆树科。芒果中含有果酸、氨基酸、各种蛋白质等刺激皮肤的物质，不完全成熟的芒果中还含有醛酸，会对皮肤黏膜产生刺激从而引起过敏。芒果过敏者在食用或接触芒果后会引起"芒果皮炎"。症状是嘴边常常会现红、肿、痒，甚至是起小皮疹，还有人嘴唇发麻、喉咙痒。过敏严重者嘴唇、口周、耳朵、颈部会出现大片红斑，甚至有轻微水肿，还伴有腹痛、腹泻等症状。"芒果皮炎"与芒果的品种及成熟度有关，并非每天吃芒果都会发生皮炎，也不乏接触芒果皮等而引发皮肤病的患者。因此，漆树过敏者应慎食芒果,以防出现过敏反应。

16. 食用山竹时需注意什么?

答:山竹又称莽吉柿,原产于东南亚,对环境要求非常严格,一般种植 10 年才开始结果,是名副其实的绿色水果。与榴莲齐名,号称"果中皇后"。山竹含可溶性固形物 16.8%,柠檬酸 0.63%,含有维生素 B_1、维生素 B_2、维生素 C_4 和矿物质,还含有丰富的蛋白质和脂类。山竹不仅味美,对机体也有很好的补养作用,还具有降燥、清凉解热的作用。在泰国,人们将榴莲、山竹视"夫妻果",如果吃了过多榴莲上了火,就吃几个山竹来缓解。

一般人均可食用山竹。体弱、营养不良、病后的人更适合食用。但是每天食用 3 个足矣。因山竹富含纤维素,在肠胃中会吸水膨胀,过多食用反而会引起便秘。山竹属寒性水果,体质虚寒者少吃尚可,多吃不宜。切勿与白菜、苦瓜、西瓜、豆浆等寒凉食物同吃。若不慎食用过量,可用红糖煮姜茶解之。另外,山竹含糖分较高,固肥胖者宜少吃,糖尿病者更应忌食。山竹亦含较高钾质,故肾病及心脏病人也应少吃。

17. 食用杨梅时需注意什么?

答:杨梅的养分很高,且没有外皮。因此特别容易招各种各样的虫子,以麦蛾科鳞翅目的昆虫为害较多。在杨梅还没有成熟时,这种昆虫就生长在杨梅的果核外。这种昆虫的危害性不大,目前还没有临床证明它有毒性。因此,人们可放心食用杨梅。

消费者在购买新鲜杨梅后,最好不要马上放入冰箱内。应及早将杨梅放到较高浓度的盐水中浸泡 5~10 min。因为这种昆虫

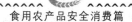

肉眼看不出来,用清水泡也泡不出来,只能用盐水把虫子泡出来。而低温会导致昆虫死亡,死了的昆虫就是放到盐水里也泡不出来了。

18. 食用樱桃时需注意什么?

答:樱桃营养丰富,蛋白质、糖、胡萝卜素、维生素 C 等的含量均比苹果、梨高,尤其含铁量高。

一般人均可食用樱桃。面色无华者、消化不良者、体质虚弱者、风湿腰腿痛者、瘫痪者亦适宜食用。樱桃核仁含氰甙,水解后产生氢氰酸,药用时应小心中毒。樱桃性温热,有溃疡症状者、上火者、慎食;热性病及虚热咳嗽者忌食;糖尿病者忌食。另外,樱桃含钾量高,每 100 g 含钾 258 mg,故肾病患者要慎用。

19. 怎样选购榴莲? 榴莲买回家后怎样贮藏?

答:选购榴莲时,应选择外形多丘陵状、果形完整端正、果皮呈深咖啡色的果实,若摇晃起来感觉有物,便是上品。不要以为榴莲越重越好,比较轻的榴莲往往核小。不要选择颜色看起来发青的榴莲。

买回家的榴莲应用报纸严密包裹起来,免得它的刺扎伤小孩。榴莲具有后熟作用,应将其放在阴凉处保存。成熟后的果实会裂开。这时可将果肉取出,放入保鲜袋后于冰箱里保存。冰镇后的榴莲会具有雪糕的口感。若果肉变馊则说明榴莲已变质,不宜继续食用。

未开口的榴莲,不成熟的有一股青草味,成熟的则散发出榴莲固有的香气。如果买了未成熟的榴莲,回家后要用报纸包住,然后点燃报纸,待燃完后再另用报纸包好,放在温暖处,一两天后若闻到香味证明已经成熟。想吃时提起来在地上轻摔,摔出裂口,从裂口处撬开即可食用。

20. 食用榴莲时需注意什么?

答:榴莲一次不宜多吃。在吃完榴莲后应多喝些水,或多吃些含水分比较多的水果(如:梨、西瓜)。榴莲虽富含纤维素,但它在肠胃中会吸水膨胀,过多食用反而会阻塞肠道,引起便秘。如不慎食用过量,以致热痰内困、面红、胃胀、呼吸困难,应立即吃几个山竹化解。也可用榴莲皮加盐水煎服。热气体质、阴虚体质、喉痛咳嗽、感冒、气管敏感者,吃榴莲会令病情恶化,对身体无益,不宜食用。榴莲忌与酒一同食用,因为榴莲与酒皆属热燥之物,如糖尿病患者两者同吃,会导致血管阻塞,严重的会有爆血管、中风情况出现,故不宜食用。另外,榴莲含有的热量及糖分较高,肥胖人士宜少食。榴莲亦含有较高钾质,故肾病及心脏病人宜少食。

21. 怎样选购葡萄?

答:①看外观。一般新鲜的葡萄,籽粒大小均匀、饱满、整齐,果柄与果粒结合牢固、轻轻抖动不易脱粒。用手轻提葡萄,若葡萄纷纷脱落,则说明不够新鲜。大部分新鲜葡萄果粒外表附有一层淡淡的白霜。

②辨颜色。一般情况下,成熟度适中的葡萄颜色较深、较鲜艳。如:巨峰、夏黑葡萄为黑紫色;碧香无籽为碧绿色;提子为褐红色;美人指葡萄为鲜红色等。

③闻果香。新鲜的葡萄带有本身特有的香味,而不新鲜的葡

萄往往带有酸味(酒糟味)。

④品口味。葡萄好不好吃与成熟度有关。一串葡萄中,看到哪个部位的籽粒受光照(被遮光的一面)程度最差(视觉感到颜色较浅),说明这个部位成熟度在本串中不佳,选购时,可以品尝这个部位的果粒。

22 · 什么样的香蕉是可以安全食用的?

答:目前市场上销售的香蕉基本都是安全的,包括用乙烯或乙烯利催熟的香蕉以及患"巴拿马病"的香蕉。

香蕉的催熟过程是一种复杂的生理生化反应过程,不会产生有危害的成分和物质。因此,催熟香蕉可以放心食用。国际上盛产香蕉的国家(如:厄瓜多尔、哥斯达黎加、菲律宾等国),在香蕉准备上市销售之前,必须按每天的销售量分批采用乙烯或乙烯利来进行催熟,之后销往美国、欧洲和日本等地。截至目前,尚没有发生过因为香蕉催熟而不符合欧美和日本等地卫生标准的现象。

部分媒体报道称香蕉"巴拿马病"是癌症、是香蕉世界的"SARS"。还有媒体报道香蕉是"毒水果"。因而不少消费者误解为吃了香蕉易患癌症,导致了消费者的恐慌。实际上香蕉"巴拿马病"学名为香蕉枯萎病,是由镰刀菌感染而引起的植物病害,最早于1874年在澳大利亚被发现,20世纪60年代在我国台湾省大面积流行。该病对香蕉产业造成了较大危害。但成熟的香蕉果实是不带菌的,消费者可放心食用。

23 · 香蕉为何需要悬挂起来存放?

答:一般情况下,消费者买回香蕉后,常会将其放在桌上或果盘里。时间不久,香蕉与桌子或果盘的接触面就开始发黑,原因是香蕉内部发生了化学变化。

香蕉的表皮细胞含有一种氧化酶。平日里,它被细胞膜包裹得严严实实,不与空气接触。一旦碰伤或受冻,细胞膜破裂,氧化酶就渗透出来,在空气中氧气的作用下,催化生成一种黑色的化合物,形成黑斑。香蕉平放时,整个重量都压在接触面上,此处承受的压力变大,把这个接触面表皮细胞的一些细胞膜压破,导致里面的氧化酶流出来,发生氧化反应,产生黑斑。因此,买回来的香蕉应悬挂起来。

24. 长期嚼食槟榔是否会对人体产生危害?

答:槟榔果是槟榔树的种子,是各种槟榔咀嚼产品的基本成分。人们常把槟榔切成薄片,和其他东西(通常包括熟石灰、小豆蔻、椰子和藏红花片)混合在一起,用蒌叶包着嚼食。英国有一项对伦敦、印度人社区的研究,发现对槟榔产品的依赖程度和对可卡因的依赖程度相当,特别是当其中掺有烟草成分的时候。患者描述的对槟榔的典型依赖症状表现为很难戒掉,停止食用后会出现头痛、出汗等症状,要早晨再次嚼食后才能有所减轻。这项研究表明,槟榔产品能诱发依赖综合征。专家认为,将槟榔和烟草放在一起嚼食将引发口腔癌、咽喉癌和食道癌,只嚼食槟榔则会引发口腔癌。嚼食槟榔的时候,它被含在牙齿和脸颊之间,慢慢释放出一种叫做槟榔碱的刺激物。长期经常嚼食槟榔的人通常会牙齿变红,并引起口腔黏膜下层纤维化,这是恶性口腔癌的前兆。因此,专家认为槟榔果本身就能致癌。

(四)肉蛋奶类

1. 氯霉素有何危害？

答：氯霉素是一种人用药，过量使用会抑制骨髓造血功能，造成过敏反应，引起再生障碍性贫血（包括白细胞减少、红细胞减少、血小板减少等）。此外，该药还可引起肠道菌群失调及抑制抗体的形成。目前，该药已在国外较多国家禁用。我国已经禁止将氯霉素用于牧业、渔业的生产，并加大打击力度。

2. 什么是"瘦肉精"？"瘦肉精"有何危害？

答："瘦肉精"是一类药物，主要是肾上腺类、β-激动剂。曾被用做牛、羊、禽、猪等畜禽的促生长剂、饲料添加剂，能够促进瘦肉生长、抑制肥肉生长。我们常说的"瘦肉精"的化学名称为盐酸克伦特罗，是一种人用药品，医学上称为克喘素，用于治疗支气管哮喘、慢性支气管炎和肺气肿等疾病。大剂量用在饲料中可以促进猪的增长，减少脂肪含量，提高瘦肉率。

养猪过程中使用，会在猪体组织形成残留，尤其是在猪的肝、肺、肾、脾等内脏重要器官残留量较高。这种物质的化学性质稳定，一般加热处理方法不能将其破坏。人食入含有大量"瘦肉精"残留的肉品后，在 $15\sim20$ min 就会出现脸色潮红、头晕、头疼、心跳加速、胸闷、心悸、心慌、战栗、肌肉震颤、恶心、呕吐等症状，对人健康危害很大。特别是对高血压、心脏病、甲亢和前列腺肥大等疾病患者，危害更大，严重的可导致死亡。

"瘦肉精"在我国已经禁用于动物饲料中。但一些唯利是图的

不法者还是将其用于生猪饲养过程中，这是重点打击的对象。

3．怎样辨别猪肉是否含有"瘦肉精"？

答：从外观上来看，含"瘦肉精"的猪肉颜色鲜红，肥肉和瘦肉有明显的分离，脊柱两侧的肉略有凹陷。中国生猪肉品种的瘦肉率大约在 50％，如果整头猪瘦肉过多，就要考虑猪肉可能含有"瘦肉精"。

消费者辨别猪肉是否含有"瘦肉精"的最简单方法，就是看该猪肉是否有脂肪油。若该猪肉的皮下就是瘦肉，则存在含有"瘦肉精"的可能。

4．什么是注水肉？怎样辨别注水肉？

答：注水肉是指临宰前向畜禽等动物活体内，或屠宰加工过程中向屠体及肌肉内注水后的肉。注水肉严重影响了肉品的质量安全，是一种违法行为。凡注水肉，无论注入水的质量如何，无论掺入何种物质，均予以没收，做无害化处理。

日常生活中，消费者可通过以下办法辨别注水肉：

一是观察。①观察肌肉：凡注过水的新鲜肉或冻肉，在放肉的场地上把肉移开，下面显得特别潮湿，甚至积水，将肉吊挂起来会往下滴水。注水后的肌肉很湿润，肌肉表面有水淋淋的亮光，并且看上去柔嫩而发胀，不具有正常猪肉的弹性，不呈鲜红色而呈暗淡红色。②观察皮下脂肪及板油。正常猪肉的皮下脂肪和板油质地洁白；而注水肉的皮下脂肪和板油轻度充血、呈粉红色，新鲜切面的小血管有血水流出。③观察心脏。正常猪的心冠脂肪洁白；而注水猪的心冠脂肪充血，心血管怒张，有时在心尖部可找到注水

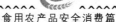

口,心脏切面可见心肌纤维肿胀,挤压有水流出。④观察肝脏。若人为经猪的心脏或大动脉注水后,猪的肝脏会严重瘀血、肿胀,边缘增厚,呈暗褐色,切面有鲜红色水流出。

二是刀切。注水后的肉用刀切开时,肌纤维间的水会顺刀口流出。若是冻肉,刀切时会听到沙沙声,甚至有冰疙瘩落下。

三是化冻。注水冻结后的肉,化冻时,盆中化冻后的水是暗红色。原因是肌纤维被冻结胀裂,浆液外流。

5·怎样辨别病死猪肉?

答:首先,通过看来辨别。

①看外观。正常的猪肉表面上会有一层微干的外膜,呈淡红色,有光泽。切断面看上去稍稍湿润,不黏手,肉汁透明。而病死猪的猪肉表面则呈暗灰色,无光泽。切断面色泽稍逊于新鲜的猪肉,有黏性,肉汁混浊。

②看表皮。正常的猪肉表皮无斑痕。而病死猪的猪肉表皮上常有紫色出血斑点,甚至出现暗红色弥漫性出血,有的还会出现红色或黄色隆起的疹块。

③看肌肉。健康猪的瘦肉一般为红色或淡红色,光泽鲜艳,很少有液体流出。而病死猪的猪肉的肌肉色泽较深,或呈暗红色。

④看脂肪。正常的猪肉脂肪呈白色或乳白色,有光泽。而病死猪的猪肉的脂肪呈红色、黄色或绿色等异常的色泽。

⑤看弹性。正常的猪肉有弹性。特别是新鲜的猪肉,质地紧密,弹性好,用手指按压凹陷后会立即复原。而病死猪的猪肉由于自身被分解严重,肌肉组织失去原有的弹性而会出现不同程度的腐烂,用手指按压后凹陷不能复原,有时候手指还可以将肉刺穿。

⑥看淋巴结。正常的猪肉淋巴结大小正常,肉切面呈鲜灰色

或淡黄色。病死猪的猪肉的淋巴结是肿大的,其肌肉为墨红色,脂肪为浅玫瑰色或红色。

⑦看血管。健康猪放血良好,血管中残留极少。病死猪因放血不全,血管外残留血呈紫红色,会有气泡。

⑧闻气味。正常的猪肉具有鲜猪肉应有的气味,没有异味。病死猪的猪肉无论是在肉的表层还是深层均有血腥味、腐臭味及其他不正常的异味。

⑨查证明。在购买猪肉的时候,一定要注意看猪肉是否有检验检疫章和检疫合格证明,不要购买来历不明的猪肉。

6. 怎样辨别母猪肉?

答:母猪肉,色泽较深,呈深红色。皮肤较粗糙,松弛、缺乏弹性,多皱襞,且较厚,毛孔粗,皮肉接合处疏松。皮下脂肪呈青白色,皮与脂肪之间常见有一薄层呈粉红色,手触摸时黏附于手指的脂肪少。肌纤维较粗,肌间夹杂的脂肪少。乳头长而硬,乳头皮肤粗糙,乳头孔很明显。横切乳头,两乳池明显。有时尚未完全干乳,切开时会流出黄白色的乳汁。

7. 什么是冷却排酸肉?

答:冷却排酸肉是现代肉品卫生学及营养学所提倡的一种肉品后成熟工艺。猪肉在 $0 \sim 4 \, ^{\circ}\text{C}$(或 $-2 \sim 4 \, ^{\circ}\text{C}$)下经过 $12 \sim 24$ h 进行排酸,使大多数微生物的生长繁殖受到抑制,肉毒梭菌和金黄色葡萄球菌等不再分泌毒素,肉中的酶发生作用,将部分蛋白质分解成氨基酸,同时排空血液及占体重 $18\% \sim 20\%$ 的体液,从而减少了有害物质的含量。排酸肉由于经历了较为充分的解僵过程,其肉质柔软

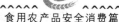

有弹性、好熟易烂、口感细腻、味道鲜美,且营养价值较高。

8. 动物的哪些部位不能吃?

答:动物的"三腺"一般指甲状腺、肾上腺和淋巴结。

甲状腺。位于喉头甲状软骨附近,较扁平,似海贝状,色深红,有白色网状结缔组织被膜,长 3～4.5 cm,宽 2～2.5 cm,厚 1～1.5 cm。

肾上腺。位于肾的内前方,呈三棱条状,外质呈黄红色,髓质呈灰褐色或黄色,长 2.5～4 cm,宽 0.5～1 cm,重 2.4～12.6 g。

淋巴结。分布于牲畜的全身(包括内脏、器官),能对侵入机体的微生物及其毒素具有过滤、破坏和消毒作用。因而病变的淋巴结内往往含有多量的病原微生物(如细菌、病毒等)。

这些腺体属于动物的防病体系,一般有害的微生物(如细菌、病毒等)侵入机体,都要经过这些"门户"。因此,它们一般都含有一定的毒素或病原微生物,大量误食后可能引起中毒反应,如出现恶心、呕吐、腹泻、肌肉关节痛、头昏、头痛、胸闷、心跳快、多汗等。所以,在检疫时检疫员都将这些腺体摘除废弃。

另外,有些动物的部分器官也同"三腺"相似,在加工这些动物产品时,也应该将这些器官废弃:

①羊"悬筋"。又称"蹄白珠",一般为圆珠形、串粒状,是羊蹄内发生病变的一种组织。

②禽"尖翅"。是鸡、鸭、鹅等禽类屁股上端长尾羽的部位,学名"尾脂腺",是禽类分泌油脂的地方,特别是鸭和鹅羽毛上的油脂主要从这里分泌出来的。

③禽法氏囊。也称"腔上囊",它的位置在禽泄殖腔(禽类直肠和尿道会合的部分)上方,为囊状,是淋巴腺体集中的地方,可吞食

病菌、病毒及致癌物质,不能分解,故称为禽的藏污纳垢的"仓库"。

④鱼"黑衣"。是鱼体腹腔两侧具有的一层黑色膜衣,是最腥臭、泥土味最浓的部位,含有大量的类脂质、溶菌酶等物质。

9. 怎样辨别新鲜猪肉?

答:①看。用眼来观察肉的表面(肌肉、脂肪)组织是否正常。肌肉呈鲜红色,脂肪呈乳白色,色泽均匀、有光泽,组织结构紧密者为新鲜猪肉。若肌肉颜色发暗,脂肪混浊无光泽,组织结构松弛的则为不新鲜猪肉。

②闻。新鲜猪肉具有特定正常的肉气味。带有血腥气、腐败气味、药物气味等的均为不新鲜猪肉。

③摸。用手指触摸肉的表面,干燥、微湿、不粘手,有坚实感,指压出现凹陷,放手后马上恢复原状的为新鲜猪肉。若表面湿润、粘手,指压凹陷不能马上恢复原状,有疏软感的则为不新鲜猪肉。

④煮。买回家的肉,在煮肉时看其肉汤。若透明、有芳香味、脂肪球大量聚于表面的为新鲜猪肉。若肉汤混浊、不香、有酸味等的则为不新鲜猪肉。

10. 选购新鲜猪肉时需注意什么?

答:一是注意经营者的主体是否合格。主要看销售肉类产品的单位或摊位是否有营业执照和卫生许可证。

二是注意猪肉产品是否有合格标志。主要看销售的猪肉产品是否有卫生检验合格证明,肉表皮是否盖检验检疫章。

三是注意买整不买零。少数不法商贩用病猪肉或母猪肉假冒新鲜猪肉出售时,有意将整头猪肉产品分割成一块块零头来出售,旁边放置一块盖有圆印章的合格猪肉,用来欺骗消费者。

日常生活中,消费者还应试用辨别猪肉品质的简易方法来选购新鲜猪肉。

11. 怎样选购猪肝?

答:选购猪肝时,应先看它的外表颜色和光泽。正常猪肝脏表面有光泽,颜色紫红均匀。用手触摸猪肝的质地,正常猪肝脏感觉有弹性,没有硬块、水肿、脓肿等情况。若发现在猪肝表面有米粒样、菜籽大小的小白点(这种情况属于致病物质侵害肝脏后采取的自我保护的一种机化现象,去掉这些白点后可食用),为安全起见,建议不要选购。

12. 怎样选购猪肚?

答:选购猪肚(猪的胃脏)时,首先应看它的外部颜色是否正常。其次要看胃壁和胃的底部有无出血块或坏死的发紫发黑组织,若有较大的出血面就是病猪的胃脏。最后要闻一闻猪肚有无臭味和异味,若有则是变质猪肚或病猪肚,不可选购这种猪肚。

13. 怎样选购猪腰?

答:选购猪腰(猪的肾脏)时,首先看它的表面有无出血点,有的则是病猪的肾脏。其次看它的形态大小,若它显得是又大又厚,则应仔细检查是否有肾肿大。检查时,用刀切开猪肾,观察它的皮质(红色部分)和髓质(白色部分)的界限是否清楚,若界限模糊不清就属于不正常的肾脏,建议不要选购。

14. 选购鸡肉时需注意什么？

答：①健康的鸡宰杀后，皮肤呈淡黄色或黄色，表面干燥，有光泽。病鸡宰杀后，表皮粗糙，暗淡无光，甚至有青紫色死斑块。

②嫩鸡的爪尖磨损不大，脚掌皮薄，无僵硬现象，脚腕间的凸处物也较小；老鸡的爪尖磨损光秃，脚掌皮厚而且发硬，脚腕间的凸出物较长。

③新鲜的冷冻鸡肉，眼球有光泽，表皮油黄色，肛门处不发黑、发臭；解冻后变质的冷冻鸡肉，眼球混浊或紧闭，皮肤呈灰白、紫黄色或暗黄色，手摸有黏滑感，有臭味。

15. 怎样通过感官检验畜禽肉的新鲜度？

答：畜禽肉在保藏时，可能会发生自溶，甚至腐败、变质。在这些过程中，由于组织成分的分解，使肉的感官性状发生令人难以接受的改变，如异常色泽、强酸味、臭味、黏液的形成等。因此，可以借助人的视觉、触觉、嗅觉、味觉来鉴定肉的卫生质量。下面简要介绍几种肉的感官标准，见表5。

表 5　几种肉的感官标准

项目	鲜牛肉、羊肉、兔肉	鲜禽产品
色泽	肌肉有光泽，红色均匀，脂肪洁白或淡黄色	表皮和肌肉切面有光泽，具有禽种固有的色泽
组织状态	纤维清晰、有坚韧性	肌肉有弹性、指压出现凹陷后立即恢复
黏度	外表微干或湿润，不黏手，切面湿润	
气味	具有畜种固有的气味、无臭味、无异味	具有禽种固有的气味，无异味
煮沸后肉汤	澄清肉明、脂肪团聚于表面，具特有香味	

16. 选购牛、羊肉时需注意什么?

答:①销售环境要整洁卫生,井然有序,最好是在具备冰箱、冰柜等制冷设备的地方购买。尽量到大型超市或副食品商场选购牛、羊肉。大型超市、商场管理制度比较健全,有可靠的进货渠道。

②初步了解各种假冒伪劣肉及肉制品的识别方法,买肉之前仔细辨认。

③为防止买到病死牛、羊肉,选购时应先看卫生防疫标志,再看肉体有无光泽,红色是否均匀,脂肪是否洁白和有无异味等。尽量不要选购私屠滥宰的牛、羊肉。

④识别注水肉除了用眼观察肉质外,还要用指压来判断。鲜肉弹性强,经指压出现凹陷后能很快恢复。注水肉弹性较差,指压出现凹陷后不但恢复较慢,而且能见到液体从切面渗出。

17. 选购肉类制品时需注意什么?

答:①好的酱、卤肉类制品,外观为完好的自然块,新鲜、洁净、润泽,呈现肉制品应该有的自然色泽(如:酱牛肉为酱黄色,叉烧肉表面为红色,肉切面为肉粉色等),并具有产品应有的肉香味,无异味。

②肠类制品外观应完好无缺,不破损,洁净无污垢。肠体丰满、干爽、有弹性,组织致密。具有该产品应有的香味,无异味。从色泽上看,红肠为红曲色,小泥肠为乳白色或米黄色。

③包装的熟肉制品外包装应完好无损,胀袋的产品不可食用。对于以尼龙或 PVDC 为肠衣的灌制品(如市场上销售的西式火腿、肠类产品),选购时除了看标签上的成分和日期外,若发现胀

气、或与肠体分离的,也属于变质产品,不要选购。

④质量良好的咸肉,表面为红色,切面肉呈鲜红色,色泽均匀,无斑点。肥膘白色或稍有淡黄色,外表清洁。肌肉结实,肥膘较多。肉上无猪毛、黏液等污物。气味正常,烹调后咸味适口。变质的咸肉,外表呈现灰色,瘦肉为暗红色或褐色。脂肪发黄、发黏。肉质松弛或失去弹性。有霉斑或霉层,生虫并有哈喇味,有腐败或氨臭的气味。

⑤质量良好的腊肉,刀工整齐,薄厚均匀,形状美观,每条长度在 35 cm 左右。瘦肉坚实,有一定硬度、弹性和韧性。瘦肉红润,肥膘淡黄色,无斑污点、无杂质,清洁。皮为金黄色,有光泽。有腊制品的特殊香味,蒸后鲜美、爽口。若有较严重的哈喇味或有严重变色的腊肉则不能食用。

18. 选购肉松和火腿等肉制品时需注意什么?

答:①首先要选择有"QS"标志的产品,其次要看产品的标志、标注是否规范。尽量到一些信誉比较好的大超市、大商场去选购。尽量选购知名品牌的产品,这些产品的生产企业规模大,质量控制严格,产品质量较有保障。

②选购肉松和火腿肠类熟肉制品时,要选择近期生产的产品。注意观察产品的外包装,不要选购肉松或火腿肠肠衣的包装袋上有破损的产品。一次买量不宜过多。

③选购肉松产品时,要看产品的配料表。若配料表中列出了淀粉,则产品为肉粉松,肉粉松的蛋白质等营养成分相对普通肉松要少。

④选购火腿肠时,要看标签上明示的产品级别。级别越高的产品,含肉的比例越高,蛋白质的含量也相应提高。另外,要选择

摸上去弹性好的产品。弹性好的产品,肉的比例也高。

19. 白肉为何不宜高温油炸?

答:动物肉从脂肪成分上分为红肉和白肉两种。红肉是指牛肉、羊肉、猪肉等外观为红色的动物肉,里边含有较多饱和脂肪酸,不宜多吃。白肉是指鸡、鸭、鱼等颜色偏白的肉类,里边含不饱和脂肪酸,更适合于高血脂等需限脂的病患食用。由于不饱和脂肪酸不稳定、易氧化,特别是高温油炸时极易被破坏,成为血液中的血脂和坏胆固醇,足以将其营养价值变成"负值"。因此,白肉不宜高温油炸。

20. 怎样选购鸡蛋?

答:专家为消费者推荐"一看二晃三光照"的方法,以挑选到新鲜优质的好鸡蛋。

一看。看蛋壳的颜色、清洁程度、是否有裂缝等。新鲜的鸡蛋蛋壳完整,有光泽,表面光滑,肉眼看不到气孔。另外,要仔细观察蛋面,若有蛋面发乌,颜色不均匀,有粪便,有裂缝,有很多麻点的鸡蛋就不能买。

二晃。选购鸡蛋时,用拇指、食指和中指捏住鸡蛋摇晃。若没有声音,说明整个鸡蛋气室、蛋黄完整,是新鲜的鸡蛋;有声音的则可能是陈蛋。

三光照。用左手握成圆形,右手将蛋放在圆形末端,对光观察。新鲜的鸡蛋呈微红色,蛋白、蛋黄轮廓清晰,呈半透明状,一头有小气室。不新鲜的鸡蛋,则呈灰暗色,不透明,且空室较大。陈蛋或变质的鸡蛋则会有污斑。

21．怎样辨别优质蛋制品？

答：蛋制品主要包括松花蛋和咸鸭蛋。

（1）松花蛋。

优质：蛋壳完整，表面清洁，无破损，无裂纹，斑点少。蛋白表面有松花，呈棕褐色或茶色，弹性大，蛋白不粘壳。蛋黄外层呈墨绿色，中层土黄、灰绿，中心橙黄色，气味清香浓郁，辛辣味淡，咸味适中。

劣质：蛋壳不易剥离，裂纹或破损。蛋白为瓦白色，僵硬或过软，蛋白黏附在蛋壳上。蛋黄呈黄色，有腥味，碱伤过重则蛋黄变硬，有辛辣碱味。变质蛋蛋白灰色，黏滑，有令人恶心的异味。

（2）咸鸭蛋。

①生咸鸭蛋。

优质：蛋完整，无破损，蛋白清晰透明，蛋黄完好居中。

劣质：蛋壳严重破损，蛋白浑浊，蛋黄有较重溶解现象，黄白相混，发臭。

②熟咸鸭蛋。

优质：蛋白呈白色略带青色，柔软而有光泽。蛋黄膜完好，结实呈球状，色红或橘黄，有油，具特异香味。

劣质：蛋白呈灰色或黄色，有凝结块或小空泡。蛋黄有严重溶解现象，色黄或黑，具有臭气或难闻的气味。

22．鸡蛋买来后怎样贮藏？

答：①买回来的鸡蛋若表面有污垢，不能用水洗，否则鸡蛋容易坏掉。

②由于鸡蛋是一种会呼吸的食材,应将其放在冰箱冷藏室中保存。

③鸡蛋码在容器里,要大头向上,竖立堆码,不要横放。本来,刚产的鸡蛋卵白浓稀均匀,可以有效地固定蛋黄的地位。随着时间的延长和外界温度的上升,在蛋白酶的效果下,蛋白所含的黏液素逐步脱水,渐渐地使蛋白变稀,这时卵白就失去了固定蛋黄地位的作用。由于蛋黄比重轻于蛋白,鸡蛋横放,蛋黄就会上浮,贴在蛋壳上,构成"靠黄蛋"或"贴京彩",因此,码放鸡蛋不宜横放。而在码放鸡蛋时,大头向上,竖立堆码就不会呈现"贴京彩"。原因是鸡蛋的大头有一个气室,即便蛋白变稀,蛋黄上浮,也不会使蛋黄贴在蛋壳上。

④冰箱中的鸡蛋不可以拿出来又放进去。因为从冰箱中拿出来的鸡蛋,遇到热气,表面就会产生小水滴,杂菌会附着在上面。

23. 生鸡蛋能直接吃吗?

答:有人认为生吃鸡蛋可以获得最佳营养。其实,吃生鸡蛋对人的健康是十分有害的,其一,生鸡蛋中含有抗酶蛋白和抗生物蛋白。抗酶蛋白阻碍人体肠胃中的蛋白酶与蛋白质接触,影响蛋白质的消化、吸收。抗生物蛋白能与食物中的生物素结合,形成人体无法吸收的物质。存在于生鸡蛋中的这两种有害物质,经蒸煮后可以被破坏掉,不再影响人体对营养素的吸收。生鸡蛋的蛋白质结构致密,胃肠里的消化酶难以接触,因而不容易被消化吸收。而煮熟了的鸡蛋蛋白质的结构变得松软,容易被人体消化吸收。其二,一些鲜蛋带有致病菌、霉菌或寄生虫卵,未经蒸煮加工可能会导致食物中毒,容易引起腹泻和寄生虫病。如鸡蛋壳上污染的肠出血性大肠杆菌,即使菌量极少,也足以引起食物中毒。因此,鸡蛋一定要煮熟吃,以吃蒸蛋最好,不宜用开水冲鸡蛋,更不能吃生鸡蛋。

24. 烹调鸡蛋时需注意什么?

答:烹调鸡蛋的方法多种多样,就营养的吸收和消化率来讲,煮蛋为 100%,嫩煎为 98%,炒蛋为 97%,开水、牛奶冲蛋为 92.5%,生吃为 30%~50%。因此,煮鸡蛋是最佳的吃法。

煮鸡蛋前,最好用清水冲洗外壳。

煮蛋是有讲究的,若煮得不得法,往往会使蛋清熟而蛋黄不熟;若煮过头了,把鸡蛋煮得开了花,蛋白、蛋黄都很硬,不利于消化吸收。不同煮沸时间的鸡蛋,在人体内消化时间是有差异的。"3 min 鸡蛋"是微熟鸡蛋,在人体内消化时间约为 1 h 30 min,最容易消化;"5 min"鸡蛋是半熟鸡蛋,在人体内消化时间约为 2 h;煮沸时间过长的鸡蛋,人体内消化要 3 h 15 min。

正确的"5 min 鸡蛋"煮蛋法:鸡蛋于冷水下锅,慢火升温,沸腾后微火煮 2 min。停火后再浸泡 5 min,这样煮出来的鸡蛋蛋清嫩,蛋黄凝固又不老,蛋香味浓,有益人体健康。

25. 食用鸡蛋时需注意什么?

答:(1)鸡蛋忌与白糖、豆浆、兔肉同吃。

①鸡蛋和白糖同吃,会使鸡蛋蛋白质中的氨基酸形成果糖基赖氨酸的结合物,这种物质不易被人体吸收,对健康会产生不良作用。

②豆浆含植物蛋白、碳水化合物、脂肪、维生素、矿物质等多种营养成分,单独饮用有很强的保健作用。豆浆中有一种特殊物质

叫胰蛋白酶,与鸡蛋蛋清中的卵清蛋白相结合,会造成营养成分的损失,降低二者的营养价值。

③鸡蛋不能与兔肉同吃。《本草纲目》中说:"鸡蛋同兔肉食成泻痢。"鸡蛋和兔肉都含有一些生物活性物质,共食会发生反应,刺激肠胃道,引起腹泻。

(2)吃完鸡蛋后不要立即饮茶。因为茶叶中含有大量鞣酸,鞣酸与蛋白质合成具有收敛性的鞣酸蛋白质,使肠蠕动减慢,从而延长粪便在肠道内滞留的时间。不但易造成便秘,而且还增加有毒物质和致癌物质被人体吸收的可能性,危害人体健康。

(3)用鸡蛋做的菜不宜放味精。因为鸡蛋本身含有多量的谷氨酸及一定量的氯化钠,若加入味精,加温后这两种物质会生成一种新的物质谷氨酸钠(味精的主要成分),鸡蛋本身的鲜味反而被掩盖。

26. 怎样选购咸鸭蛋?

答:①看外观。品质好的咸鸭蛋外壳干净,光滑圆润,无裂缝,蛋壳呈青色,又叫"青果"。品质差的咸鸭蛋外壳灰暗,有白色或黑色的斑点。这种咸鸭蛋容易碰碎,保质期也相对较短。

②摇蛋体。轻摇蛋体,品质好的咸鸭蛋应有轻微的颤动感觉。若感觉不对,带有异响,说明咸鸭蛋已变质。

③剥蛋壳。煮熟后剥开蛋壳,品质好的咸鸭蛋黄白分明,蛋白洁白凝练,咸味适中,油多味美,用筷子一挑便有黄油冒出,蛋黄质地细沙,分为一层一层的,由浅至深,越往蛋心越红,中间无硬心,味道鲜美。品质差的咸鸭蛋蛋白较烂、腐腻、咸味较大。

27. 食用咸鸭蛋时需注意什么？

答：咸鸭蛋不宜与甲鱼、李子同食。鸭蛋性偏凉，故脾阳不足、寒湿下痢者不宜食用。咸鸭蛋含盐量高，高血压、糖尿病患者不宜多食。咸鸭蛋的胆固醇含量也较高，有心血管病、肝肾疾病的人不宜多食。另外，孕妇体内雌激素有促进水分和盐在身体内过多存留的作用，食用咸鸭蛋会使盐的摄入量远远超过机体需求量，导致孕妇高度水肿，并且会使体内有效血液循环量剧增，供给胎儿血液减少，影响胎儿生长发育，因此孕妇忌食咸鸭蛋。

28. 在我国食品及饲料中为何禁止添加苏丹红？

答：苏丹红是一种人工合成的偶氮类化工染色剂，主要包括苏丹红Ⅰ号、苏丹红Ⅱ号、苏丹红Ⅲ号、苏丹红Ⅳ号，其外观颜色由橙红色至深红色逐渐加深。1995 年欧盟等国家已禁止其作为色素在食品中进行添加。我国也已明令禁止该染料用于食品着色。目前，虽没有苏丹红对人类致癌的直接证据，但其对人体健康具有潜在威胁。苏丹红被国际癌症研究机构列为第三类致癌物，即动物致癌物。其体外和动物试验研究结果显示，肝脏是苏丹红Ⅰ号产生致癌性的主要靶器官，它具有遗传毒性、致突变作用和致敏性。

29. 红心鸭蛋不能吃了吗？

答：媒体曾经披露，一种产自河北的"红心鸭蛋"正销往市场，而这种"红心鸭蛋"含有致癌物质"苏丹红Ⅳ号"。据调查，该鸭蛋主要用含有致癌物质"苏丹红Ⅳ号"的饲料喂食蛋鸭造成的。随后

"红心鸭蛋"造成全国性恐慌。其实,并不是所有的红心鸭蛋都是有毒的、不能食用的。

真正的红心鸭蛋生产途径一般有两种。一种是过去放养于滩涂等地的蛋鸭食用的鱼虾、胡萝卜等饲料富含类胡萝卜素,可以产出颜色较深的红心鸭蛋。另一种是在饲料里添加国家允许食用的饲用色素类添加剂,主要品种为辣椒红和斑蝥黄等。这样产出的红心鸭蛋是可以食用的。

但由于这些合法饲用色素类添加剂的价格较高,一些不法蛋贩子和饲料供应商暗中向养殖户和养殖企业销售苏丹红牟取暴利,生产出了有毒的红心鸭蛋。

30. 三聚氰胺是什么?

答:三聚氰胺是一种化工原料,广泛用于塑料、涂料、黏合剂、消毒剂等行业,三聚氰胺与甲醛合成树脂是生产食品包装材料的原料,用来生产盘子和碗等食品用餐具。

三聚氰胺不是饲料原料,也不是食品添加剂,为什么会在饲料和乳与乳制品中存在呢? 一种情况是生产过程中微量的污染(对人体无健康影响),另一种情况是人为非法添加,为了虚增饲料、乳中蛋白质含量,牟取不法利益(对动物和人体有不良影响)。

31. 三聚氰胺对人体健康有何影响?

答:三聚氰胺是一种低毒的物质,无遗传毒性。但是,如果摄入的量大,摄入时间较长,就会在泌尿系统(如膀胱、肾脏)形成结石。截至目前,尚未发现三聚氰胺对人类有致癌作用的报道。

对食品中可能出现的三聚氰胺,并不是只要检出就会对健康带来危害,关键是要看食品中的含量及人体可能的摄入量。为确保乳与乳制品质量安全,我国制定了三聚氰胺在乳与乳制品中的限量值。婴幼儿配方乳粉中三聚氰胺的限量值为 1 mg/kg;液态奶(包括原料乳)、奶粉、其他配方乳粉中三聚氰胺的限量值为 2.5 mg/kg;含乳 15% 以上的其他食品中三聚氰胺的限量值为 2.5 mg/kg。我国把饲料原料和饲料产品中三聚氰胺限量值定为 2.5 mg/kg。通过大量动物验证试验及风险评估表明,饲料中三聚氰胺含量低于 2.5 mg/kg 时,不会通过动物产品的残留对食用者的健康造成危害。根据我国相关法律规定,在饲料、食品中(乳与乳制品)非法人为添加三聚氰胺的,将依法追究法律责任。

32. 为何牛奶不能冷冻保存?

答:牛奶中含有 3 种不同性质的水。第一种是游离水,含量最多,它不会与其他物质结合,只起溶剂作用。第二种是结合水,与蛋白质、乳糖、盐类结合在一起,不再溶解其他物质,在任何情况下不发生冻结。第三种是结晶水,与乳糖结晶体一起存在。当牛奶冻结时,游离水先结冰,牛奶由外及里逐渐冻结,里面包着的干物质含量相应增多。当牛奶解冻后,奶中蛋白质易沉淀、凝固,从而变质。因此,牛奶不能冰冻保存。

33. 什么是巴氏消毒法? 巴氏杀菌乳为何必须冷藏保存? 经过巴氏消毒后牛奶的营养价值会降低吗?

答:巴氏消毒法(pastecurization),亦称低温消毒法、冷杀菌法,是一种利用较低的温度既可杀死病菌又能保持物品中营养物质风味不变的消毒法,现在常被广义地用于定义需要杀死各种病原菌的热处理方法。

巴氏杀菌乳通常又被称为"鲜"奶,是以生鲜牛奶为原料,经过巴氏杀菌工艺生产的产品。国内生产巴氏杀菌乳常用工艺为85℃加热10～15 s,这样便可以杀灭生鲜牛奶中所有致病菌和绝大部分微生物。但是,即使经过巴氏杀菌工艺后,牛奶中还会存在极少量的普通微生物。若不进行冷藏,这些微生物将迅速生长,使牛奶在1 d,甚至数小时内变质。因此,巴氏杀菌乳从生产线下来后必须始终处于冷藏状态,这样其保质期可延长3～7 d。消费者购买巴氏杀菌乳后,一定要及时将其贮存在冰箱冷藏区。

很多研究指出巴氏消毒法不会明显影响牛奶的营养价值。当然,有些营养物质会受到巴氏消毒的影响。如维生素C会在巴氏消毒的过程中受到影响,但是牛奶并不是人体所需维生素C的主要来源。

34．超高温灭菌乳与巴氏杀菌乳有何区别?

答:超高温灭菌乳与巴氏杀菌乳的生产工艺有3点不同:

①加热强度更大,可以彻底杀死所有微生物。

②采用了特殊的无菌包装材料。

③包装过程在无菌环境中完成。因此,超高温灭菌乳可以在常温条件下保存很长时间。一般袋装奶保质期为30～45 d,盒装奶保质期为6～9个月。超市中各种放在冷藏区以外的袋装或盒装牛奶,大都属于超高温灭菌乳。

与巴氏杀菌乳相比,超高温灭菌乳由于受热强度更大,营养物质损害程度比巴氏杀菌乳大,尤其是活性蛋白质和维生素。即便如此,超高温灭菌乳仍是优秀的食品。

35. 复原乳与普通液态奶有何区别？

答：复原乳，又称还原奶，其原料全部或一部分是用奶粉加水勾兑出来的，与普通液态奶的原料不同（普通的巴氏杀菌乳或超高温灭菌乳的原料全部为生鲜牛乳）。将生鲜牛乳加工成奶粉，营养物质在受热过程中已经受到一次损害。如果用水再还原为液体，经过第二次加热消毒，营养物质会进一步受到破坏。因此，复原乳的营养价值不如完全以生鲜牛乳为原料的产品。即便如此，复原乳在安全上没有任何问题，消费者可以放心饮用。

36. 生鲜牛奶能直接饮用吗？

答：生鲜牛奶是指从正常饲养的健康母牛乳房内挤出的奶。消费者若可以获得生鲜牛奶，先要确定奶源来源正规，奶牛健康，布氏杆菌病及结核病检测结果为阴性。另外，消费者需要了解生鲜食品中存在一定数量的微生物是自然界的普遍现象。生鲜牛奶刚挤出来会含有很多微生物，包括挤奶器、奶牛的乳房以及牛奶罐等都有可能被微生物污染。生鲜牛奶营养物质丰富，又是液体状态，比其他固态食品更适合微生物生长繁衍。即使挤出后立即冷藏保存，也会含有少量微生物，其中不排除有病原微生物。若不经过加热杀菌处理就直接饮用，可能造成消化道疾病或其他疾病。

37. 牛奶口味的浓与淡和质量有关吗？

答：对于牛奶的质量，主要从牛奶的卫生质量和营养成分质量两个方面来看。

牛奶的卫生质量的保证,主要是通过热处理破坏牛奶中的致病菌或者彻底杀死所有导致牛奶变质的微生物来实现。在适当的贮藏条件下,热处理后的牛奶在保质期内的卫生质量一般都是能够保证的。

牛奶的营养成分质量,主要从蛋白、脂肪、乳糖、矿物质等固体成分的含量方面考虑。这些成分的含量主要与牧场所处地区、奶牛品种、饲养方式、季节、泌乳期等多种因素有关,因而牛奶的风味也不尽相同。此外,在牛奶的加工过程中也会生成部分的香气成分,不同来源的牛奶加工后口味也会有一定的差别。

一般来说,牛奶的口味越浓,各种营养成分的含量就越高,相对来讲牛奶的质量也越高。

38. 为何有的人喝牛奶后会腹泻? 怎样缓解这种情况?

答:有的人喝牛奶后,会出现肠鸣、腹痛甚至腹泻等现象。这是因为牛奶中含有乳糖,而乳糖在体内分解代谢需要有乳糖酶的参与。有的人体内缺乏乳糖酶,乳糖无法正常地在肠道消化,由此产生不适现象。这是缺乏乳糖酶的正常反应,医学上称之为"乳糖不耐症",与牛奶的质量无关。乳糖酶缺乏是一个世界性的问题。体内乳糖酶水平一般随年龄增长而降低甚至丧失。"乳糖不耐症"的发生也随种族和地域而异(20%的亚洲人中患有此症)。

但是,这种症状是可以减轻或消除的。不空腹饮用牛奶,坚持每次少喝一些牛奶,由少变多,久而久之可以促进人体产生乳糖酶,改善"乳糖不耐症"症状。另外,也可通过食用酸奶、奶酪或低乳糖奶等乳制品来摄取奶类蛋白等营养物质。

39. 牛奶不能和哪些食物一同食用？

答：喝牛奶有许多讲究。若搭配不当，会可能造成一些危害。牛奶中含有丰富的磷蛋白和酪蛋白，而酪蛋白常以钙盐的形式存在。一旦遇到含果酸、草酸、鞣酸的食物，就会结合成草酸钙或形成较大的凝块，既不利于消化，也影响营养成分的吸收。有的人甚至出现腹胀、腹痛、腹泻等症状。因此，饮用牛奶时不要与这类食物（如含果酸的水果、果汁、巧克力、茶等）同吃。

40. 怎样科学饮用牛奶？

答：①不是所有的人都适合喝牛奶。经常接触铅的人、牛奶过敏者、乳糖不耐者、反流性食管炎患者、肠道易激综合征患者、胆囊炎和胰腺炎患者、腹腔和胃切除手术后的患者均不宜喝牛奶。按含脂量的不同，牛奶可分为全脂、半脱脂、脱脂 3 类。全脂牛奶含有牛奶的所有成分，口感好，热量高，适合少年儿童、孕妇和老年人饮用；半脱脂奶是一种大众消费型牛奶，适合中年人饮用；而高血压、高血脂、血栓患者、糖尿病患者、肥胖者应饮用脱脂牛奶。

②饮用牛奶要适量。一袋 250 mL 的牛奶中只有 7～8 g 蛋白质，仅是人体一天所需蛋白质总量的 1/100，正常饮用牛奶不会导致蛋白质过量。一般来说，成年人每天可饮用 250 mL；儿童、青少年、孕妇、50 岁以上的中老年人等人群每天可饮用 500 mL。若每天牛奶饮用量达到 500 mL，最好选择低脂或脱脂牛奶，以防脂肪摄入量过多。

③最好晚上喝牛奶。牛奶中含有一种能使人产生疲倦欲睡的物质——L-色氨酸，还有微量吗啡类物质，这些物质都有一定的镇

静催眠作用。特别是 L-色氨酸,是大脑合成五羟色胺的主要原料。五羟色胺对大脑睡眠起着关键的作用,能使大脑思维活动暂时受到抑制,从而使人想睡眠,并且无任何副作用。牛奶中的钙还能缓解紧张情绪,对老年人的睡眠更有益。故晚上喝牛奶有利于人们的休息和睡眠。

41· 乳酸菌饮料与乳酸饮料有何区别?

答:乳酸菌饮料是发酵型含乳饮料,采用乳酸菌类菌种培养发酵,添加水、增稠剂等辅料,再经过杀菌或不杀菌制成的产品。可分为活性乳酸菌饮料和非活性乳酸菌饮料。活性乳酸菌饮料指经乳酸菌发酵后不再杀菌制成的产品。由于未经灭菌处理,因此这种产品需要在冷藏条件下贮存,保质期一般在 2~3 周内。非活性乳酸菌饮料就是指经乳酸菌发酵后再杀菌制成的产品。非活性乳酸菌饮料可以在常温下保存。

乳酸饮料是以鲜乳或乳制品为主要原料,加水、糖、酸味剂等辅料调制后,经灭菌处理的产品。乳酸饮料的保质期要比乳酸菌饮料长。

乳酸菌饮料与乳酸饮料同属酸性乳饮料,都是以鲜乳或乳制品为原料制成的产品,两类产品的成品中蛋白质含量都要求在 0.7% 以上。区别在于,前者是经乳酸菌发酵加工制成的,而后者则未经发酵加工制成。消费者在选购时,可根据其产品是否通过发酵,是否含有活性乳酸菌及蛋白质的含量来进行选择。

42· 酸奶是如何制成的? 怎样选购、保存酸奶产品?

答:酸奶(酸牛奶)是以牛奶为原料,添加适量的砂糖,经巴氏杀菌及冷却后,加入乳酸菌发酵剂,经保温发酵制成的产品。生产酸奶用的菌种有保加利亚乳杆菌,嗜热链球菌和双歧杆菌等,能够发酵葡萄糖、果糖、乳糖和半乳糖,分别生成乳酸和少量其他物质,并赋予了酸奶特殊的风味。

消费者选购酸奶时,要仔细看清产品包装上的标签标识是否齐全,特别是配料表和产品成分表,以便于区分纯酸牛奶,调味酸牛奶和果料酸牛奶,选择自己喜爱的口味。再根据产品成分表中脂肪含量的多少,选择适合自己的产品。另外,酸牛奶饮料的蛋白质、脂肪的含量较低,一般都在 1.5% 以下,与酸奶不同,选购时还要看清产品标签上标注的是酸奶还是酸牛奶饮料。

酸奶产品保质期较短,一般为 2 周左右,且需在 2～6℃ 环境中保藏。

(五)水产品类

1. 什么是水产品的"三品"?

答:水产品"三品"是指无公害水产品、绿色食品水产品、有机食品水产品。

①无公害水产品是由政府推动的、使用安全的投入品,按照规定的技术规范生产,产地环境、产品质量符合国家强制性标准,并使用特有标志的安全水产品。

②绿色食品水产品是指政府推动和市场运作相结合的经专门机构认定,许可使用绿色食品标志的无污染、安全、优质、营养水产品。

③有机食品水产品是指来自有机农业生产体系,根据国际有机农业生产要求和相应的标准生产加工的,即在原料生产和产品

加工过程中不使用化肥、农药、生产激素、化学添加剂、色素和防腐剂等化学物质，不使用基因工程技术，并通过独立的有机食品认证机构认证的水产品。

2. 什么样的水产品不得销售？

答：①含禁用鱼药的。

②有毒有害物质（药残和重金属等）不符合标准的。

③生物方面（含有致病生物或生物毒素）不符合质量安全标准的。

④防腐剂等不符合国家其强制性规范的。

⑤其他不符合安全标准的。

3. 影响水产品安全的主要因素有哪些？

答：目前，影响水产品安全的主要因素可以分为以下 7 类：

①微生物、病毒及寄生虫污染。如大肠杆菌、沙门氏菌、金黄色葡萄球菌、副溶血弧菌等。

②天然毒素。如鱼类毒素、贝类毒素等。

③环境污染物。如重金属、多氯联苯、化学消毒剂等。

④农药残留。如直接或间接污染的六六六、DDT、溴氰菊酯、敌百虫等。

⑤兽药（鱼药）残留。如用于鱼病防治的各类兽药残留，包括促生长剂等。

⑥加工污染及掺杂使假。如亚硝酸盐和硝酸盐、甲醛、苏丹红等。

⑦食品及饲料添加剂。如亚硫酸盐、多聚磷酸盐超标及喹乙醇添加等。

4. 怎么辨别甲醛溶液泡发的水产品？

答：①看。使用甲醛溶液泡发的水产品一般表面较坚硬、有光泽、黏液少，体表色泽较鲜艳，眼睛较浑浊，整体看来较新鲜。

②闻。使用高浓度甲醛溶液泡发的水产品，会带有福尔马林的刺激性气味。

③摸。使用甲醛溶液泡发的水产品，特别是海参，触之手感较硬，而且质地脆，手捏易碎。

④尝。使用甲醛溶液泡发的水产品，吃在嘴里，会感到生涩，缺少鲜味。

另外，还有一种简单的化学鉴别法：将品红亚硫酸溶液滴入水发产品的溶液中，若溶液呈现蓝紫色，即可确认浸泡液中含有甲醛。

5. 哪些水产品不可食用？

答：①死鳝鱼、死甲鱼、死河蟹。上述水产品只能活宰现吃，不能死后再宰食。它们的肠胃里带有大量的致病细菌和有毒物质，一旦死后便会迅速繁殖和扩散。人们食用后极易中毒甚至有生命危险，因此不可食用。

②皮青肉红的淡水鱼。这类鱼往往鱼肉已经腐烂、变质，含组胺较高，人们食用后会引起中毒，因此不可食用。

③各种畸形的鱼。江、河、湖、海水域极易受到农药以及含有汞、铅等金属废水、废物的污染，从而导致生活在这些水域环境中

的鱼类也受到侵害。一些鱼类会因此生长不正常,比如头大尾小、眼球突出、脊椎弯曲、鳞片脱落等。选购时,要仔细观察,不要选购各种畸形的鱼。食用时,若发现鱼有煤油味、火药味、氨味以及其他不正常的气味时应立即倒掉,不可继续食用。

④用对人体有害的防腐剂保鲜的水产品。有些价格较名贵的鱼类通常是吃鲜活的。有些不法商贩将这些名贵的死鱼浸泡在亚硝酸盐或甲醛溶液中,或将少量甲醛注入鱼体中,以保持鱼的新鲜度。这类水产品对人体健康的危害很大,因此不可食用。

⑤染色的水产品。有些不法商贩将一些不新鲜的水产品进行加工(如给黄花鱼染上黄色,给带鱼抹上银粉)后,再将其速冻起来,冒充新鲜水产品出售。着色用的化学染料对人体健康不利,选购时一定要细心辨别。

6. 怎样选购常见的冰鲜海鲜?

答:①鱿鱼。按压一下鱿鱼上的膜,新鲜鱿鱼的膜紧实、有弹性。扯一下鱿鱼头,新鲜鱿鱼的头与身体连接紧密,不易扯断。这个方法也可用于判断墨鱼的新鲜程度。

②黄鱼。选购时,用手使劲摸一下黄鱼的鱼肚,如不掉色就是真货。另外,应选黄色自然、有光泽的黄鱼。若颜色发白,则说明黄鱼已经不新鲜了。

③海蜇。选购时,应选挑头厚肉多的,扇形整块的海蜇,不能买碎的。

7. 怎样保存水产品?

答:生鲜水产品或冷冻水产品,若不妥善处理保存,很容易变质、腐败。因此,买水产品回家后,应尽快放入冰箱中贮存。鱼类需要先将鳃、内脏和鱼鳞去除,以自来水充分洗净,再根据每餐的用量进行切割分装,最后再依序放入冰箱内贮存。壳的虾需清洗外表,才可冷冻或冷藏。蟹类相同。蚌壳类买回后先以清水洗一次,再放入注满清水及加入一大匙盐的盆内吐沙。冷冻的贝类可直接送入冷冻或冷藏。

8. 食用海鲜时需注意什么?

答:①加工方法要适当。潜伏在鱼、虾、蟹等体内的副溶血性弧菌,可通过烧熟、烧透的办法来杀菌。

②忌与某些水果同食。与柿子、葡萄、石榴、山楂、橄榄等水果同吃,会降低鱼、虾蛋白营养价值,并且会与水产品中的钙质结合,会引起腹痛、恶心、呕吐。

③配啤酒易患痛风。海鲜富含嘌呤。食用海鲜时,饮用大量啤酒,会产生尿酸,引发痛风。

④关节炎患者忌多吃。

9. 怎样预防麻痹性贝类中毒?

答:蚝、蚬、螺、扇贝、青口及带子等贝类含有麻痹性神经毒素。当赤潮发生时,这些贝类通过滤食,体内蓄积了较多的毒素。有毒的贝类无论是外表,还是味道,均与正常的贝类没有显著差异。

预防麻痹性贝类中毒遵循以下原则:

①应将贝类在清水中浸养一段时间,并定时换水,使贝类自行排出体内毒素。

②煮食前,应去除贝类的内脏、卵子等部分。

③每次食用少量贝类。

④儿童、老人以及病患,食用时应加倍小心。

10. 野生海刺参与圈养海参有何区别?

答:①形态。野生海刺参是纺锤形的,两头尖中间粗,短、粗、胖,看起来很结实。圈养的海参长得细长,缺乏韧劲。

②底足。野生海刺参一般生长在水深 20 m 左右的海域,通过底足行动来寻找食物,因此底足长得短而粗壮。圈养的海参,因为长期食用养殖人员投放的饵料不需要移动,且生活在浅水区域,底足的行动作用下降,吸附力差,变得细长。

③沙嘴。野生海刺参的沙嘴大而坚硬。

④背刺。野生海刺参需要觅食,活动较多,背部和两侧的刺都很粗壮,且粗细不一。圈养海参是人工喂养的,活动较少,背部和两侧的刺长短基本一致,且刺长的细长,显得没有力量。

⑤肉质。野生海刺参生长在水域深,水温低,日照少的环境里,生长慢,肉质厚实、有弹性,筋宽厚、饱满,沉积的营养物质丰富。圈养的海参生长的快,肉质松软、不紧实。

⑥生长年限。野生海刺参一般生长 4 年以上才达到捕捞标准,时间越久营养沉积越多,滋补价值越大。圈养海参为了快速达到上市销售的目的,迅速对海参进行催肥,在短短一两年的时间里就捕捞销售。

另外,野生海刺参切口细腻、整齐、均匀,口感劲道,无涩味。

11. 怎样选购干海参?

答:①海参要干燥,不干的海参容易变质。并且会因为含有大量水分,价格高了很多。

②选购时一定要选择干瘪的。有不少不法商贩在海参的加工过程中,为了增加海参的重量加入了大量白糖、胶质甚至是明矾,这样加工出来的海参参体异常饱满,颜色黑亮美观,对消费者具有很大的蒙蔽性。

③选购时不要一味追求价格便宜,要结合干海参的水发率来进行综合比较。0.5 kg 好的干海参可以发出 5 kg 的水发海参;而 0.5 kg 劣质干海参水发后不超过 2.5 kg,甚至破碎不堪根本无法食用。

12. 食用海参时需注意什么?

答:发好的海参应反复冲洗以除残留化学成分。发好的海参不能久存,最好不超过 3 d。存放期间用凉水浸泡上,每天换水 2~3 次。不要沾油,或放入不结冰的冰箱中。保存干货,最好放在密封的木箱中,防潮。海参适合于红烧,葱烧、烩等烹调方法。

另外,海参不宜与甘草酸、醋同食。酸性环境会让胶原蛋白的空间结构发生变化、蛋白质分子出现不同程度的凝集和紧缩。烹调海参时,如果放了醋,在营养上就会大打折扣。海参还不能与葡萄、柿子、山楂、石榴、青果等水果同吃。一同食用,不仅会导致蛋白质凝固,难以消化吸收,还会出现腹痛、恶心、呕吐等症状。

13. 怎样选购新鲜的虾?

答:虾属节肢动物,种类很多,包括河虾、青虾、草虾、对虾、明虾、小龙虾、基围虾、琵琶虾等。

选购时,应注意以下几点:

①看体表色泽。新鲜的虾外壳发亮。如河虾呈青绿色,对虾呈黄色(雄虾)或青白色(雌虾)。不新鲜的虾,虾体变质分解,与蛋白质脱离而产生虾红素,使虾体泛红,由原色变为红色。

②看体表是否干净。新鲜的虾外表洁净,触之有干燥感。

③看胸节和腹节连接程度。新鲜的虾头尾完整,头尾与身体紧密相连。虾在死亡之后,容易腐败分解,影响胸节与腹节连接处的组织,使节间连接变得松弛。因此,不新鲜的虾,头与体,壳与肉相连松懈,头尾易脱落或分离。

④看延伸曲力。新鲜的虾虾身较挺,有一定的弯曲度。虾体处在尸僵阶段时,体内组织完好,细胞充盈着水分,膨胀而有弹力,能保持死亡时伸张或卷曲的固有状态。即使用外力使之改变,当外力停止后,仍能恢复原有姿态。而不新鲜的虾,不能保持其原有的弯曲度。

⑤看肉质。新鲜的虾,肉质坚实、细嫩,手触摸时感觉硬,有弹性。不新鲜的虾,肉质疏松,弹性差。

⑥闻气味。新鲜的虾气味正常,无异味。若有腥味、异臭味的则为变质虾。

此外,新鲜的虾煮熟后,由于尾部肌肉强烈收缩,尾翼必定呈扇形撑开。

14. 食用虾时需注意什么?

答:闻之有腥味或异臭味的、颜色泛红、肉质疏松、掉拖的虾是不够新鲜的虾,不宜食用。腐败、变质的虾更是不可食用。食用时,虾背上的虾线应挑除。

虾忌与某些水果同吃。由于虾含有丰富的蛋白质和钙等营养物质,若与含有鞣酸的水果(如葡萄、石榴、山楂、柿子等)同食,鞣酸会和钙离子结合形成不溶性结合物刺激肠胃,引起人体不适,还会出现头晕、恶心、呕吐、腹痛和腹泻等症状。同时也降低了蛋白质的营养价值。

15. 虾皮为何不能久贮？

答：新买的虾皮一般都是白色,没有很明显的氨味。在家里放了 1~2 个月之后,颜色就变成了粉红色,氨味非常强烈。这是怎么回事？

平时消费者买到的虾皮一般都不是干透的。主要有两方面原因,一方面可能是因为海边空气潮湿,另一方面可能是因为不干的虾皮更重一些,利润较大。虾皮能长期保存,是由于水分低,盐分大,两者缺一不可。而这种没干透的虾皮,由于蛋白质含量高,是特别容易滋生细菌的。若在常温下贮存,蛋白质经过微生物的作用,先变成肽和氨基酸,再分解成低级胺和氨气。低级胺就是腥臭气的来源,氨气就是刺激味道的来源。低级胺类不仅本身有一定毒性,而且它们还非常容易和水产品中少量的亚硝酸盐结合,形成强致癌物——亚硝胺。亚硝胺类物质的毒性是非常大的,有慢性毒性、致畸性和致癌性,是促进食管癌和胃癌发病的重要化学因素。它还有挥发性,从空气中吸入也会引起毒性反应。

因此,一旦虾皮出现异味,要坚决扔掉,不可再食用。

16. 怎样判断蟹类的新鲜程度？

答：蟹类有海水蟹和淡水蟹之分,如海水梭子蟹、淡水蟹中的大闸蟹等。蟹类含有多种对人体有益的成分,味道鲜美。但是也有易变质的特点,因此,食用时一定要确保新鲜,死的淡水蟹不能食用,以免发生食物中毒。

判断蟹类的新鲜程度,应注意以下几点:

①看鳃。新鲜蟹类鳃洁净、鳃丝清晰,白色或稍带黄褐色。不新鲜蟹类鳃丝就开始腐败而黏结,但须剥开甲壳后才能观察。

②看步足。新鲜蟹类步足和躯体连接紧密,提起蟹体时,步足不松弛下垂。不新鲜蟹类在肢、体相接的可转动处,就会明显呈现松弛现象,提起蟹体时,见肢体(步足)向下松垂现象。

③看"胃印"。观察腹脐上方的"胃印",蟹类死后经一段时间,不新鲜蟹类胃内容物就会腐败,而在蟹体腹面脐部上方泛出黑印。

④看"蟹黄"。蟹体内被称为"蟹黄"的物质,是多种内脏和生殖器官所在。当蟹体在尸僵阶段时,"蟹黄"是呈现凝固状的。不新鲜蟹类,呈现流动状。到蟹体变质时更变得稀薄,手持蟹体翻转时,可感到壳内的流动状。

17. 市场上哪些是淡水鱼? 哪些是海水鱼?

答:鱼的种类繁多,从总体上可分为淡水鱼和海水鱼两大类。淡水鱼主要有鲤鱼、草鱼、白鲢、花鲢(胖头鱼)、鲫鱼、青鱼、鳝鱼等。海水鱼主要有带鱼、黄花鱼、沙丁鱼、鲳鱼、鲅鱼、金枪鱼、鲑鱼等。

这两大类的鱼有什么不同呢?

首先,外形有所不同。淡水鱼的鱼鳞粗而厚,不然就是没有;而海水鱼的鱼鳞细,不然也同样没有。

其次,营养成分有所不同。淡水鱼富含蛋白质、维生素 A、维生素 D 及多种矿物质等营养成分,具有多种药用价值。而海水鱼的肝油和体油中含有一种陆地上的动植物所不具有的高度不饱和脂肪酸,其中含有 DHA 成分,是大脑所必需的营养物质。此外,海鱼中的欧米伽 3 脂肪酸、牛磺酸等都比淡水鱼要高。欧米伽 3 脂肪酸对缓解脑血管痉挛、恶性偏头痛都有很好的作用,还能提高机体的抗炎能力。牛磺酸则具有增强体质、维持人体平衡和提高免疫力双重作用。在营养成分的含量上,海水鱼的营养价值较河鱼略胜一筹。

再次,吃起来味道有所不同。河鱼生长在腐殖质较多的水里。这样的环境适合放线菌繁殖生长,细菌通过鱼鳃侵入鱼体血液中,并分泌一种带有土腥味的褐色物质,这种土腥味在烹调过程中较难去掉。而海鱼的游动范围和游动时的力度比河鱼大,使它的肌肉弹性更好,味道比河鱼鲜美。

18. 怎样判断鱼是否新鲜?

答:新鲜的鱼,眼睛光亮透明,眼球突起;鳃盖紧闭,鳃片呈粉红色或红色;无黏液和污物,无异味;鱼鳞光亮、整洁;鱼体挺而直;鱼肚充实、不膨胀;肛门凹陷;肉质坚实有弹性,指压后凹陷立即恢复。

不新鲜的鱼,鱼眼混浊,眼球下陷;鳃色灰暗污秽;有异味;掉鳞;鱼体松软,肉骨分离,鱼刺外露;腹部膨胀;肛门突出;肌肉松软,弹性差或没有弹性。

19. 怎样选购淡水鱼与海水鱼?

答:(1)淡水鱼。看体表、鱼鳞、鱼鳃、鱼眼、鱼肉的新鲜程度。新鲜鱼的表皮上黏液较少,体表清洁;鱼鳞紧密完整而有光亮,用手指压一下松开,凹陷随即复平;鱼鳃颜色鲜红或粉红,鳃盖紧闭,黏液较少呈透明状,无异味;鱼眼澄清、透明,很完整,向外稍有凸出,周围无充血及发红现象;鱼的肋骨与脊骨处的鱼肉组织很结实。

(2)海水鱼。海水鱼品种很多,市场上一般都为冷冻鱼。冷冻鱼外层大多有冰,又很硬实,当其温度在-8～-6℃时,用硬物敲击能发出清晰的响声。选购冷冻鱼时,可从以下几点来观察是否新鲜:①外表色泽鲜亮,鱼鳞无缺,肌体完整;②眼球饱满凸起,新鲜、明亮;③肛门完整无裂,外形紧缩,无混浊颜色。冷冻鱼一旦解冻,极易变质。买回来的冷冻鱼,应及时食用,不要将其放入冰箱内第二次冷冻。

20.“多宝鱼”还能食用吗?

答:“多宝鱼”,学名大菱鲆,原产于欧洲大西洋一带,1992年被引进到我国,肉味鲜美,营养丰富。据不完全统计,截至2005年底,我国“多宝鱼”的年养殖面积达500万 m^2,养殖企业和厂家接近700家,养殖产量约5万 t,已形成包括养殖、销售、运输在内年产值约30亿元的大产业。山东省目前是国内“多宝鱼”最重要产区,养殖面积360多万 m^2,年养殖产量3.5万多 t,产量占全国的70%。

“多宝鱼”本身抗病能力较差,所需养殖技术要求较高,一些养殖者为降低养殖成本使用违禁药物,用来预防和治疗鱼病,导致“多宝鱼”体内药物残留超标。经对药物残留检测后发现,均为硝基呋喃类药物。该药物目前在临床上仍为人用处方药,就是人们的常用药物——痢特灵。此药成人每次可口服100 mg,每次3～4次。按上海市有关部门从“多宝鱼”检出的1 mg/kg硝基呋喃计算,人吃300～400 kg“多宝鱼”才相当于每天摄取3～4片痢特灵。因此,正常食用这种“多宝鱼”,基本不会对人体产生危害,更不会致癌。

21. 怎样预防河豚中毒？

答：预防河豚中毒，要先能识别出河豚。河豚体形长、圆；鱼体光滑无鳞，呈黑黄色；头比较方、扁，有的有斑纹，有的则没有；眼睛内陷，半露眼球；上下齿各有两个牙齿形似人牙；肚腹为黄白色，背腹有小白刺。

河豚毒素曾一度被认为是自然界中毒性最强的非蛋白类毒素，其毒性比氰化钠强 1 000 倍。河豚毒素的中毒症状，首先是嘴唇和舌头麻痹，接着是运动神经麻痹、血压下降，之后呼吸困难，出现惊厥和心律失常，随后意识慢慢消失、呼吸中枢完全被麻痹，呼吸停止，直至死亡。通常在发病后 4～6 h 以内死亡，最快的 1.5 h 即死亡，最迟者不超过 8 h。由于河豚毒素在体内解毒排泄较快，8 h 未死亡者，一般可恢复。但愈后常留下关节痛等症状。中毒轻的则上吐下泻、腹痛、手足发麻、眼睑欲闭，有的视野不清，听力下降。轻微中毒的仅在指、唇和舌尖发生麻木感觉，不久即恢复正常。

目前，我国对河豚实行许可管理，规定由经过培训合格的厨师加工，特许饭店经营。食用河豚必须在有条件的地方集中加工，处理前必须先去除内脏、皮、头等含毒部位，反复冲洗肌肉，洗净血污，加 2‰ 碳酸氢钠处理 24 h，经检验鉴定合格后方可销售。

22. 怎样选购甲鱼？

答：①看。观察甲鱼的各个部位。外形完整，无伤无病，肌肉肥厚，腹甲有光泽，背胛肋骨模糊，裙厚而上翘，四腿粗而有劲，动作敏捷的为优等甲鱼。反之,为劣等甲鱼。

②抓。用手抓住甲鱼的反腿腋窝处,若活动迅速、四脚乱蹬、凶猛有力的为优等甲鱼。若活动不灵活、四脚微动、甚至不动的为劣等甲鱼。

③查。检查甲鱼颈部有无钩、针。有钩、针的甲鱼,不能久养和长途运输。检查的方法:可用一硬竹筷刺激甲鱼头部,让它咬住。再一手拉筷子,以托长它的颈部,另一手在颈部细摸。

④试。把甲鱼仰翻过来平放在地,若能很快翻转过来,且逃跑迅速、行动灵活的为优等甲鱼。若翻转缓慢、行动迟钝的为劣等甲鱼。

23. 食用甲鱼时需注意什么?

答:甲鱼含高蛋白质和脂肪,特别是它的边缘肉裙部分还含有动物胶质,不易消化吸收,一次不宜食用太多。变质的甲鱼、死甲鱼不能食用。煎煮过的鳖甲没有药用价值。甲鱼不宜与苋菜、芹菜、薄荷、芥末、桃子、猪肉、鸡肉、鸭肉、兔肉、鸡蛋、鸭蛋、黄鳝、蟹一同食用。生甲鱼血和胆汁配酒会使饮用者中毒或罹患严重贫血症。此外,失眠、孕妇及产后腹泻者不宜食用甲鱼;患有肠胃炎、胃溃疡、胆囊炎等消化系统疾病者不宜食用甲鱼;肝病患者忌食甲鱼。

24. 冻鱼解冻是用热水快还是冷水快?

答:消费者如果买的是从冷库里拿出来的冻鱼,又想马上把鱼化开的话,不要用热水冲烫。因为热水只能使冻鱼的表皮受热,热量不能很快传导进去,外面化了,里面还是冻得结结实实的。同时还使蛋白质变性,引起表皮变质。正确的方法是把冻鱼放在冷水盆中浸泡,冻鱼在冷水中比在热水中化得快、化得均匀。为了加快解冻的速度,还可在冷水中加点食盐。这样冻鱼化得更快,而且鱼肉中的营养成分不会受到损失。

25. 为何活鱼不宜马上烹调?

答:人们往往认为活鱼的营养价值高,把"活鱼活吃"奉为上等菜肴。其实,这种吃法都是不科学的。

鱼类死后,经过一段时间,肌肉逐渐僵硬。处于僵硬状态的鱼,其肌肉组织中的蛋白质没有分解产生氨基酸(鲜味的主要成分)。吃起来不仅感到肉质发硬,同时也不利于人体消化吸收。当鱼体进入高度僵硬后,开始向自溶阶段转化。这时,鱼肉中含有的丰富的蛋白质在蛋白酶的作用下,逐渐分解为人体容易吸收的各种氨基酸。处于这个阶段的鱼无论用什么方法烹制,味道都是非常鲜美的。

26. 怎样去掉鱼的土腥味?

答:①用半两盐和2.5 kg水,把活鱼泡在盐水里,盐水会通过两鳃浸入血液。1 h后,土腥味就可以消失。若是死鱼,放在盐水里泡2 h,也可去掉土腥味。

②把鱼剖肚洗净后,放在冷水中,再往水中倒入少量的醋和胡椒粉,或放些月桂叶。经过这样处理后的鱼,没有土腥味。

③宰杀鱼时,可将鱼的血液尽量冲洗干净。烹调鱼时,再加入葱、姜、蒜等调料。土腥味基本上可以去除。

④鲤鱼背上两边在两条白筋,这是制造腥气的地方。宰杀时,

把这两条白筋抽掉,做熟以后就没有腥气了。

27. 吃鱼头、鱼子很危险,是真的吗?

答:鱼头富集了鱼的血管,鱼子在鱼腹里,周围也布满了血管。一些农药水溶性较慢、脂溶性较快,而鱼头和鱼子正是高胆固醇等脂肪物质富集区,是各种残留的农药和其他有毒化学物质富集区。科学实验表明,其鱼头和鱼子农药残留量高于鱼肉的 5～10 倍。所以建议消费者吃鱼头、鱼子的话多尽量选用无公害的鱼类。

28. 怎样鉴别水产干货的好坏?

答:①正规的产品都有生产厂家的厂名、厂址、联系电话、生产日期、保质日期以及产品说明等方面的内容,而且在包装袋内还有产品合格证。

②货颗粒整齐、均匀、完整,可以较直接反映质量好坏。一般来说,颜色比较纯正的、有光泽、无虫蛀,干而轻,看上去没有其他的杂质混杂在其中的就是比较好的干货产品。

③若散装干货闻起来有异味时,质量也就有问题了。

(六)其他类

1. 怎样辨别无毒蘑菇与有毒蘑菇?

答:常见的毒蘑菇有:毒鹅膏菌、白毒鹅膏菌、毒蝇鹅膏菌、大青褶伞、毛头乳菇、黄年盖牛肝菌、褐鳞小伞菌、细环柄菇、大鹿花菌、赭红衣拟蘑、半卵形斑褶菇等,主要有毒成分为毒蕈碱、毒蕈溶血素、毒肽、毒伞肽等。不同的毒蘑菇可引起不同的症状:有肠胃炎、精神症状、溶血症、肝脏损坏、呼吸与循环衰竭及光过敏反应等。下面,介绍几种辨别无毒蘑菇与有毒蘑菇的经验方法:

①闻气味。无毒蘑菇有特殊香味。而有毒蘑菇有怪异味(如辛辣、酸涩、恶腥等味)。

②看生长地带。可食用的无毒蘑菇多生长在清洁的草地或松树、栎树上。而有毒蘑菇多生长在阴暗、潮湿的肮脏地带。

③看颜色。有毒蘑菇菌表面颜色一般较为鲜艳,有红色、绿色、青紫色、墨黑色等颜色。特别是紫色的蘑菇,往往有剧毒,且采摘后易变色。

④看形状。无毒蘑菇的菌盖较平,伞面平滑,菌面上无轮,下部无菌托。而有毒蘑菇的菌盖中央呈凸状,形状怪异,菌面厚实板硬,菌秆上有菌轮,菌托秆细长或粗长,易折断。

⑤看分泌物。将采摘的新鲜野蘑菇撕断菌秆。无毒蘑菇的分泌物清亮如水(个别为白色),撕断后在空气中不变色。而有毒蘑菇的分泌物稠浓,呈赤褐色,撕断后在空气中易变色。

⑥测试。在采摘野蘑菇时,可用葱在蘑菇盖上擦一下。若葱变成青褐色,证明野蘑菇有毒,反之,不变色则无毒。

⑦煮试。在煮野蘑菇时,放几根灯芯草、些许大蒜或大米同煮。煮熟后,灯芯草变成青绿色或紫绿色则证明野蘑菇有毒,变黄者无毒;若大蒜或大米变色,则证明野蘑菇有毒,没变色者无毒。

⑧化学鉴别。取可疑蘑菇的汁液,用纸浸湿后,立即在上面加一滴稀盐酸或白醋,若纸变成红色或蓝色的则证明蘑菇有毒。

上述辨别无毒蘑菇与有毒蘑菇的方法均为经验,但很多时候也不能仅凭经验来鉴别。一般情况下,颜色鲜艳的野生蘑菇是有毒的;但一些颜色鲜艳的野生蘑菇(如橙盖鹅膏)却是美味的可食用菇。因此,最好的办法还是不要吃不认识的野生蘑菇。

2. 选购食用菌时需注意什么?

答:①看形态、色泽,以及有无霉烂、虫蛀现象。

②质量好的食用菌应香气纯正、自然,无异味。若闻起来有酸味则可能是产品已腐烂、变质;若闻起来有刺鼻气味,则可能是二氧化硫残留超标的劣质产品。这样的产品都不宜食用。

③选购干制食用菌时,应选择水分含量较少的产品。含水量过高不易保存。

3. 选购和食用野生食用菌时需注意什么?

答:常见的野生食用菌有红菇、鸡枞、松茸、牛肝菌、青头菌、干巴菌、奶浆菌等几十个品种。

选购和食用野生食用菌需注意两个问题:①品质问题,即以人工栽培的食用菌冒充野生食用菌;②野生食用菌的食用安全问题,即有毒蘑菇问题。

消费者只要到大型超市、商场、批发市场选购正规厂商生产的野生食用菌罐头,其安全和品质还是有保证的。

对于野生食用菌干鲜品而言,情况就相对复杂。目前,我国食用菌的市场准入机制还未建立,市场上出售的野生食用菌存在多品种,甚至有毒品种混杂的现象。许多食用菌与毒菌很相似,不能仅凭经验来辨别。因此,消费者不要选购路边小贩自行采摘销售的野生食用菌干鲜品,不要食用不明野生食用菌。

在浸泡野生食用菌的过程中,需仔细挑除形态有异于产品所标识菌菇的掺杂菌。最重要的一点,不同的有毒野生食用菌有不同的中毒症状,有的潜伏期可达 $1\sim2$ d。消费者食用野生食用菌后出现急性恶心、呕吐、腹泻、视力模糊、头痛、精神异常、痉挛等症状的话,应及时到医院就诊,就诊时最好提供已食野生食用菌的样本。

4·选购和食用白色食用菌时需注意什么?

答:目前,市面上的白色干品食用菌主要有银耳、竹荪;鲜品主要以白灵菇、鸡腿菇、猴头菇、海鲜菇、双孢蘑菇、白金针菇、白蟹味菇等品种为主。

消费者在选购白色干品食用菌时应注意以下两点:

①应选无潮湿感、干燥,朵形完整的产品。好的银耳和竹荪颜色都是很自然的淡黄色,根部的颜色略深。即使生长时为雪白的通江银耳,在烘干后也变成淡黄色。因此,消费者不要选购雪白漂亮的银耳和竹荪。此外,好的银耳花大而松散,耳肉肥厚,蒂头无黑斑或杂质。太黄的银耳可能是陈货,口感较差。

②优质银耳和竹荪无异味,竹荪有自然芳香味。选购时,可将包装塑料袋开一个小孔,闻一闻是否有刺鼻的味道。若能闻出酸味或其他异味,表明产品已受潮、发霉、变质。浅尝,若对舌头有刺激感,或舌头产生辣的感觉,则很可能是二氧化硫残留量较多。

白色鲜品食用菌易由白色变为褐色或棕褐色。因此,上市后的白色鲜品食用菌颜色并不鲜亮是正常现象,并不表明该产品已不够新鲜。特别是双孢菇和鸡腿菇在栽培时需要覆土才能出菇,采收时表面易沾一些土或草炭等杂质是正常现象,食用前用清水洗净即可。有的不法商贩利用荧光增白剂(一种不允许在食品中使用的化工原料)处理白色鲜品食用菌,可使其色泽鲜亮,并延长了保鲜期。消费者应警惕表面过于光滑,色泽过于鲜亮、闻着有异味的白色鲜品食用菌。白色鲜品食用菌买回家后应及时食用,剩

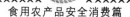

余的应扎紧包装保存在冰箱中,一般可保存1周左右。

5. 怎样辨别真假黑木耳? 选购黑木耳时需注意什么?

答:消费者可通过颜色来辨别真假黑木耳。首先,真正的黑木耳正面是黑褐色,背面是灰白色的;地耳是黄褐色的;用硫酸镁浸泡过的木耳,两面都呈黑褐色。其次,真正的黑木耳味道很自然,有股清香味;而做假的木耳有墨汁的臭味,把这样的木耳泡在清水中,很快水就会变成墨黑色。再次,真正的黑木耳嚼起来清香可口;而用硫酸镁浸泡过的木耳又苦又涩,难以下咽。

选购黑木耳时,宜选择耳面黑褐色、有光亮感,用水浸泡后耳大肉厚、有弹性的产品。有些黑木耳中夹杂有相互黏裹的拳头状木耳,这主要是由于在阴雨多湿季节因晾晒不及时而造成的,此类木耳质量较差。

6. 选购和贮存新鲜草菇时需注意什么?

答:草菇属夏季高温菇,无论凉拌、清炒、炖汤均可,味道鲜美可口,营养丰富,具有较高的营养价值。

(1)选购草菇时需注意。

①草菇颜色有白色和鼠灰(褐)色两种类型,应选择无表面发黄的草菇。

②从形态上看,应选择新鲜、幼嫩,螺旋形,硬质,菇体完整,不开伞,不松身,无破裂,无机械伤、无霉烂、无虫蛀的草菇。并注意观察是否有泥沙等杂物,是否有死菇,发黏,萎缩,变质等现象。

③最后,再闻闻看是否有异味。

(2)贮藏方法(鸡腿菇也是这样保存)。

①草菇是高温食用菌,新鲜草菇不可直接放入冰箱保存,否则会自溶变成黑色汁液。

②新鲜草菇在 14~16℃条件下,可保存 1~2 d。

③可采用淡盐水保存法贮存新鲜草菇。首先,把新鲜草菇削根洗净后待用(可根据需要看草菇是否要切开),再在锅里倒入自来水。待锅里的水烧开后放入准备好的草菇,放入一点盐,待水沸腾 2~3 min 后,捞起草菇降温(用凉开水或自然降温都可)。这样可以放入冰箱,保存 5 d 左右。

④也可采用植物油煸炒法贮存新鲜草菇。把新鲜草菇削根洗净后(可根据需要看草菇是否要切开),倒入热油锅中煸炒至熟即可,降温放入冰箱保存 5 d 左右。

7. 贮藏食用菌时需注意什么?

答:①独立存放。食用菌大都具有较强的吸附性,要单独贮存,以防串味。

②密封贮存。食用菌易氧化变质。可用铁罐、陶瓷缸等可密封的容器贮存,容器应内衬食品袋。同时尽量少开容器口,封口时注意排出衬袋内的空气。

③避免阳光长时间的照晒,放在通风、透气、干燥、凉爽的地方。干制食用菌一般都容易吸潮、霉变。因此,要保持产品干燥。可在贮存容器内放入适量的块状石灰或干木炭等作为吸湿剂,以防受潮。

④干制食用菌在食用前不宜用温水浸泡,否则会破坏产品的口感。

8. 怎样选购破壁灵芝孢子粉？

答：①选购破壁灵芝孢子粉时，要看产品是否有省级以上质量检验单位出具的近期检测报告正本，重点关注破壁率、灵芝酸含量、多糖含量、重金属和农药残留含量等指标。一般来说，应选择破壁率在90％以上、灵芝酸和多糖含量相对较高、重金属和农药残留指标合格的破壁灵芝孢子粉。

②灵芝孢子粉破壁后易氧化降低药效，选购时应选择生产日期较近的产品，越近越好，买的数量不宜太多，要分期购买，每次购买7～10 d的用量，随用随买。未破壁的孢子粉存放时间较长，但药效较差。

③感官检验。正常的灵芝破壁孢子粉呈粉末状，棕褐色或深棕色，质轻，用手捻有光滑感。取少许用舌头舔，应有灵芝特有的香味，无明显的苦味，无油哈味，无异味，咀嚼应无泥沙感。若有明显苦味，说明该产品可能混有灵芝粉；若有泥沙感，说明该产品不纯；若有油哈味或异味，说明该产品已氧化变质，不可食用。

参 考 文 献

[1] 曹华.家庭芽苗菜种植技巧.北京:金盾出版社,2012.

[2] 曹华.迷你观赏蔬菜.石家庄:河北科学技术出版社,2007.

[3] 农业部市场与经济信息司,农业部质量办公室.食用农产品安全消费80问.北京:中国农业出版社,2007.

[4] 农业部农村社会事业发展中心.食用农产品安全消费知识问答.北京:中国农业出版社,2011.

[5] 农业部农产品质量安全监管局.食用农产品安全消费100问.北京:中国农业出版社,2011.

[6] 《农产品质量安全生产消费指南》编委会.农产品质量安全生产消费指南.北京:中国农业出版社,2012.

[7] 吴大真.花养女人幸福一生.北京:化学工业出版社,2010.

[8] 吴大真.花养女人幸福一生Ⅱ.北京:化学工业出版社,2011.

[9] 李曼荻,靳婷.食物是最好的药:细说国家卫生部推荐的87种药食两用食物.北京:金城出版社,2010.